Hans-Georg Harnisch
Volker Küch

**AutoSketch –
Zeichenkurs**

Aus dem Programm
Konstruktion

AutoSketch – Zeichenkurs
von H.-G. Harnisch und V. Küch

AutoCAD – Grundkurs
von H.-G. Harnisch, I. Kretschmer und Th. Wesseloh

AutoCAD – Aufbaukurs
von H.-G. Harnisch und J. Neuberger

Maschinenelemente
Berechnen mit einer Tabellenkalkulation
von H.-G. Harnisch, D. Muhs und M. Berdelsmann

Lehr- und Lernsystem
Roloff/Matek Maschinenelemente
von W. Matek, D. Muhs, H. Wittel und M. Becker

Toleranzen und Passungen
von S. Szyminski

Statistische Tolerierung
von B. Klein und F. Mannewitz

Arbeitshilfen und Formeln für das technische Studium
Band 2: Konstruktion
von A. Böge (Hrsg.)

Vieweg

Hans-Georg Harnisch
Volker Küch

AutoSketch – Zeichenkurs

Mit zahlreichen Abbildungen, 109 Beispielen und 55 Aufgaben

vieweg

Alle Rechte vorbehalten
© Friedr. Vieweg & Sohn Verlagsgesellschaft mbH, Braunschweig/Wiesbaden, 1994

ISBN 978-3-528-04939-3   ISBN 978-3-322-90011-1 (eBook)
DOI 10.1007/978-3-322-90011-1
Der Verlag Vieweg ist ein Unternehmen der Verlagsgruppe Bertelsmann International.

Das Werk einschließlich aller seiner Teile ist urheberrechtlich geschützt. Jede
Verwertung außerhalb der engen Grenzen des Urheberrechtsgesetzes ist ohne
Zustimmung des Verlags unzulässig und strafbar. Das gilt insbesondere für
Vervielfältigungen, Übersetzungen, Mikroverfilmungen und die Einspeicherung
und Verarbeitung in elektronischen Systemen.

Vorwort

Dieses Buch wendet sich an Leser, die sich Grundkenntnisse und Grundfertigkeiten im rechnergestützten Zeichnen aneignen wollen. Am Beispiel des Arbeitens mit dem Zeichen-Softwarepaket AutoSketch der Autodesk AG wird hier ein erster Einstieg in CAD (Computer Aided Design) ermöglicht. AutoSketch ist eine preisgünstige Variante des CAD-Systems AutoCAD, das ebenfalls von der Autodesk AG vertrieben wird und sowohl in der Praxis als auch in der CAD-Ausbildung eine große Verbreitung gefunden hat. Trotz einer Reihe von Einschränkungen von AutoSketch gegenüber AutoCAD lassen sich die meisten beim technischen Zeichnen anfallenden Aufgaben mit AutoSketch lösen und die grundlegenden Begriffe und Vorgehensweisen beim Arbeiten mit einem CAD-System erlernen.

Aufgrund seiner Konzeption ist der vorliegende AutoSketch-Zeichenkurs insbesondere für CAD-Anfänger mit oder ohne Vorkenntnisse im technischen Zeichnen geeignet. Grundfertigkeiten beim Arbeiten mit einem PC und Grundkenntnisse des Betriebssystems MS-DOS sind von Vorteil, aber nicht unbedingt erforderlich, da die hierfür erforderlichen Tätigkeiten und Befehle in diesem Buch ebenfalls behandelt werden. Weitergehende Kenntnisse aus dem Bereich der Datenverarbeitung werden nicht benötigt.

In einzelnen Lerneinheiten werden die wesentlichen Schritte beim Erstellen einer technischen Zeichnung, wie z.B. das Zeichnen von geraden Linien, Kreisen und Kreisbögen oder das Bemaßen und Schraffieren von Zeichnungen, und deren Ausführung mit geeigneten AutoSketch-Befehlen behandelt. Die beim Arbeiten mit einem CAD-System gegenüber dem Anfertigen einer Zeichnung an einem Zeichenbrett zusätzlichen Möglichkeiten, beispielsweise das Verschieben, Drehen und Duplizieren von Zeichnungselementen, werden in weiteren Lerneinheiten besprochen.

Eine einzelne Lerneinheit gliedert sich jeweils in Informations-, Beispiel- und Aufgabenteil. Im Informationsteil werden die zu erlernenden Arbeitsweisen und die entsprechenden AutoSketch-Befehle vorgestellt und erläutert. Anhand praxisbezogener Beispiele aus dem Bereich des Maschinenbaus werden im Beispielteil durch die Angabe von Befehlsdialog und zugehöriger grafischer Darstellung die Anwendung der Befehle veranschaulicht. Der Leser kann am Rechner durch das Nachvollziehen des vorgegebenen Dialogs die jeweiligen Methoden und Befehle erlernen und üben, d.h. durch "Learning by Doing" sich Kenntnisse und Fertigkeiten in AutoSketch aneignen. Die auf diese Weise erlernten Fähigkeiten können im anschließenden Aufgabenteil durch das Lösen weiterer Aufgaben geübt und anhand der Lösungen im Anhang überprüft werden. Das methodische Hinführen auf die verschiedenen Lerneinheiten und deren systematischer Aufbau werden durch die folgenden Hilfen unterstützt:

—   Darstellung des Bildschirminhalts auf grau gerasterten, abgerundeten Flächen,

—   Wiedergabe der Befehle in unterschiedlicher Schrifttype,

– Anwendung der Befehle anhand zahlreicher praxisbezogener Beispiele und Aufgaben,

– Referenzliste aller Befehle und Begriffe von AutoSketch und

– Sachverzeichnis der in diesem Buch behandelten Befehle und Vorgehensweisen.

Wegen seines Aufbaus eignet sich der vorliegende AutoSketch-Zeichenkurs sowohl zum Selbststudiums als auch zur unterrichts- und vorlesungsbegleitenden Lektüre im Bereich des rechnergestützten Zeichnens und Konstruierens. Die Vielzahl der Beispiele und Aufgaben aus der Praxis im Maschinenbau ermöglichen ferner eine Verwendung als Lehrgangsunterlage für die Ausbildung im technischen Zeichnen.

Wolfenbüttel, im Juni 1994

H.-G. Harnisch
V. Küch

Inhaltsverzeichnis

1 Einleitung

Im vorliegenden Buch sollen Grundkenntnisse und Grundfertigkeiten im rechnerunterstützten Zeichnen vermittelt werden. Es stellt einen ersten Einstieg in CAD (Computer Aided Design) dar, und zwar am Beispiel des Arbeitens mit dem Zeichen-Softwarepaket Auto-Sketch® der Autodesk AG. Die unter AutoSketch verfügbaren Befehle und Möglichkeiten sind eine Untermenge der Befehle und Möglichkeiten, die beim Arbeiten mit dem CAD-System AutoCAD® zur Verfügung stehen. AutoCAD ist ebenfalls ein Produkt der Autodesk AG und hat im PC-Bereich sowohl in der Ausbildung als auch in der Praxis eine große Verbreitung gefunden. Auf die wesentlichen Einschränkungen von AutoSketch gegenüber AutoCAD, wie z.B. bei 3D-Darstellungen von Körpern und Objekten, wird an entsprechender Stelle ausführlicher eingegangen. Trotz dieser Einschränkungen lassen sich die Mehrzahl der beim technischen Zeichnen anfallenden Aufgaben mit AutoSketch lösen.

Von seiner Konzeption wendet sich der AutoSketch-Zeichenkurs vor allem an den CAD-Anfänger mit oder ohne Vorkenntnisse im technischen Zeichnen. Der Leser des Buches wird in einzelnen Lernschritten in die wesentlichen Begriffe und Vorgehensweisen beim Erstellen technischer Zeichnungen und in das Arbeiten mit AutoSketch eingeführt. Hierbei sind keine besonderen Vorkenntnisse in der Datenverarbeitung erforderlich.

Ein einzelner Lernschritt gliedert sich jeweils in

- Informationsteil,
- Beispielteil und
- Aufgabenteil.

Die zu erlernenden Befehle und Verfahrensweisen werden zunächst im Informationsteil allgemein behandelt. Im zugehörigen Beispielteil wird anhand charakteristischer Beispiele die Anwendung der Befehle durch die Gegenüberstellung der grafischen Darstellung auf dem Bildschirm mit dem entsprechenden Befehlsdialog veranschaulicht und durch Bemerkungen näher erläutert. Durch das Bearbeiten der im Aufgabenteil gestellten Aufgaben kann der Leser das bisher Erlernte üben und über einen Vergleich mit den im Anhang A gegebenen Lösungen seinen Lernfortschritt kontrollieren.

Das vorliegende Lehr- und Übungsbuch eignet sich aufgrund seines Aufbaus sowohl zum Selbststudium als auch zur unterrichts- bzw. vorlesungsbegleitenden Lektüre im Bereich des rechnerunterstützten Zeichnens und Konstruierens. Wegen der Vielzahl von praxisbezogenen Beispielen und Aufgaben kann es ferner als Lehrgangsunterlage in der Ausbildung von technischen Zeichnern benutzt werden.

Das Arbeiten mit AutoSketch erfordert einen interaktiven grafischen Arbeitsplatz, der folgende Hardware-Komponenten besitzen sollte:

- IBM®-kompatibler PC mit Prozessor 80286 oder höher,

- Arbeitsspeicher mit mindestens 512 KB-RAM,

- hochauflösende Grafikkarte EGA/VGA/CGA/Hercules®,

- grafischer Bildschirm monochrom/farbig ab 14 Zoll Diagonalmaß,

- Festplatte und mindestens ein Diskettenlaufwerk,

- Maus als Zeigegerät und

- grafikfähiger Drucker zur Ausgabe.

Durch die zusätzlichen Hardware-Komponenten:

- mathematischer Coprozessor ab 80287,

- Extended oder Expanded Memory,

- Digitalisiertablett mit Digitalisierstift/Fadenkreuzlupe,

- alphanumerischer Bildschirm monochrom/farbig und

- Plotter einer Reihe von Herstellern

können die Verarbeitungsgeschwindigkeit, der Umfang und die Komplexität der Zeichnungen, die Eingabe von Befehlen und Werten, die Bildschirmdarstellung von Texten und Zeichnungen bzw. die Ausgabequalität der erstellten Zeichnungen weiter verbessert werden.

Die Software muß folgende Komponenten umfassen:

- Betriebssystem PC-DOS® oder MS-DOS® ab Version 2.0 und

- Zeichenpaket AutoSketch Version 3.0.

☞ *Hinweis: AutoSketch für Windows^{TM}*

Für die Version AutoSketch für Windows sind abweichend davon für PC-DOS bzw. MS-DOS die Version 3.3 oder höher und Windows erforderlich.

In Abhängigkeit von der Verwendung eines oder zweier Bildschirme spricht man von Ein- bzw. Zwei-Bildschirm-Arbeitsplätzen. Das Arbeiten mit zwei Bildschirmen - wie in Bild 1.1 dargestellt - ist durch die getrennte Darstellung von Text und Zeichnung übersichtlicher und bietet dem Anwender mehr Komfort als das Arbeiten mit einem Bildschirm.

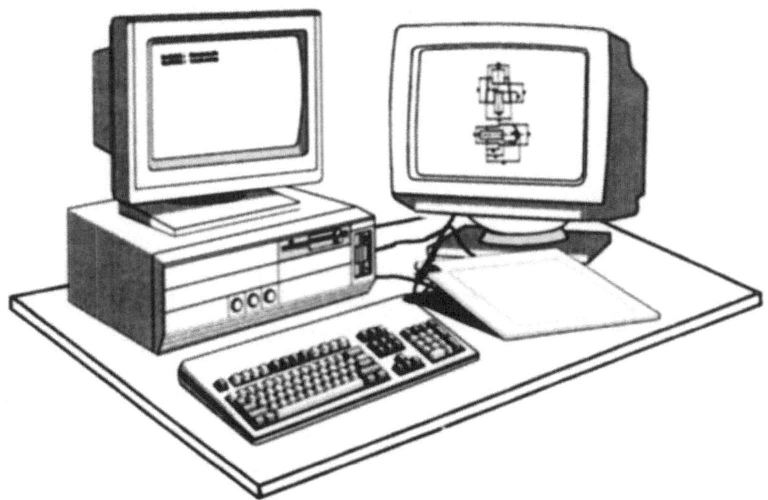

Bild 1-1: Zwei-Bildschirm-Arbeitsplatz für AutoCad

Das Arbeiten mit AutoSketch ist nur an einem Ein-Bildschirm-Arbeitsplatz möglich. Eine denkbare Konfiguration eines solchen Arbeitsplatzes ist in Bild 1.2 dargestellt.

Bild 1-2: Ein-Bildschirm-Arbeitsplatz für AutoSketch

Bevor mit AutoSketch gearbeitet werden kann, muß es zunächst auf einem Laufwerk des Rechners installiert werden. Beispielsweise kann nach dem Einlegen der Diskette 1 des AutoSketch-Installationsprogramms in das Laufwerk A: die Installation von AutoSketch auf der Festplatte C: wie folgt durchgeführt werden:

    C:\ **A: <RETURN>**   {Wechsel in das Laufwerk A:}
    A:\ **INSTALL <RETURN>**   {Starten des Installationsprogramms}

☞ *Hinweis: Benutzereingaben und Erläuterungen*

Die Eingaben eines Benutzers über die Tastatur werden in der Regel durch das Drücken der RETURN-Taste abgeschlossen. Ihre Darstellung erfolgt im Buch in Fettdruck in der Form: **Tastatureingabe <RETURN>**. Entsprechend wird das Drücken einer beliebigen Sondertaste mit **<Sondertaste>** angegeben. Eventuelle Erläuterungen zu Eingaben stehen in geschweiften Klammern dahinter.

Bei der Installation werden automatisch zwei Verzeichnisse angelegt. Werden hierfür die vom System vorgeschlagenen Verzeichnisnamen gewählt, so existieren nach der Installation die folgenden beiden Verzeichnisse:

    – C:\SKETCH3   mit Programmdateien und Beispielzeichnungen
                              und
    – C:\SKETCH3\SUPPORT   mit Dateien für Schriften, Muster und
                              Bilderbibliotheken.

Die Beispielzeichnungen sind im Verzeichnis C:\SKETCH3 nur enthalten, wenn deren Installation vom Benutzer bestätigt wird.

Zweckmäßigerweise sollte das Durcharbeiten der Beispiele und Aufgaben dieses Buches und das Speichern der erstellten Zeichnungen in einem speziellen Verzeichnis von C:\ erfolgen. Aus diesem Grunde ist mit dem MS-DOS-Befehl MD ein neues Verzeichnis mit dem Namen ASKURS anzulegen. Dies erfolgt mit:

C:\ MD ASKURS <RETURN>

und mit dem MS-DOS-Befehl CD kann in das neue Verzeichnis gewechselt werden:

C:\CD ASKURS <RETURN>

Die Konfiguration von AutoSketch, d.h. die Anpassung der vorhandenen Hardware, wie z.B. Bildschirm, Zeigegerät und Drucker, erfolgt automatisch nach dem erstmaligen Start von AutoSketch und wird im Dialog durchgeführt.

Dabei wird der Benutzer von AutoSketch aufgefordert, verschiedene Fragen zu der von ihm benutzten Konfiguration zu beantworten. Dies geschieht in der folgenden Reihenfolge:

- Angabe des verwendeten Zeigegerätes, z.B. Microsoft® Maus,
- Angabe der verwendeten Grafikkarte, z.B. IBM Video Graphics Array (VGA),
- Angabe, ob der Schieber zur Wahl des Bildausschnittes installiert werden soll,
- Angabe des verwendeten Druckers bzw. Plotters, z.B. HP-LaserJet® und
- Angabe der verwendeten Schnittstelle für den Drucker bzw. den Plotter, z.B. parallele Schnittstelle (LPT1).

2   Einstieg in das Arbeiten mit AutoSketch

2.1   Starten und Beenden von AutoSketch

In diesem Abschnitt soll das Starten und Beenden von AutoSketch und die Möglichkeiten für das weitere Arbeiten hiermit besprochen werden. Die Ausführungen beziehen sich dabei auf die im voraufgegangenen Abschnitt getroffenen Vereinbarungen in bezug auf die Installation und Konfiguration von AutoSketch, wie beispielsweise die Organisation der Festplatte.

☞ *Hinweis: Organisation der Festplatte*

- Die Programmdateien und die Beispielzeichnungen von AutoSketch sind im Unterverzeichnis C:\SKETCH3 gespeichert.
- Die Dateien für Schriften, Mustern und Bilderbibliotheken befinden sich im Unterverzeichnis C:\SKETCH3\SUPPORT.
- Nach dem Einschalten des Rechners wird aufgrund der AUTOEXEC.BAT-Datei ein Pfad auf das Unterverzeichnis C:\SKETCH3 gesetzt.
- Bei der Installation ist eine Batchdatei SKETCH3.BAT erzeugt worden.
- Ferner existiert ein Verzeichnis C:\ASKURS, in dem alle im Rahmen dieses Kurses erstellten Zeichnungen gespeichert werden.

Nach dem Starten von AutoSketch mit der Eingabe:

        C:\ CD ASKurs   {Wechseln in das Arbeitsverzeichnis}
        C:\ASKURS\ **Sketch3**   {Starten von AutoSketch}

erscheint der sogenannte AutoSketch-Bildschirm. Man vergleiche hierzu das Bild 2-1.

☞ *Hinweis: Groß- und Kleinschreibung*

Da das Arbeiten mit AutoSketch unter MS-DOS erfolgt, wird bei der Eingabe von Text, wie z.B. von Datei- oder Verzeichnisnamen, nicht zwischen Groß- und Kleinschreibung unterschieden.

☞ *Hinweis: Fehlerhafter Start von AutoSketch*

Mit der Fehlermeldung:

Falscher Befehl oder Dateiname

erfolgt ein Hinweis, daß AutoSketch nicht erfolgreich gestartet werden konnte.

Gründe für einen fehlerhaften Start von AutoSketch sind u.a.

- Bei der Installation von Autosketch wurde die Batchdatei SKETCH3.BAT nicht angelegt.
- In der AUTOEXEC.BAT-Datei ist das Setzen eines Pfads auf das Verzeichnis C:\SKETCH3 nicht vorgesehen.

Man kann in einem solchen Fall AutoSketch wie folgt starten:

- Eingabe von SKETCH bzw.
- Ergänzen der AUTOEXEC.BAT-Datei und erneute Eingabe von SKETCH.

Durch einen modifizierten Aufruf mit SKETCH kann die Konfiguration des Systems geändert bzw. neu festgelegt werden.

☞ *Hinweis: Rekonfiguration von AutoSketch*

Wird AutoSketch in der spezifizierten Form mit:

C:\SKETCH3\ **SKETCH -R**

gestartet, so erfolgt zunächst der im Kapitel 1 beschriebene Ablauf zum Konfigurieren des Sytems und daran anschließend die Anzeige des AutoSketch-Bildschirms.

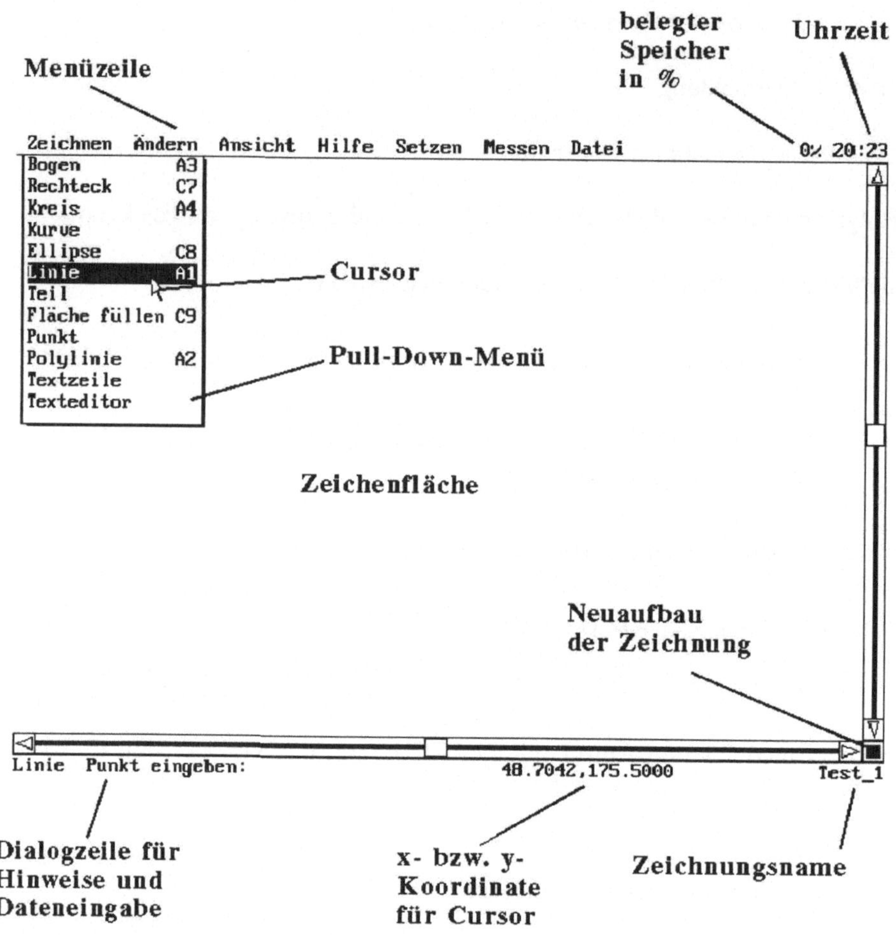

Bild 2-1: AutoSketch-Bildschirm

Die Auswahl der verschiedenen Möglichkeiten von AutoSketch und das Erstellen von
Zeichnungen erfolgen über diesen Bildschirm, wobei sich dessen prinzipieller Aufbau nicht
ändert. Im weiteren sollen zunächst die einzelnen Bildschirm-Bereiche näher erläutert
werden.

In der Menüzeile werden die Hauptmöglichkeiten von AutoSketch mit den folgenden
Menüpunkten:

- *Zeichnen*   Zeichnen der Objekte einer Zeichnung,

- *Ändern*   Ändern der Objekte einer Zeichnung,

- *Ansicht*   Festlegen der Bildschirmanzeige einer Zeichnung,

- *Hilfe*   Festlegen von Hilfen beim Zeichnen,
- *Setzen*   Festlegen bestimmter Grundeinstellungen von AutoSketch,
- *Messen*   Ausmessen und Bemaßen einer Zeichnung und
- *Datei*   Arbeiten mit Zeichnungs-, DXF- und Diadateien.

zur Verfügung gestellt. Die Auswahl eines Menüpunkts erfolgt durch das sogenannte Anpicken der jeweiligen Bezeichnung mit Hilfe der konfigurierten Zeigegeräte, d.h. mit einer Maus, mit dem Digitalisierstift eines Digitalisiertabletts oder den Pfeiltasten der Tastatur. Bei Verwendung einer Maus wird dabei wie folgt vorgegangen:

- Bewegen des Cursors mit Hilfe der Maus zum entsprechenden Menüpunkt und

- Bestätigen der Auswahl durch das Drücken der linken Maustaste.

Jeder der obigen sieben Menüpunkte gliedert sich in eine Reihe von Untermenüpunkten, die in einem Pull-Down-Menü zur Auswahl angeboten und als AutoSketch-Befehle bezeichnet werden. So kann z.B. mit dem in Bild 2-1 durch einen Leuchtbalken gekennzeichneten Befehl *Linie* im *Zeichnen*-Pull-Down-Menü eine beliebige Linie von einem Start- zu einem Endpunkt gezeichnet werden. Das Aktivieren eines solchen Untermenüpunkts kann - analog wie in der Menüzeile - durch Anpicken des zugehörigen Namens erfolgen. Für eine Reihe von Befehlen besteht ferner die Möglichkeit, sie durch Drücken einer Funktionstaste allein oder in Verbindung mit der STRG- oder ALT-Taste aufzurufen. Hierauf wird später noch ausführlicher eingegangen.

Rechts von der Menüzeile werden der bisher benötigte Speicherplatz und die aktuelle Systemzeit des Rechners angezeigt. Die Angabe des bisher benötigten Speicherplatzes erfolgt in Prozent bezogen auf den insgesamt zur Verfügung stehenden Speicherplatz und liefert dem Benutzer einen Hinweis darauf, wieviel Platz für seine Zeichnung zur Verfügung steht.

Am unteren Bildschirmrand werden im wesentlichen Informationen zum augenblicklichen Stand des Arbeitens ausgegeben. Im einzelnen sind dies:

- Hinweise und Anfragen von AutoSketch an den Benutzer,

- die X- und Y-Koordinate für die Position des Cursors und

- der Name der Zeichnung, die gerade bearbeitet wird.

☞ *Hinweis: Zeichnung ohne Namen*

Ist für die aktuelle Zeichnung noch kein Namen vergeben worden, so steht anstelle des Zeichnungsnamens der Hinweis "Unbenannt".

Zusätzlich zu der Ausgabe von Hinweisen und Anfragen werden über die Dialogzeile Tastatureingaben des Benutzers angezeigt, wie z.B. die vom Anwender eingegebenen Koordinaten des Startpunkts einer Linie.

Der zwischen der Menüzeile und der untereren Informationszeile befindliche Bereich des Bildschirms dient als Zeichenfläche, d.h., hier erfolgt die Erstellung einer Zeichnung. Größere Zeichnungen lassen sich unter Beibehaltung eines vorgegebenen Maßstabs nicht immer vollständig auf dem Bildschirm darstellen. Mit dem waagerechten und senkrechten Schieber kann der sichtbare Ausschnitt einer solchen Zeichnung nach links oder rechts bzw. nach oben oder unten verschoben werden. Die beiden Schieber stehen nur dann zur Verfügung, wenn dies bei der Installation von AutoSketch festgelegt worden ist. Die gleiche Wirkung des Verschiebens läßt sich mit dem Befehl *Pan* des Menüs *Ansicht* erzielen.

Am Kreuzungspunkt der Schieber befindet sich eine zusätzliche Schaltfläche, die im Bild 2-1 mit Neuaufbau bezeichnet ist. Sie entspricht in ihrer Wirkung dem Befehl *Neuzeich* des Menüs *Ansicht*. Man erreicht hiermit den Neuaufbau einer Zeichnung. Dies ist beispielsweise angebracht, wenn sich durch das Löschen von Objekten in einer Zeichnung Lücken ergeben haben.

2.2 Arbeiten mit Dateien

In AutoSketch werden vom System vorgegebene Informationen und vom Benutzer erstellte Informationen in Dateien von verschiedenem Typ gespeichert, so liegen Standard-schraffuren in Musterdateien und vom Anwender erstellte Zeichnungen in Zeichnungsda-teien vor. Die Befehle für das Arbeiten mit Dateien werden als Untermenüpunkte des AutoSketch-Menüpunkts *Datei* in einem entsprechenden Pull-Down-Menü zur Auswahl angeboten.

AS-Menüpunkt *Datei*: Arbeiten mit Dateien

Nach Wahl des Menüpunkts *Datei* können Befehle für folgende Anwendungen:

- Arbeiten mit Zeichnungsdateien,
- Ausgabe von Zeichnungen über Drucker oder Plotter,
- Arbeiten mit speziellen Dateien und
- sonstige Anwendungen

ausgewählt werden. Im einzelnen sind dies:

- *Neu*   Erstellen einer neuen Zeichnung,
- *Öffnen*   Laden der Datei einer vorhandenen Zeichnung,
- *Teil ausschneiden*   Speichern eines Zeichnungsteils in eine Datei,
- *Sichern*   Speichern einer Zeichnung unter ihrem Namen in eine Datei,
- *Sichern als*   Speichern einer Zeichnung unter neuem Namen in eine Datei,
- *Stiftinfo*   Anzeigen von Informationen zu den Plotterstiften,
- *Druck/Plotbereich*   Festlegen des auszugebenden Teils einer Zeichnung,
- *Druck/Plotname*   Festlegen des Namens der Drucker- bzw. Plotdatei,
- *Druck/Plot*   Ausgeben einer Zeichnung über Drucker bzw. Plotter,
- *Mach DXF*   Speichern einer Zeichnung im DXF-Format,
- *DXF lesen*   Laden einer DXF-Datei und Einfügen in aktuelle Zeichnung,
- *Makro sichern*   Speichern eines aufgezeichneten Makros in einer Makro-Datei,
- *Makro öffnen*   Laden einer Makro-Datei ohne Ausführen des Makros,
- *Mach Dia*   Speichern des aktuellen Bildschirminhalts in einer Dia-Datei,
- *Zeig Dia*   Laden einer Dia-Datei und Anzeigen auf dem Bildschirm,
- *Information*   Anzeigen von Informationen zu AutoSketch und zur Hardware-Konfiguration,

- *Spiel*   Starten eines einfachen Spiels am Rechner und

- *Ende*   Beenden des Arbeitens mit AutoSketch.

In diesem Abschnitt sollen die Befehle *Öffnen*, *Sichern als*, *Information* und *Ende* näher behandelt werden.

Datei-Befehl *Information*: Anzeigen von Informationen zum System

Nach dem Aufruf dieses Befehls werden in einem Dialogfenster folgende Informationen angezeigt:

- Versions- und Seriennummer des installierten AutoSketch-Systems,
- Angaben zu der verwendeten Hardware mit Zeigegerät, Bildschirm und Drucker bzw. Plotter.

Datei-Befehl *Ende*: Beenden des Arbeitens mit AutoSketch

Das Arbeiten mit AutoSketch wird hiermit beendet. Im Anschluß daran kann in der MS-DOS-Ebene weiter gearbeitet werden.

■ Beispiel 2-1: Informieren über AutoSketch-Arbeitsplatz

Zur Information des installierten AutoSketch-Systems ist dieses zu starten, das Dialogfenster mit den Informationen aufzurufen und anschließend in die MS-DOS-Ebene zurückzukehren. Nach der Eingabe von

C:\ASKURS\ **SKETCH3**

und der unten angegebenen AutoSketch-Befehlsfolge ergeben sich die geforderte Ausgabe und das Beenden des Arbeitens unter AutoSketch:

```
[Datei] [Information]      {Anzeige der Informationen in einem Fenster}
[OK]                                      {Dialogfenster verlassen}
[Datei] [Ende]                 {Beenden des Arbeitens mit AutoSketch}
```

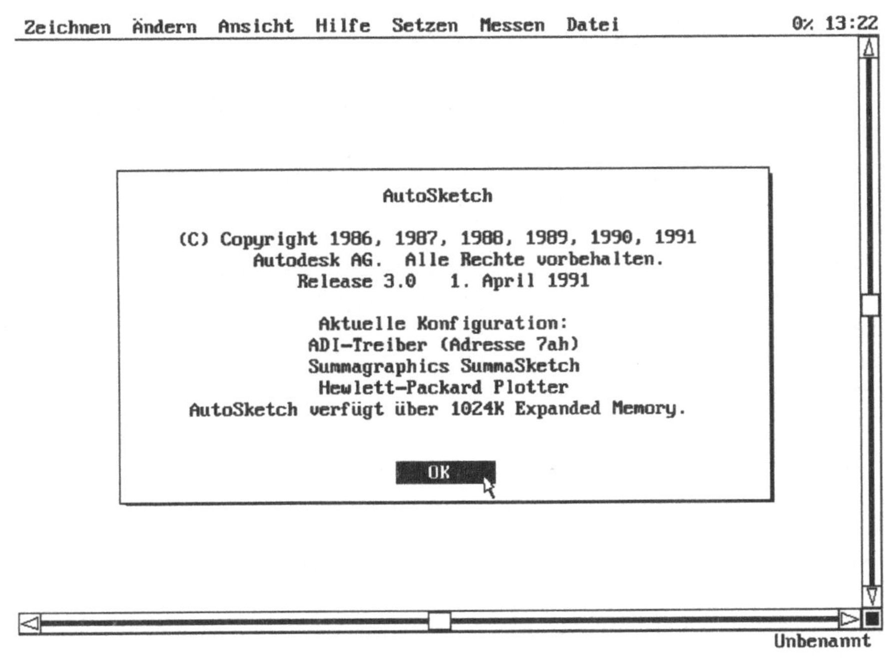

☞ *Hinweis: Arbeiten mit Dialogfenstern*

Dialogfenster stellen in AutoSketch ein wesentliches Hilfsmittel beim Dialog zwischen System und Anwender dar und ermöglichen u.a. eine sehr komfortable Form der Dateneingabe. Ein solches Dialogfenster enthält neben den Bereichen für das Anzeigen von Informationen und die Eingabe von Werten meist bestimmte Standardfelder, mit denen der Anwender den Dialog steuern kann. Hierzu gehören in der Regel die beiden Felder:

- *OK*-Feld   für das Bestätigen von Eingaben,

- *Abbruch*-Feld   für das Abbrechen von Befehlen ohne die Übernahme der bereits eingegebenen Werte.

Auf die einzelnen zur Verfügung stehenden Dialogfenstern wird an entsprechender Stelle näher eingegangen.

☞ *Hinweis: Darstellung von Benutzer-Auswahlen*

Im weiteren werden die vom Anwender durch Anklicken in der Menüzeile, in einem Pull-Down-Menü oder in einem Dialogfenster getroffenen Auswahlen in eckigen Klammern und wie für Benutzereingaben üblich in Fettdruck dargestellt.

Zeichnungen werden in AutoSketch in sogenannten Zeichnungsdateien gesichert und können jederzeit aus diesen zur weiteren Verarbeitung geladen werden. Bei entsprechender Installation des Systems stehen im Verzeichnis C:\SKETCH3 eine Reihe von Beispielzeichnungen zur Verfügung. Mit den Befehlen *Öffnen*, *Sichern als* und *Sichern* lassen sich diese laden bzw. speichern.

Datei-Befehl *Öffnen*: Laden einer Zeichnungsdatei

Nach Wahl dieses Befehls erfolgt in einem speziellen Dialogfenster die Festlegung der zu ladenden Zeichnung, und zwar durch die Auswahl der jeweiligen Zeichnung aus einer Zusammenstellung von zugehörigen Bildern oder Namen aller im aktuellen Verzeichnis auf der Festplatte oder Diskette vorhandenen Zeichnungen. Das hier zur Anwendung kommende Dialogfenster wird auch als Dateiauswahlfenster bezeichnet.

Datei-Befehl *Sichern als*: Speichern einer Zeichnung unter einem beliebigen Namen

Hiermit kann die aktuelle Zeichnung unter einem beliebigen Namen und in einem beliebigen Verzeichnis auf der Festplatte oder Diskette gespeichert werden.

■ Beispiel 2-2: Kopieren einer Zeichnung mit Bild-Auswahl der Zeichnung

Unter der Voraussetzung, daß der Anwender im Arbeitsverzeichnis C:\ASKURS arbeitet und AutoSketch bereits gestartet hat, soll die im Verzeichnis C:\SKETCH3 gespeicherte Beispielzeichnung GETRIEBE geladen und unter dem gleichen Namen im Verzeichnis C:\ASKURS gespeichert werden. Die Eingaben und Festlegungen sind soweit wie möglich mit der Maus durchzuführen. Nach dem Anfangsdialog:

```
[Datei][Öffnen]                        {Datei-Befehl Öffnen aufrufen}
[DIR] über <..>                        {Verzeichnis C:\SKETCH3 auswählen}
[Schieber] nach unten ziehen, bis u.a. DIR über SKETCH3 angezeigt wird.
[DIR] über SKETCH3
```

werden die im Verzeichnis C:\SKETCH vorhandenen Zeichnungen in einer vereinfachten Bildzusammenstellung und das Unterverzeichnis C:\SKETCH3\SUPPORT zur Auswahl angeboten.

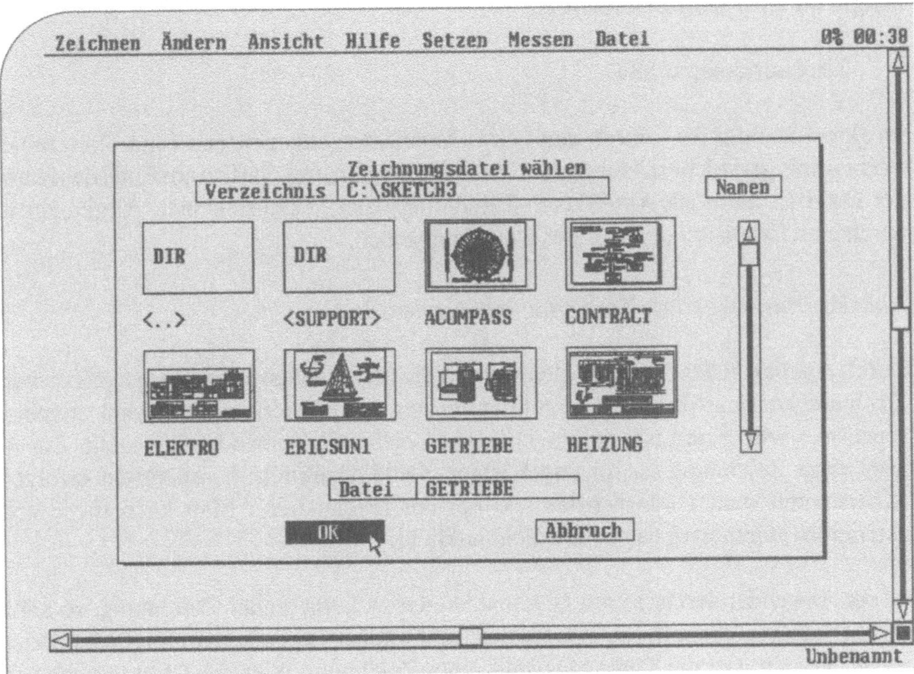

Die Auswahl der Beispielzeichnung GETRIEBE erfolgt dann mit der Maus:

[Bild] über GETRIEBE   {Zeichnung GETRIEBE auswählen}
[OK]

Nach dem die zugehörige Zeichnung geladen ist, wird sie unter dem gleichen Namen im Verzeichnis C:\ASKURS gesichert.

[Datei] [Sichern als]   {*Datei*-Befehl *Sichern als* aufrufen}
Cursor in das *Datei*-Feld verschieben ohne anzuklicken
Datei **C:\ASKURS\GETRIEBE <RETURN>**
[OK]
oder
Datei **C:\ASKURS\GETRIEBE**
[OK]
[OK]

☞ *Hinweis: Zeichnungsnamen*

Ein Zeichnungsname kann aus maximal acht Zeichen bestehen. Die zugehörige Zeichnung wird unter dem Dateinamen:

Zeichnungsname.SKD

im aktuellen oder im - durch den beim Dateinamen angegebenen Pfad - vereinbarten Verzeichnis gespeichert. Durch die Extension (Ergänzung, Suffix) am Ende des Namens der Datei ist diese als AutoSketch-Zeichnungsdatei gekennzeichnet. Allgemein wird durch eine Extension der Typ der Datei angegeben.

☞ *Hinweis: Auswahl einer Zeichnung aus Namensliste*

Durch Anklicken des *Namen*-Felds werden die im aktuellen Verzeichnis gespeicherten Zeichnungen nicht in einer Zusammenstellung von Bildern zur Auswahl angeboten, sondern es wird eine Liste der zugehörigen Zeichnungsnamen bereitgestellt. Zur Auswahl einer Zeichnung ist ihr zugehöriger Name anzuklicken. Ansonsten erfolgt das Arbeiten mit dem Dialogfenster wie bei der Bildauswahl. Man kann diese erneut aktivieren, indem man das *Bilder*-Feld anklickt.

Kennt ein Anwender den genauen Dateinamen der zu kopierenden Zeichnung, so kann er diesen auch direkt eingeben. Die entsprechende Vorgehensweise soll im folgenden Beispiel behandelt werden. Ob die Dialogauswahl einer Zeichnung oder die Direkteingabe ihres Namens die bessere Methode ist, kann allgemein nicht entschieden werden. In der Praxis wird man von Fall zu Fall die eine oder die andere Methode anwenden.

■ Beispiel 2-3: Kopieren einer Zeichnung mit Direkteingabe ihres Namens

Die Beispielzeichnung ELEKTRO aus dem Verzeichnis C:\SKETCH3 soll unter dem gleichen Namen im Verzeichnis C:\ASKURS abgespeichert werden. Man lege hierbei den Namen der zugehörigen Zeichnungsdatei durch Tastatureingaben fest.

[Datei] [Öffnen]
Cursor in das *Verzeichnis*-Feld verschieben ohne anzuklicken
Verzeichnis C:\SKETCH3 <RETURN>
Cursor in das *Datei*-Feld verschieben und ohne anzuklicken
Datei ELEKTRO <RETURN>
[OK]
[Datei][Sichern als]
Cursor in das *Dateiname*-Feld verschieben ohne anzuklicken

> Dateiname **C:\ASKURS\ELEKTRO <RETURN>**
> **[OK]**

☞ *Hinweis: Editieren von Verzeichnis- und Dateinamen*

Wird nach dem Verschieben des Cursors in das Eingabefeld für einen Verzeichnis- oder Dateinamen dieses Feld angeklickt, so kann der dort angezeigte Name durch Überschreiben, Einfügen und Löschen geändert werden.

☞ *Hinweis: Kopieren von Zeichnungen in der MS-DOS-Ebene*

Prinzipiell können Zeichnungen auch mit Hilfe des COPY-Befehls unter MS-DOS kopiert werden, dabei müssen die Dateinamen mit der Extension .SKD angegeben werden.

In der Regel wird eine Zeichnung nicht in einem Arbeitsgang vollständig oder fehlerfrei erstellt, so daß man häufig eine vorhandene Zeichnung ergänzen bzw. verbessern muß. Man wird hierzu die jeweilige Zeichnung wie oben beschrieben laden, die aktuelle Zeichnung am Bildschirm entsprechend ändern und diese dann unter dem gleichen Namen speichern. AutoSketch stellt hierfür den Befehl *Sichern* zur Verfügung.

Datei-Befehl *Sichern*: Speichern einer Zeichnung unter ihrem altem Namen

Aufgrund dieses Befehls wird die aktuelle Zeichnung unter ihrem bisherigen Namen abgespeichert. Handelt es sich bei der aktuellen Zeichnung um eine eine neu erstellte Zeichnung, so muß über ein entsprechendes Dialogfenster ein neuer Name vereinbart werden.

■ Beispiel 2-4: Ändern einer Zeichnung

Die im Beispiel 2-2 in das Verzeichnis C:\ASKURS kopierte Zeichnung GETRIEBE soll geändert und gesichert werden. Man kann hier folgendermaßen vorgehen:

> **[Datei][Öffnen]**   {*Datei*-Befehl *Öffnen* aufrufen}
> **[Bild]** über GETRIEBE   {Zeichnung GETRIEBE auswählen}
> **[OK]**
> **Ausführen der erforderlichen Ergänzungen und Verbesserungen**
> **[Datei][Sichern]**   {*Datei*-Befehl *Sichern* aufrufen}

☞ *Hinweis: Sicherungsdateien*

Beim Ausführen des Befehls *Sichern* werden eine vorhandene Zeichnungsdatei mit der aktuellen Zeichnung überschrieben und automatisch eine Sicherungsdatei mit dem gleichen Zeichnungsnamen und der Extension .BAK angelegt. Für eine Zeichnung existieren in der Regel somit die beiden Dateien:

> Zeichnungsname.SKD für die aktuelle Version und
> Zeichnungsname.BAK für die voraufgegangene Version.

◆ **Aufgabe 2-1: Einstieg in AutoSketch**

Man wende die bisher besprochenen AutoSketch-Befehle an, indem man folgende Aktionen ausführt:

- Starten von AutoSketch,
- Anzeigen von Informationen zum System,
- Kopieren der Beispielzeichnungen GETRIEBE, HEIZUNG und
  ELEKTRO in das Arbeitsverzeichnis C:\ASKURS,
- Aufrufen der Zeichnung GETRIEBE aus dem Arbeitsverzeichnis
  und Ändern der Zeichnung,
- Speichern der geänderten Zeichnung unter dem gleichen Namen und
- Beenden von AutoSketch.

Mit den bisher besprochenen Befehlen kann die Zeichnung GETRIEBE noch nicht geändert werden, so daß dieser Punkt der Aufgabenstellung übergangen werden kann. Nach dem Sichern wird daher die .BAK-Datei nicht existieren.

2.3 Erstellen einer neuen Zeichnung

In diesem Abschnitt soll im wesentlichen behandelt werden, wie man eine neue Zeichnung erstellt und die hierfür erforderlichen Grundeinstellungen trifft. Ferner soll der Begriff einer sogenannten Prototypzeichnung und das Arbeiten hiermit näher besprochen werden. Das Erstellen einer neuen Zeichnung wird durch den Aufruf des Befehls *Neu* für den AS-Menüpunkt *Datei* gestartet.

Datei-Befehl *Neu*: Erstellen einer neuen Zeichnung

In Abhängigkeit davon, ob der Anwender eine andere Zeichnung gerade bearbeitet oder nicht, erfolgt nach dem Aufruf des Befehls *Neu* zunächst eine Kontrolle zur Sicherung der bisherigen aktuellen Zeichnung bzw. mit dem Erstellen der neuen Zeichnung kann sofort begonnen werden. Falls die eventuell bestehende Zeichnung überhaupt noch nicht gespeichert oder seit ihrer letzten Sicherung geändert worden ist, wird in dem folgenden Dialogfenster:

```
Bestehende Zeichnung geändert.
Um zu sichern, Sichern wählen. Um
Änderungen aufzugeben, Aufgeben
wählen. Mit Abbruch wird dieser
Befehl abgebrochen.

[ Sichern ]   [ Aufgeben ]   [ Abbruch ]
```

eine Datensicherung angeboten, dabei kann der Anwender zwischen folgenden Möglichkeiten wählen:

- *Sichern*   für Abspeichern der aktuellen Zeichnung,
- *Aufgeben*   für Nichtabspeichern der aktuellen Datei und
- *Abbruch*   für Abbrechen des Befehls *Neu* und Weiterarbeiten mit der aktuellen Zeichnung.

■ Beispiel 2-4: Neue Zeichnung anlegen

Unter der Annahme, daß keine aktuelle Zeichnung existiert, soll eine neue Zeichnung begonnen und sofort unter dem Namen PRODINA4 gespeichert werden. Dies kann mit der Befehlsfolge realisiert werden:

```
[Datei][Neu]                              {Anlegen der Zeichnung}
[Datei][Sichern als]                      {Sichern der Zeichnung}
Dateiname: PRODINA4 <RETURN>              {Dateiname eingeben}
[OK]
```

☞ *Hinweis: Grundeinstellungen für eine neue Zeichnung*

Standardmäßig werden beim Erstellen einer neuen Zeichnung mit dem Befehl *Neu* eine Reihe von Festlegungen getroffen. Beispielsweise wird als geplante Zeichnungsgröße das DIN A4-Format vereinbart und ferner die Wirkung bestimmter AutoSketch-Befehle festgelegt.

Ähnlich wie beim Erstellen einer technischen Zeichnung am Zeichenbrett muß man auch beim Arbeiten mit AutoSketch die entsprechenden DIN-Normen beachten. Hierzu gehören u.a. die Vereinbarungen für die im technischen Zeichnen zugelassenen Maßstäbe und Blattgrößen. Beispielsweise gelten für die Maßstäbe von technische Zeichnungen folgende Vereinbarungen:

- Vergrößerungen   mit 2:1, 5:1, 10:1, 20:1, 50:1 und 100:1,
- Naturgetreu   mit 1:1 und
- Verkleinerungen   mit 1:2, 1:5, 1:10, 1:20, 1:50, 1:100, 1:200, 1:500 und 1:1000.

Nach DIN 823 sind auf der Basis $A = 1m^2$ für ein Rechteck mit den Seiten a und b im Verhältnis a:b = 2:1 folgende Abmessungen zulässig:

- DIN A01   mit 1682mm x 1189mm,
- DIN A0   mit 1189mm x 841mm,
- DIN A1   mit 841mm x 595mm,
- DIN A2   mit 595mm x 420mm,
- DIN A3   mit 420mm x 297mm und
- DIN A4   mit 297mm x 210mm.

In AutoSketch können mit dem Menüpunkt *Setzen* Festlegungen der obigen Art getroffenen werden.

AS-Menüpunkt *Setzen*: Festlegen von Grundeinstellungen

Mit den Befehlen dieses Menüpunkts werden über spezielle Dialogfenster Grundeinstellungen für das System und Wirkungsweisen für bestimmte Befehle vereinbart. Folgende *Setzen*-Befehle stehen hierfür zur Verfügung:

- *Maßpfeil*   Auswahl der Darstellung des Maßpfeils,
- *Bezug*   Vereinbaren der Bezugsmodi,
- *rechtw.Anordnung*   Festlegen der rechwinkligen Anordnung beim Kopieren von Objekten,
- *Fase*   Festlegen der Fasenabstände,
- *Farbe*   Vereinbaren der aktuellen Farbe,
- *Kurve*   Festlegen der Genauigkeit einer Kurvendarstellung,
- *Ellipse*   Auswahl der Konstruktion einer Ellipse,
- *Abrunden*   Festlegen des Rundungsradius,
- *Raster*   Festsetzen von Rasterabständen,
- *Layer*   Auswahl des aktuellen Layers und Vereinbaren der Sichtbarkeit,
- *Limiten*   Festlegen der geplanten Zeichnungsgröße,
- *Linientyp*   Auswahl der Darstellung einer Linie,
- *Einfügebasis*   Vereinbaren der Einfügebasis,
- *Muster*   Bestimmen eines Musters zum Ausfüllen,
- *Pick*   Festlegen des Pickintervalls,
- *Polylinie*   Vereinbaren der Eigenschaften von Polylinien,
- *Eigenschaft*   Auswahl der Eigenschaften, die mit dem *Ändern*-Befehl *Eigenschaft* geändert werden sollen,
- *kreisf. Anordnung*   Festlegen der kreisförmigen Anordnung beim Kopieren von Objekten,
- *Fang*   Festsetzen des Fangintervalls,
- *Text*   Bestimmen der Eigenschaften für Textdarstellung und
- *Einheiten*   Vereinbaren des Einheitenformats und der Maßeinheit.

Eine ausführlichere Darstellung der obigen Befehle erfolgt jeweils in den Abschnitten, in denen sie erstmalig angewandt werden. An dieser Stelle sollen zunächst die Befehle *Limiten* und *Einheiten* näher behandelt werden, da sie u.U. für eine neue Zeichnung abweichend von den Standardvorgaben festzulegen sind.

Setzen-Befehl *Limiten*: Festlegen der Zeichnungsgröße

Hiermit können die Abmessungen (Grenzen oder auch Limiten) einer Zeichnung vereinbart werden. Die so festgelegte Größe einer Zeichnung ist formaler Art, da über die vereinbarten Grenzen hinaus gezeichnet werden kann. Entsprechend können Objekte einer Zeichnung, die außerhalb des Limitenbereichs liegen, über einen Drucker oder Plotter ausgegeben werden. Lediglich die Anzeige des vereinbarten Rasters und der *Ansicht*-Befehl *Zoom Limiten* beziehen sich auf die mit Limiten bestimmte formale Zeichnungsgröße. Diese wird in einem Dialogfenster mit der Form:

```
                    Zeichnungslimiten

    Links     0                 Rechts    297

    Unten     0                 Oben      210

              OK                  Abbruch
```

vereinbart, und zwar durch die Eingabe der Koordinaten für die linke untere und die rechte obere Ecke des vorgesehenen Zeichnungsbereichs.

☞ *Hinweis: Zeichnungsgröße allgemein*

Allgemein versteht man unter der Größe einer Zeichnung die tatsächliche Ausdehnung dieser Zeichnung in waagerechter und senkrechter Richtung.

Setzen-Befehl *Einheiten*: Festlegen der verwendeten Längeneinheiten

Intern werden alle Koordinaten, Abstände und sonstige Größen einer Zeichnung in sogenannten Zeichnungseinheiten mit maximaler Genauigkeit gespeichert. Mit dem Befehl *Einheiten* kann der Anwender dieser internen Einheit eine für die jeweilige Zeichnung geltende Bedeutung zu ordnen, und zwar über das folgende Dialogfenster:

Hiermit kann für die Anzeige der gespeicherten Zeichnungsdaten zwischen dezimaler und amerikanischer Schreibweise gewählt und deren Genauigkeit festgelegt werden. Bei dezimaler Schreibweise kann die Anzeige eines Wertes mit Null bis maximal 6 Nachkommastellen erfolgen. Anstelle des Dezimalkommas wird dabei ein Dezimalpunkt gesetzt. Für die Anzeige von Maßzahlen kann zusätzlich eine Maßeinheit vereinbart werden, beispielsweise cm oder mm für dezimale Darstellungen.

☞ *Hinweis: Anzeige der aktuellen Zeichnungsposition*

Die Anzeige der Koordinaten für die aktuelle Position des Cursors erfolgt stets in dezimaler Schreibweise mit standardmäßig drei Stellen nach dem Dezimalpunkt.

☞ *Hinweis: Tastatureingabe von Werten*

Die Eingabe von Werten über die Tastatur kann unabhängig von dem festgelegten Anzeigeformat erfolgen, z.B. kann bei festgelegter amerikanischer Schreibweise für eine bestimmte Größe eine Dezimalzahl eingegeben werden. Dieser Wert wird bei einer Anzeige automatisch umgerechnet und im amerikanischen Format dargestellt.

■ Beispiel 2-5: Zeichnung mit speziellem Limitenbereich und Anzeigeformat erstellen

Es soll eine neue Zeichnung mit folgenden Grundeinstellungen:

- Zeichnungsgröße DIN A3,
- dezimale Darstellung mit 2 Nachkommastellen und
- Maßzahlen mit Maßeinheit mm

angelegt und unter dem Namen PRODINA3 gespeichert werden.

Mit dem folgenden Befehlsdialog wird die Zeichnung erstellt und unter dem Namen PRODINA3 gesichert:

```
[Datei] [Neu]                              {Anlegen einer neuen Datei}
[Setzen][Limiten]        {Aufruf des Dialogfensters für Zeichnungslimiten}
Rechts 420 <RETURN>                        {Festlegen der Größe DIN A3}
Oben   210 <RETURN>
[OK]
[Setzen][Einheiten]      {Aufruf des Dialogfensters für Anzeigeformat}
dezimal [✔]    {Vereinbaren der Einheit aufgrund der Aufgabenstellung}
2 Stellen [✔]
Maßeinheit mm <RETURN>
[OK]
[Datei][Sichern als]                       {Speichern der Zeichnung}
Dateiname PRODINA3 <RETURN>                 {Dateiname eingeben}
[OK]
```

Die in den beiden voraufgegangenen Beispielen erstellten Zeichnungen PRODINA4 und PRODINA3 können im weiteren als sogenannte Prototypzeichnungen benutzt werden. Man versteht hierunter Musterzeichnungen, die als Vorlagen für andere Zeichnungen mit ähnlichen Eigenschaften herangezogen werden. Bei diesen Eigenschaften handelt es sich im wesentlichen um die mit dem Befehl *Setzen* zu vereinbarenden Grundeinstellungen. Zusätzlich kann z.B. in einer Prototypzeichnung ein Standard-Schriftfeld festgelegt werden, das in alle Zeichnungen übernommen werden soll, die auf dieser Prototypzeichnung aufbauen.

☞ *Hinweis: Prototypzeichnungen PRODINA4 und PRODINA3*

Da in den Zeichnungen PRODINA4 und PRODINA3 lediglich der Limitenbereich mit DIN A4 bzw. DIN A3 und die Anzeigeformate vereinbart sind, stellen sie noch unvollständige Prototypzeichnungen dar, die durch weitere Festlegungen, wie z.B. für den Linientyp, Art der Maßpfeile und der Schraffurmuster, zu ergänzen sind.

Beim Erstellen einer neuen Zeichnung aufgrund einer Prototypzeichnung geht man allgemein in folgender Weise vor:

- Öffnen der Prototypzeichnung,
- Sichern der Zeichnung unter dem Namen der neuen Zeichnung,
- Zeichnen der einzelnen Objekte und
- Sichern der Zeichnung.

Um ein eventuelles Ändern und Überschreiben der Prototypzeichnung zu vermeiden, sollte man wie oben beschrieben vorgehen und *nicht* wie folgt:

- Öffnen der Prototypzeichnung,
- Zeichnen der einzelnen Objekte und
- Sichern der Zeichnung unter dem Namen der neuen Zeichnung.

■ **Beispiel 2-6: Prototypzeichnung anwenden**

Es soll eine neue Zeichnung mit den Grundeinstellungen der Prototypzeichnung PRODINA3 angelegt und unter dem Namen ZEIDINA3 gespeichert werden.
Die neue Zeichnung wird erstellt mit:

```
[Datei] [Öffnen]
[Bild] über PRODINA3
[OK]
[Datei] [Sichern als]
Dateiname ZEIDINA3 <RETURN>
[OK]
```

◆ **Aufgabe 2-2: Prototypzeichnung für DIN A2 erstellen und anwenden**

Es soll eine Prototypzeichnung mit folgenden Grundeinstellungen:

- Zeichnungsgröße DIN A2,
- dezimale Darstellung mit 1 Nachkommastelle und
- Maßzahlen mit Maßeinheit mm

angelegt und unter dem Namen PRODINA2 gespeichert werden. Anschließend ist hiermit eine neue Zeichnung ZEIDINA2 anzulegen.

2.4   Ausgabe einer Zeichnung

Eine AutoSketch-Zeichnung kann auf zwei verschiedene Weisen:

- über einen Plotter oder
- über einen grafikfähigen Drucker

als sogenannte Hardcopy auf Papier ausgeben werden. Man spricht in diesem Zusammenhang vom Plotten bzw. Drucken einer Zeichnung, wobei zwischen den beiden Ausgabeformen qualitative Unterschiede bestehen. So ist die Qualität einer gedruckten Zeichnung i.a. schlechter als die einer geplotteten Zeichnung. Ferner können mit Druckern meist keine unterschiedlichen Strichstärken und großformatigen Darstellungen ausgegeben werden. Der wesentliche Vorteil von Druckern gegenüber Plottern liegt in der kürzeren Ausgabezeit für eine Zeichnung. Aus diesem Grund sollte beim Zeichnen die Ausgabe von Zwischen- oder Kontrollzeichnungen über einen Drucker erfolgen. Die Ausgabe der fertigen Zeichnungen ist anschließend wegen der besseren Qualität und der größeren Darstellungsmöglichkeiten über einen Plotter auszuführen.

Die wesentlichen Schritte bei der Ausgabe einer Zeichnung sind bis auf geringe Abweichungen für Drucker und Plotter gleich. Man geht in der Regel wie folgt vor:

- Festlegen des verwendeten Ausgabegeräts bei der Konfiguration von AutoSketch,
- Vereinbaren des auszugebenden Bereichs der aktuellen Zeichnung,
- Festlegen der Farben und Geschwindigkeiten der Plotterstifte und
- Start der Ausgabe der Zeichnung über Plotter bzw. Drucker.

In Abhängigkeit davon, ob AutoSketch mit einem Plotter oder Drucker konfiguriert ist, werden im Menüpunkt *Datei* für die Ausgabe einer Zeichnung folgende Befehle zur Verfügung gestellt:

- *Stiftinfo* — zum Festlegen von Farbe und Geschwindigkeit für die verschiedenen Stifte,

- *Plotbereich / Druckbereich* — zum Festlegen von Form und Größe der Ausgabe,

- *Plotname   / Druckname* — für die Eingabe eines Dateinamens bei der Ausgabe einer Zeichnung in eine Datei und

- *Plot   / Druck* — zum Start der Zeichnungsausgabe mit den vorher getroffenen Vereinbarungen.

Die Befehle für das Drucken und Plotten einer Zeichnung unterscheiden sich nur unwesentlich in ihrer Handhabung. Es werden daher im weiteren nur Druckbefehle behandelt, zumal man davon ausgehen kann, daß ein grafikfähiger Drucker eher verfügbar sein sollte als ein Plotter.

Datei-Befehl _Druckbereich_: Vereinbaren des Ausgabebereichs einer Zeichnung

Mit diesem Befehl kann ein Anwender über ein Dialogfenster, das folgenden Aufbau besitzt:

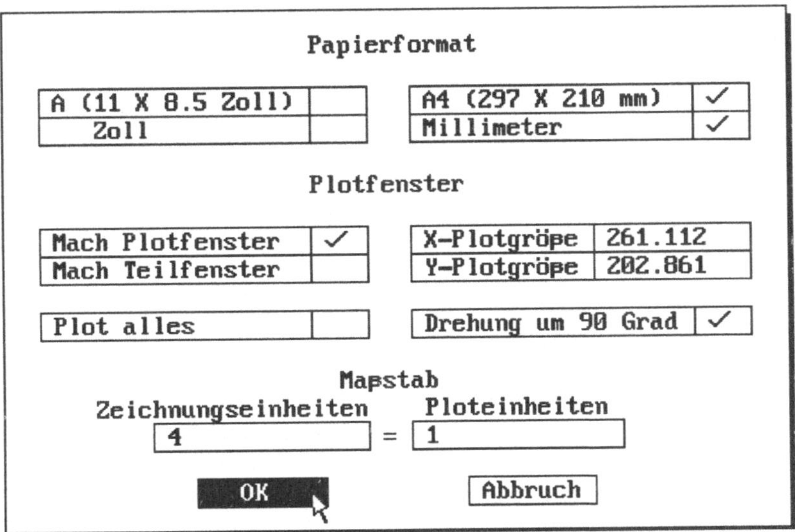

die Form und Größe der auszudruckenden Zeichnung festlegen. Die verschiedenen Optionen gliedern sich hierbei in die Punkte:

- _Papierformat_   zum Vereinbaren der Größe der für die Ausgabe zur Verfügung stehenden Fläche,

- _Plotfenster_   zum Festlegen der Größe der auszugebenden Zeichnung und deren Ausrichtung im Quer- oder Hochformat und

- _Maßstab_   zum Festlegen des Maßstabs.

Aufgrund der vorliegenden Konfigurationsdaten und der Daten der aktuellen Zeichnung werden vom System für die unter diesen Punkten zu vereinbarenden Größen geeignete Vorgaben angeboten, die ein Anwender bei Standardausgaben einer Zeichnung ohne Änderung übernehmen kann.

Da eine ausführliche Behandlung der einzelnen Optionen und ihrer optimalen Anwendung den Rahmen dieses Buches sprengen würde, sollen hier nur die wichtigsten Begriffe kurz erläutert werden.

Zweckmäßigerweise sollte man - wie vom System standardmäßig angeboten - mit einem Plotfenster arbeiten. Mit diesem Fenster wird auf dem Bildschirm angezeigt, welcher Bereich der Zeichnung ausgegeben wird. Vor der endgültigen Übernahme eines Plotfensters kann man entscheiden, ob das Fenster in dieser Form übernommen oder geändert werden soll. Ein übernommenes Plotfenster wird Bestandteil der Zeichnung. Beim Drucken oder Plotten der Zeichnung wird es aber nicht ausgegeben.

Mit der Option *Drehung um 90 Grad* wird das Format der Zeichnung festgelegt, und zwar erfolgt die Ausgabe im Hochformat, falls die Option gewählt ist, sonst wird die Zeichnung im Querformat ausgegeben.

Der Maßstab für die Ausgabe wird in AutoSketch durch das Verhältnis von Zeichnungs- zu Ploteinheiten angegeben, d.h., ein Maßstab von 5:1 in AutoSketch entspricht dem Normmaßstab von 1:5 nach DIN ISO 5455. Ist der vom System vorgeschlagene Maßstab nicht normgerecht, so sind die vorgegebenen Werte für die Zeichnungs- und Ploteinheiten entsprechend zu ändern.

Bei Wahl der Option *Plot alles* wird der Maßstab so gewählt, daß die gesamte Zeichnung in das Plotfenster paßt, d.h. vollständig ausgegeben wird. In der Regel ist der so gewählte Maßstab kein Normmaßstab und daher in technischen Zeichnungen ungeeignet.

Datei-Befehl *Druck*: Drucken einer Zeichnung

Nach dem Aufruf dieses Befehl werden die Daten der Zeichnung an den angeschlossenen Drucker übertragen und dort aufgrund der getroffenen Vereinbarungen ausgegeben.

■ Beispiel 2-7: Drucken einer Zeichnung

Unter der Annahme, daß AutoSketch für die Ausgabe über einen Drucker konfiguriert wurde, ist die im Verzeichnis C:\ASBUCH gespeicherte Musterzeichnung GETRIEBE im Normmaßstab 1:5 auszugeben.

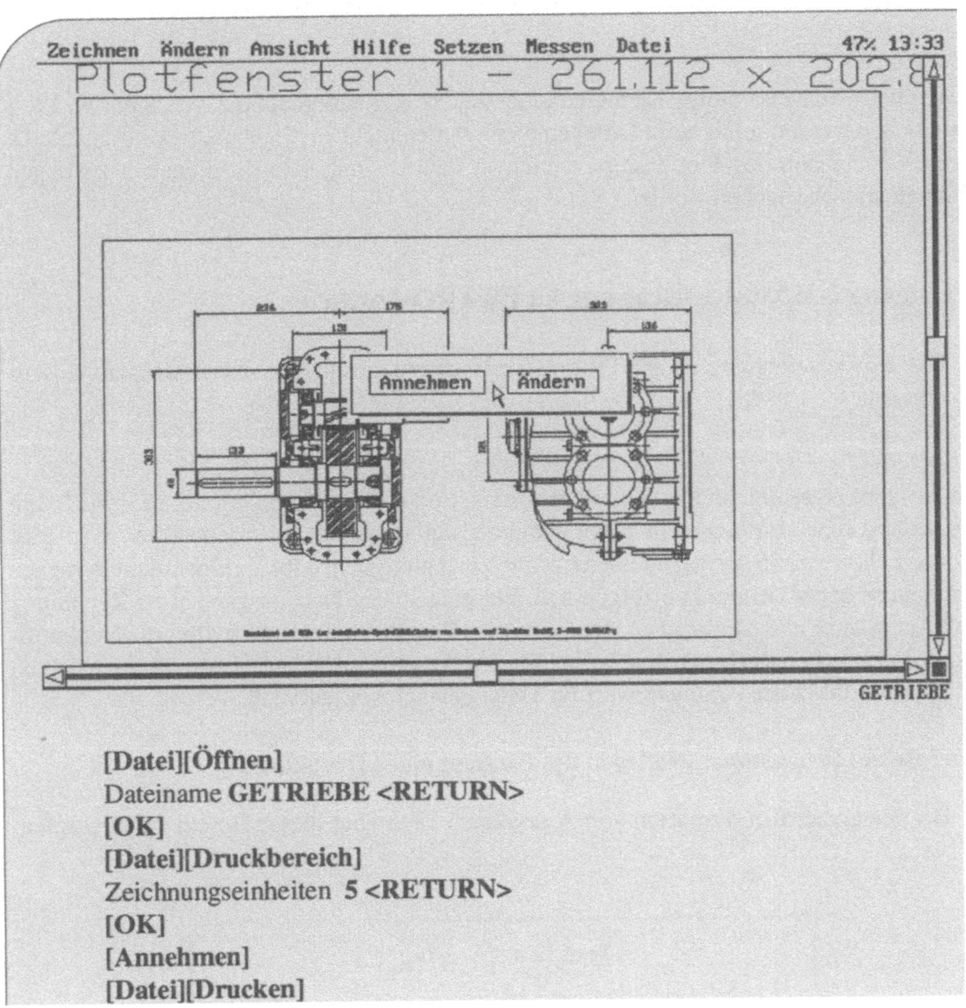

[Datei][Öffnen]
Dateiname **GETRIEBE <RETURN>**
[OK]
[Datei][Druckbereich]
Zeichnungseinheiten **5 <RETURN>**
[OK]
[Annehmen]
[Datei][Drucken]

☞ *Hinweis: Arbeiten mit Plotfenstern*

Ein Plotfenster ist ein fester Bestandteil einer Zeichnung und kann wie ein beliebiges Zeichnungselement mit den noch zu besprechenden *Ändern*-Befehlen *Löschen, Schieben* und *Varia* gelöscht bzw. verändert werden. Aufgrund dieser Änderungen eines Plotfensters erfolgt eine entsprechende angepaßte Ausgabe der zugehörigen Zeichnung.

Liegen beispielsweise einige Elemente einer Zeichnung außerhalb des vereinbarten Plotfensters und werden somit beim Drucken bzw. Plotten nicht ausgegeben, so kann man u.U. durch Verschieben des Plotfensters erreichen, daß sie innerhalb des Fensters zu liegen kommen und ausgegeben werden.

◆ Aufgabe 2-3: Musterzeichnung ELEKTRO drucken

Die Musterzeichnung ELEKTRO ist mit einem geeigneten Normmaßstab auszudrucken.

Die Ausgabe einer Zeichnung über einen Drucker oder Plotter kann mit dem *Datei*-Befehl *Druckname* bzw. *Plotname* in eine Ausgabedatei umgelenkt werden. Dies wird z.B. erforderlich, wenn ein Ausgabegerät nicht zur Verfügung steht oder die eigentliche Ausgabe zu einem späteren Zeitpunkt erfolgen soll. Für eine solche Dateiausgabe einer Zeichnung muß AutoSketch entsprechend konfiguriert sein. Gegebenenfalls ist hierfür eine Neukonfiguration des Systems erforderlich, wobei für den Anschluß des Ausgabegeräts anstelle von LPT1 oder COM2 der Parameterwert für Datei gewählt werden muß.

Datei-Befehl *Druckname*: Festlegen des Namens einer Druckdatei

Bei geeigneter Konfiguration von AutoSketch kann über diesen Befehl im Dialogfenster:

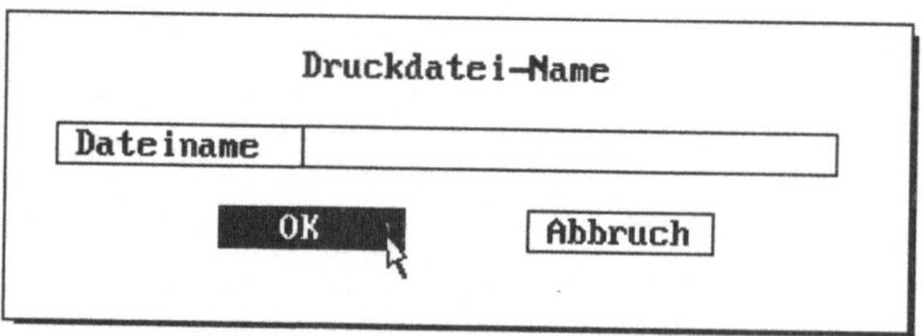

der Name der Ausgabedatei eingegeben werden. Das Suffix .PLT für Dateien dieser Art wird vom System automatisch vergeben.

■ **Beispiel 2-8: Ausgabe einer Zeichnung in eine Druckdatei**

Entsprechend der Aufgabenstellung zum voraufgegangenen Beispiel soll die Musterzeichnung GETRIEBE in eine gleichnamige Druckdatei ausgeben werden.

Falls AutoSketch nicht für eine Dateiausgabe konfiguriert ist, muß man zunächst eine Neukonfiguration mit:

C:\ASBUCH\SKETCH3 -R <RETURN>

starten und bei der Wahl des Anschlusses für das Ausgabegerät folgendes eingeben:

Plotteranschluß: **4 <RETURN>**

Anschließend startet man AutoSketch und geht entsprechend wie im Beispiel 2-7 vor:

```
[Datei][Öffnen]
Dateiname GETRIEBE <RETURN>
[OK]
[Datei][Druckbereich]
Zeichnungseinheiten 5 <RETURN>
[OK]
[Annehmen]
[Datei][Druckname]
Dateiname GETRIEBE <RETURN>
[OK]
[Datei][Drucken]
```

◆ **Aufgabe 2-4: Musterzeichnung ELEKTRO in Datei ausgeben**

Man drucke die Musterzeichnung ELEKTRO in eine Ausgabedatei mit dem Namen E_MUSTER aus.

3 Das Zeichnen gerader Linien

3.1 Zeichnen einer Linie

Ein wesentliches Grundelement einer technischen Zeichnung ist eine gerade Linie, die durch ihren Anfangs- und Endpunkt festgelegt ist. In AutoSketch werden solche Linien mit dem *Zeichnen*-Befehl *Linie* erstellt. Prinzipiell stellt der Menüpunkt *Zeichnen* alle Befehle zur Verfügung, die zum Erstellen einer technischen Zeichnung erforderlich sind.

AS-Menüpunkt *Zeichnen*: Erstellen von Zeichnungselementen

- *Bogen*   Zeichnen eines Kreisbogens durch drei Punkte,
- *Rechteck*   Zeichnen eines Rechtecks als Polylinie,
- *Kreis*   Zeichnen eines Kreises um Mittelpunkt und durch vorgegebenen Randpunkt,
- *Kurve*   Erstellen von Kurven als kubische B-Splines,
- *Ellipse*   Zeichnen einer Ellipse auf unterschiedliche Arten,
- *Linie*   Zeichnen einer Linie von einem Anfangs- zu einem Endpunkt,
- *Teil*   Einfügen einer anderen Zeichnung als Teil in die aktuellle Zeichnung,
- *Fläche füllen*   Ausfüllen von geschlossenen Flächen mit einem Muster,
- *Punkt*   Markieren eines Punktes als Zeichnungselement,
- *Polylinie*   Zeichnen eines aus Linien und Kreisbögen zusammengesetzten Zeichnungselements,
- *Textzeile*   Schreiben eines einzeiligen Textes in eine Zeichnung und
- *Texteditor*   Schreiben eines mehrzeiligen Textes in eine Zeichnung.

Zeichnen-Befehl *Linie*: Zeichnen einer geraden Linie

Nach Aufruf des Befehls *Linie* wird der Anwender mit den Hinweisen:

> Punkt eingeben:
> Nach Punkt:

aufgefordert, den Anfangs- und den Endpunkt der zu zeichnenden Linie festzulegen.

Das Vereinbaren eines Punktes kann jeweils erfolgen durch

- Anpicken des jeweiligen Punktes,
- Eingabe seiner absoluten Koordinaten,
- Eingabe seiner relativen Koordinaten oder
- Eingabe seiner Polarkoordinaten.

Die relativen und die Polarkoordinaten eines Punktes beziehen sich auf den voraufgegangenen Punkt, d.h. für den Endpunkt einer Linie auf deren Anfangspunkt und für den Anfangspunkt einer Linie auf den Endpunkt der unmittelbar davor erstellten Linie. Mit dem Aufruf des Befehls *Linie* können mehrere Linien gezeichnet werden, da nach dem Zeichnen einer Linie automatisch die Abfrage nach dem Anfangs- und Endpunkt der nächsten Linie erfolgt. Auf diese Weise lassen sich nacheinander eine Reihe von Linien zeichnen, die nicht unbedingt zusammenhängen müssen. Auch wenn dies der Fall sein sollte, stellen die Teillinien eines solchen Linienzuges stets einzelne Objekte in einer Zeichnung dar. Durch den Aufruf eines neuen Befehls wird der Befehl *Linie* abgebrochen.

☞ *Hinweis: Abbrechen eines Befehls*

Eine Befehlsausführung kann abgebrochen werden, indem man den gleichen Befehl erneut oder einen anderen Befehl aufruft.

Die verschiedenen Möglichkeiten für das Festlegen der Anfangs- und Endpunkte von Linien sollen zunächst näher erläutert und an einfachen Beispielen veranschaulicht werden. Im weiteren wird in diesem Zusammenhang auch von den Optionen eines Befehls gesprochen.

Option *x,y*: Eingabe absoluter Koordinaten

Die Koordinaten für den Anfangs- oder den Endpunkt einer Linie werden bezogen auf den Punkt 0,0 über die Tastatur mit:

```
Punkt eingeben: x,y <RETURN>
Nach Punkt: x,y <RETURN>
```

eingegeben, dabei sind Dezimalzahlen mit dem Dezimalpunkt einzugeben.

■ Beispiel 3-1: Linie mit absoluten Koordinaten zeichnen

Man zeichne eine Linie mit dem Anfangspunkt P1(100,100) und dem Endpunkt
P2(145,115).

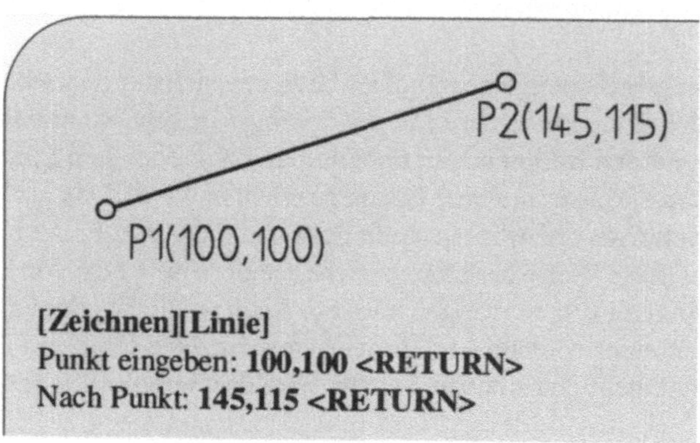

☞ *Hinweis: Aufruf von Befehlen über Sondertasten*

Eine Reihe häufig benutzter AutoSketch-Befehle kann auch durch das Drücken einer
Kombination von Sondertasten aufgerufen werden, so kann z.B. der *Zeichnen*-Befehl
Linie durch gemeinsames Drücken der Alt- und der Funktionstaste F1 aufgerufen
werden. Dies wird im Buch bei den Befehlsaufrufen allgemein mit <Taste1+Taste2>
dargestellt, d.h. für den Befehl *Linie* also mit <Alt+F1>.

Option *r(x,y)*: Eingabe von relativen Koordinaten

Ein Anfangs- oder Endpunkt einer Linie kann durch seine relative Lage zum
unmittelbar vorher vereinbarten Linienpunkt durch die Eingabe:

    Punkt eingeben: r(x,y) <RETURN>
    Nach Punkt: r(x,y) <RETURN>

bestimmt werden. Hierbei stellen x und y die Koordinaten des Anfangspunkts einer
Linie bezogen auf den Endpunkt der zuvor gezeichneten Linie dar. Sind x und y
die Koordinaten des Endpunkts einer Linie, so beziehen sie sich auf den Anfangspunkt dieser Linie.

■ Beispiel 3-2: Linie mit relativen Koordinaten zeichnen

Es soll eine Linie vom Anfangspunkt P1(100,100) gezeichnet werden, deren Endpunkt um 40 in positiver x-Richtung und um 10 in positiver y-Richtung zum Anfangspunkt verschoben ist.

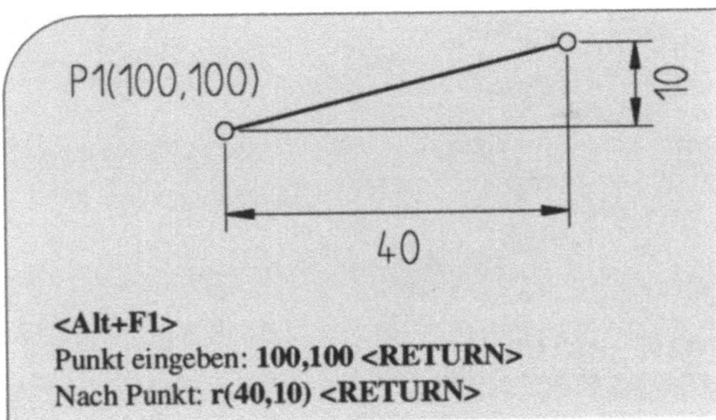

Option $p(a,w)$: Eingabe von Polarkoordinaten

Hier erfolgt das Festlegen der Punkte einer Linie mit:

```
Punkt eingeben: p(x,y) <RETURN>
Nach Punkt: p(a,w) <RETURN>
```

ebenfalls relativ zum voraufgegangenen Punkt, und zwar durch die Eingabe von:

- a für den Abstand des neuen zum voraufgegangenen Punkt und

- w für den Winkel zwischen der positiven x-Achse und dem Verbindungsstrahl vom voraufgegangenen zum neuen Punkt.

■ Beispiel 3-3: Linie mit Polarkoordinaten zeichnen

Zu zeichnen ist eine Linie der Länge 40 unter einem Winkel von 15° vom Anfangspunkt P1(100,100) aus.

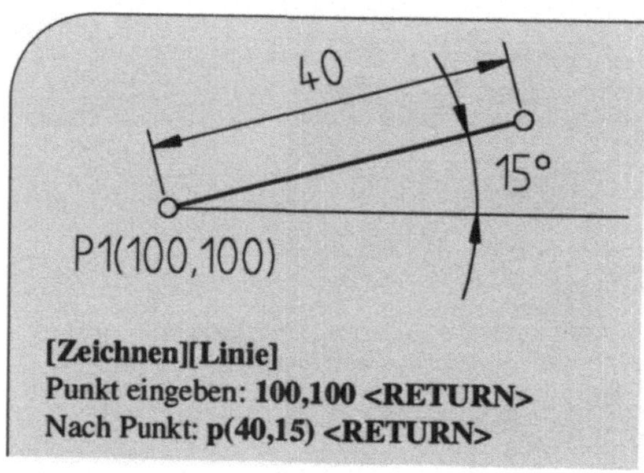

☞ *Hinweis: Eingabe von Winkeln*

Winkel werden im mathematisch positiven Sinn, d.h. im Gegenuhrzeigersinn, als positiv und im Gradmaß eingegeben.

Option *Anpicken*: Zeigen der Punkte

Mit Hilfe eines Zeigegeräts, z.B. mit einer Maus, wird der Cursor zu dem gewünschten Punkt auf der Zeichenfläche bewegt und z.B. durch Drücken der linken Maustaste bestätigt.

■ Beispiel 3-4: Linien durch Anpicken ihrer Punkte zeichnen

Man zeichne einen Linienzug durch Anfahren der drei Punkte P1, P2 und P3.

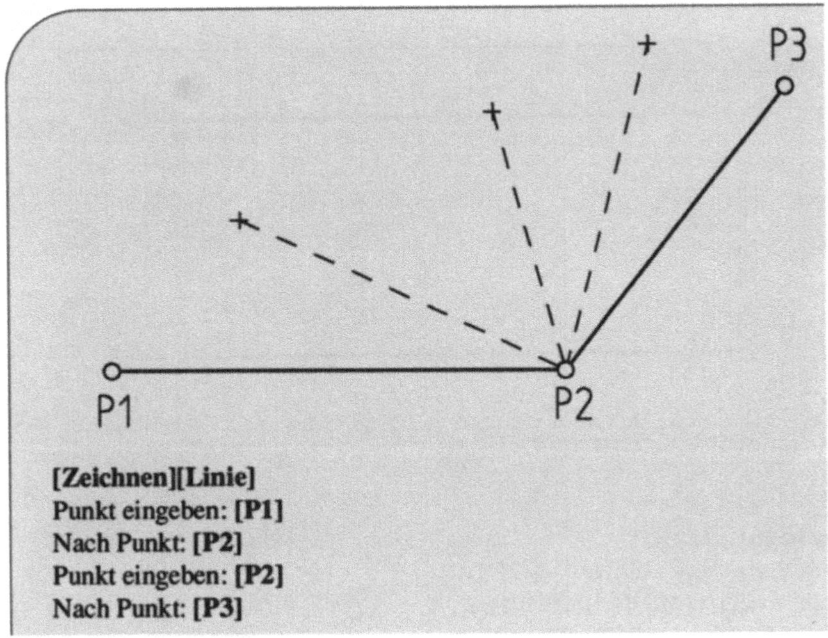

☞ *Hinweis: Gummibandlinie*

Nach der Festlegung des Anfangspunkts einer Linie wird zwischen diesem Punkt und der aktuellen Cursorstellung automatisch eine Hilfslinie gezeichnet. Beim Bewegen des Cursors zum Festlegen des Endpunkts einer Linie wird die Linie angezeigt. Diese wird häufig als Gummibandlinie bezeichnet und geht vom Anfangspunkt zur aktuellen Cursorposition für den noch nicht bestätigten Endpunkt der Linie.

Die verschiedenen Optionen zur Eingabe der Koordinaten für den Anfangs- und Endpunkt einer Linie können miteinander kombiniert werden. Dies soll mit dem nächsten Beispiel veranschaulicht werden.

■ Beispiel 3-5: Zeichnen eines zusammenhängenden Linienzuges

Es ist ein Rechteck mit den Seitenlängen 70 und 30 und seiner oberen linken Ecke im
Punkt P1(150,150) zeichnen.

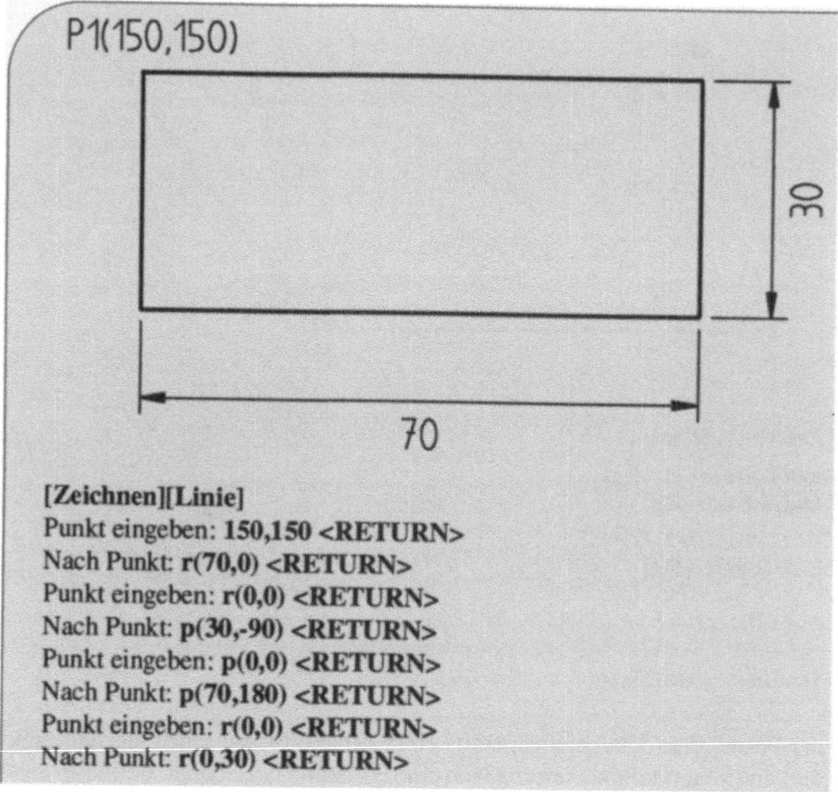

Das Zeichnen des Rechtecks im voraufgegangenen Beispiel ist sehr umständlich und sollte
in dieser Form eigentlich nicht durchgeführt werden. Sehr viel einfacher läßt sich ein
Rechteck mit den Befehlen *Polylinie* oder *Rechteck* zeichnen. Zusätzlich hat diese Darstellung den Vorteil, daß das Rechteck als ein Zeichnungsobjekt behandelt wird, und nicht wie
oben aus vier Objekten besteht. Aber auch für den letzteren Fall läßt sich das Rechteck
einfacher zeichnen, wenn man mit geeigneten Zeichnungshilfen, wie z.B. einem Raster und
einem geeigneten Fangmodus arbeitet. Hierauf wird im nächsten Kapitel näher eingegangen. An dieser Stelle soll der Befehl *Rechteck* kurz besprochen werden.

Zeichnen-Befehl *Rechteck*: Zeichnen eines Rechtecks als geschlossener Linienzug

Ein Rechteck wird durch die Vorgabe von zwei diagonal gegenüberliegenden Eckpunkten im Dialog:

> Erste Ecke:
> Zweite Ecke:

bestimmt und als ein geschlossener Linienzug gezeichnet. Die beiden Eckpunkte können - wie beim Zeichnen einer Linie - mit den dort möglichen vier Optionen festgelegt werden. Mit dem Befehl *Rechteck*, der auch durch Drücken der Tastenkombination Strg+F7 aufgerufen werden kann, lassen sich ebenfalls nacheinander mehrere Rechtecke zeichnen.

■ Beispiel 3-6: Rechteck als geschlossenen Linienzug zeichnen

Mit Hilfe des Befehls *Rechteck* zeichne man das Rechteck aus Beispiel 3-5 als geschlossenen Linienzug. Die Zeichnung ergibt sich hier sehr viel einfacher mit:

```
[Zeichnen][Rechteck]
Erster Ecke: 150,150 <RETURN>
Zweiter Ecke: 220,120 <RETURN>
```

☞ *Hinweis: Gummibandrechteck*

Nach der Eingabe der ersten Ecke wird analog zur Gummibandlinie beim Befehl *Linie* ein entsprechendes Rechteck mit der aktuellen Cursorposition als zweite Ecke gezeichnet.

◆ Aufgabe 3-1: Haus vom Nikolaus zeichnen

Man zeichne das Haus vom Nikolaus mit den Abmessungen: Länge P1P2 = 70 und Länge P2P3 = 61 im DIN A4 Hochformat, dabei sollte jede Linie nur einmal gezeichnet werden.

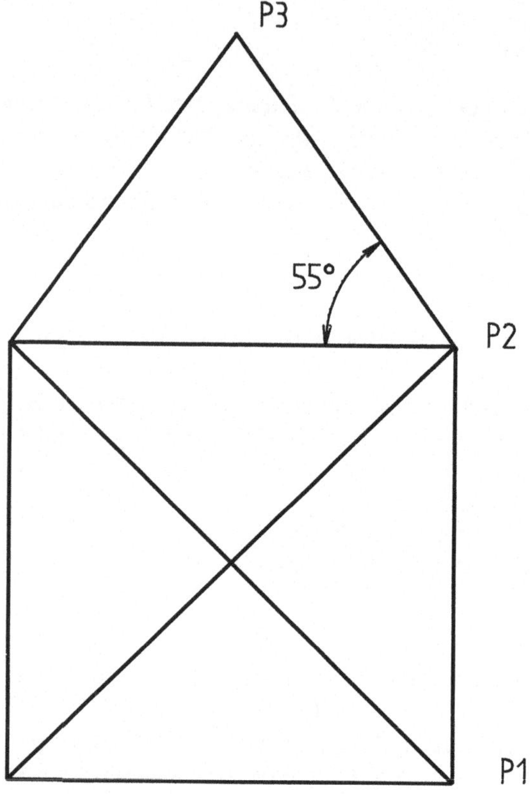

3.2   Festlegen der Linienart

In technischen Zeichnungen werden unterschiedliche Linienarten zur Darstellung bestimmter Elemente einer Zeichnung verwendet. Nach DIN 15, Teil 2 sind u.a. folgende Linienarten vorgesehen:

- breite Vollinie   sichtbare Kanten,

- schmale Vollinie   Maßlinien, Maßhilfslinien, Lichtkanten, Hinweislinien, Schraffuren, kurze Mittellinien und Umrisse benachbarter Teile,

- schmale Freihandlinie   Ausbrüche und gebrochene Teile,

- mittelbreite Strichlinie   verdeckte Kanten und verdeckte Umrisse,

- breite Strichpunktlinie   zur Kennzeichnung der Schnittebene oder des Schnittverlaufes, Oberflächenbehandlung,

- schmale Strichpunktlinie   Mittellinie, Symmetrieachse, Teil- und Lochkreise und

- schmale Strichzweipunktlinie   Umrisse vor der Verformumg.

Die einzelnen Linienarten sind verschieden breit und werden zu Liniengruppen mit drei genormten Linienbreiten zusammengefaßt, und zwar für breite und schmale Linien und für Maß- und Textangaben. Für die beiden am häufigsten verwendeten Liniengruppen 0,5 und 0,7 gilt:

- Liniengruppe 0,5 mit den Linienbreiten 0,5 - 0,25 - 0,35 in mm und
- Liniengruppe 0,7 mit den Linienbreiten 0,7 - 0,35 - 0,5 in mm

für breite Linien - schmale Linien - Maß/Textangaben.

Für entsprechende Realisierungen stehen in AutoSketch zehn Linienarten zur Verfügung, die dort als Linientypen bezeichnet werden. Mit dem *Setzen*-Befehl *Linientyp* besteht die Möglichkeit, einer Linie eine entsprechende Linienart zuzuordnen. Prinzipiell besitzt eine Linie folgende Eigenschaften:

- Linientyp   zur Beschreibung der Art der Linie,

- Farbe   zur Darstellung auf dem Bildschirm und zur Festlegung
                      der Strichstärke beim Plotten durch die Zuordnung einer
                      Farbe zu einem bestimmten Zeichenstift des Plotters und

- Layer   zur Vereinbarung der Zeichenebene, in der die Linie
                      erstellt werden soll.

Auf das Arbeiten mit Layern wird im Kapitel 12.3 näher eingegangen.

Setzen-Befehl *Linientyp*: Vereinbaren der Art einer Linie

Nach Aufruf dieses Befehls werden in dem folgenden Dialogfenster:

Zeichnungslinientyp

Vollinie	✓	————————
Gestrichelt		— —— —
Verdeckt		— — — — —
Mitte		————————
Phantom		————————
Punkt		· · · · · ·
Strichpunkt		—— · ——
Rand		————————
Getrennt		—— · · ——
Punkte		··················

Maßstab	**20**

OK   **Abbruch**

die zehn in AutoSketch verfügbaren Linienarten zur Auswahl angeboten. Über den Wert
des Maßstabs werden die relative Größe und die Abstände der Linien und Punkte den
verschiedenen Linientypen angepaßt. Bis auf einige Ausnahmen lassen sich alle Elemente einer AutoSketch-Zeichnung mit den oben angegebenen Linientypen darstellen.

■ Beispiel 3-7: Mittellinien zeichnen

Man zeichne ein Rechteck mit den Seitenlängen 100 und 80, dabei liege seine linke untere Ecke im Punkt P(100,100). Vorher sind geeignete Mittellinien für dieses Rechteck zu zeichnen.

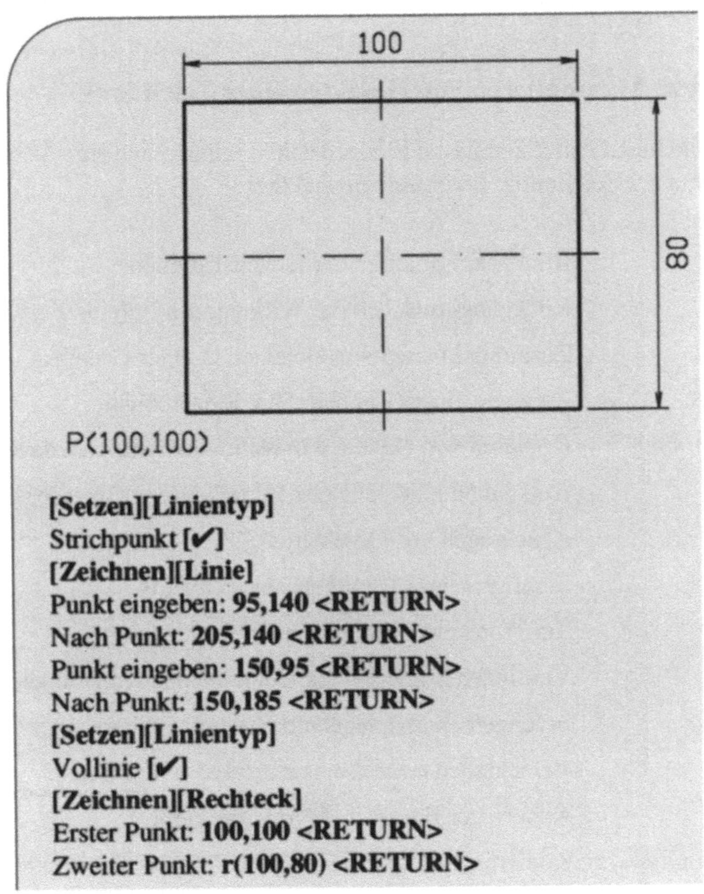

☞ *Hinweis: Standardlinientyp und Standardmaßstab*

Standardmäßig werden die Vollinie und der Maßstab 20 vorgegeben.

◆ Aufgabe 3-2: Haus vom Nikolaus durch Mittellinie ergänzen

Das in Aufgabe 3-1 gezeichnete Haus vom Nikolaus ist durch eine senkrechte Mittellinie zu ergänzen.

3.3   Löschen von Zeichnungselementen

Beim Erstellen einer technischen Zeichnung läßt es sich meist nicht vermeiden, daß man sich verzeichnet. Beim Arbeiten an einem Zeichenbrett kommt dann ein Radiergummi zum Einsatz, um fehlerhafte Zeichnungselemente zu entfernen. AutoSketch stellt hierfür im Menüpunkt *Ändern* den Befehl *Löschen* bereit.

AS-Menüpunkt *Ändern*: Manipulieren von Objekten einer Zeichnung

Mit diesem Menüpunkt bietet AutoSketch eine Vielzahl von Möglichkeiten zum Ändern vorhandener Objekte einer Zeichnung. Im einzelnen sind dies:

• *Zurück*	Rückgängigmachen der letzten Tätigkeit,
• *Zlösch*	Rückgängigmachen der Wirkung des Befehls Zurück,
• *Gruppe*	Zusammenfassen von Objekten in einer Gruppe,
• *Glösch*	Zerlegen einer Gruppe in ihre Einzelobjekte,
• *rechtw. Anordnung*	Kopieren von Objekten in rechtwinkliger Anordnung,
• *Bruch*	Aufspalten bzw. teilweises Löschen von Objekten,
• *Fase*	Abschrägen von Objekten,
• *Kopieren*	Erzeugen eines Duplikats eines Objekts,
• *Löschen*	Entfernen eines Objekts aus einer Zeichnung,
• *Abrunden*	Verbinden zweier Objekte durch einen Kreisbogen,
• *Spiegeln*	Erzeugen eines spiegelverkehrten Duplikats eines Objekts,
• *Schieben*	Verschieben eines Objekts an eine andere Stelle,
• *Eigenschaft*	Ändern der Eigenschaft von Objekten,
• *kreisf. Anordnung*	Kopieren von Objekten in kreisförmiger Anordnung,
• *Drehen*	Drehen von Objekten um einen Punkt,
• *Varia*	Ändern der Größe von Objekten,
• *Strecken*	Verformen von Objekten in eine beliebige Richtung und
• *Texteditor*	Ändern von Beschriftungen einer Zeichnung.

Ändern-Befehl *Löschen*: Löschen von Objekten

Mit diesem Befehl lassen sich beliebige Objekte einer Zeichnung löschen. Nach dem Aufruf des Befehls, der auch durch Drücken der Funktionstaste F3 erfolgen kann,

erscheint anstelle des sonst üblichen Pfeilcursors der sogenannte Handcursor, der die
Form einer Hand mit ausgestrecktem Zeigefinger besitzt. Dem Anwender stehen für die
Auswahl der zu löschenden Objekte folgende Optionen zur Verfügung:

- Zeigen auf ein Objekt,

- Setzen eines Gesamtfensters und

- Setzen eines Teilfensters.

Diese Optionen werden mit Hilfe des Handcursors ausgeführt.

Option: *Zeigen auf ein Objekt*

Mit dem Handcursor wird das zu löschende Objekt angepickt und damit sofort gelöscht.
Auf diese Weise können nacheinander mehrere Objekte einzeln gelöscht werden.

◼ Beispiel 3-8: Eine Linie durch Zeigen löschen

Unter der Annahme, daß das Rechteck mit dem Befehl *Linie* gezeichnet wurde, ist die
linke Rechteckseite zu löschen.

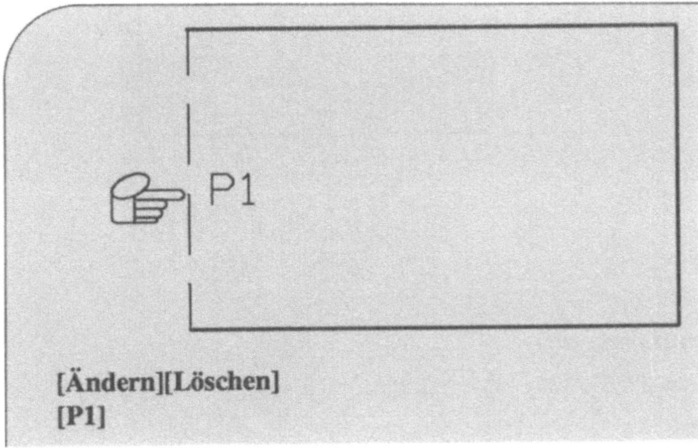

Option: *Setzen eines Ganzfensters*

Mit Hilfe des Handcursors wird ein Rechteck um die zu löschenden Objekte gezeichnet.
Man beginnt dabei mit dem Anpicken der linken Ecke des vorgesehenen Rechtecks und
bewegt den Handcursor nach oben oder unten zu einer rechten Ecke. Nach dem
Anpicken dieser Ecke werden alle Objekte gelöscht, die vollständig in dem Rechteck
liegen.

■ Beispiel 3-9: Eine Linie mit einem Ganzfenster löschen

In dem Rechteck aus Beispiel 3-8 soll diesmal durch das Setzen eines Ganzfensters die
linke Rechtecksseite gelöscht werden.

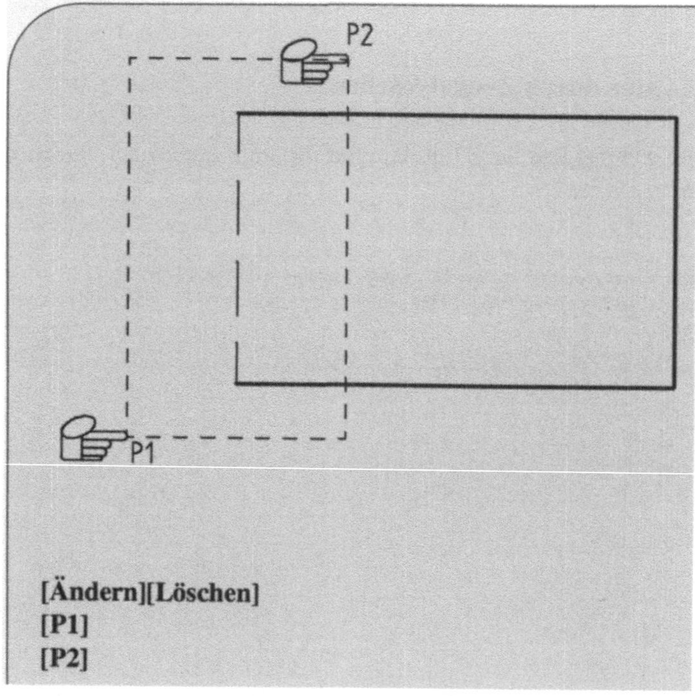

Option: *Setzen eines Teilfensters*

Ein Teilfenster wird analog zu einem Ganzfenster festgelegt. Man beginnt hier mit der
rechten Ecke und zieht den Handcursor nach oben oder unten zu einer linken Ecke.
Gelöscht werden hier alle Objekte, die sich vollständig oder nur teilweise in diesem
Fenster befinden.

■ Beispiel 3-10: Mehrere Linien mit einem Teilfenster löschen

In dem Rechteck aus den beiden voraufgegangenen Beispielen sind alle Seiten bis auf
die rechte zu löschen.

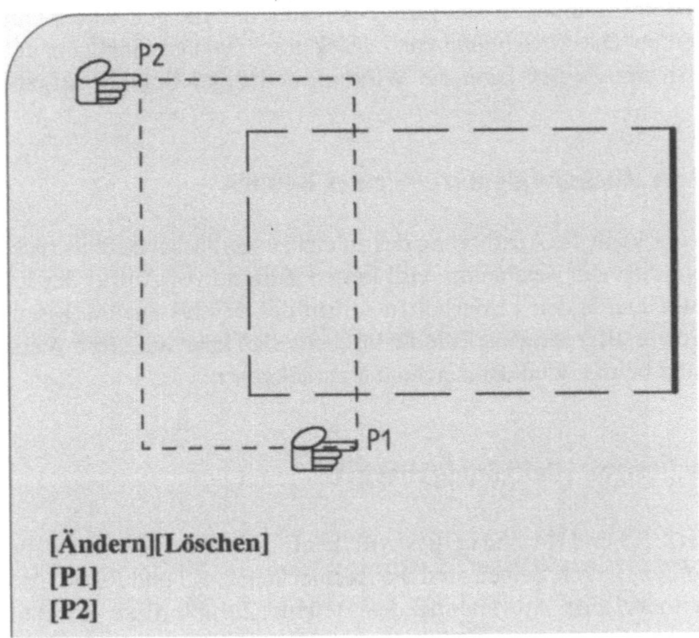

◆ Aufgabe 3-3: Rechteck mit Korrekturen zeichnen

Das untenstehende Rechteck mit den Seiten 1, 2, 5 und 6 ist zu zeichnen, und zwar sollen
dabei nach den Seiten 1 und 2 zunächst fälschlicherweise die Seiten 3 und 4 gezeichnet
werden. Nach dem Löschen dieser Seiten zeichne man die Seiten 5 und 6.

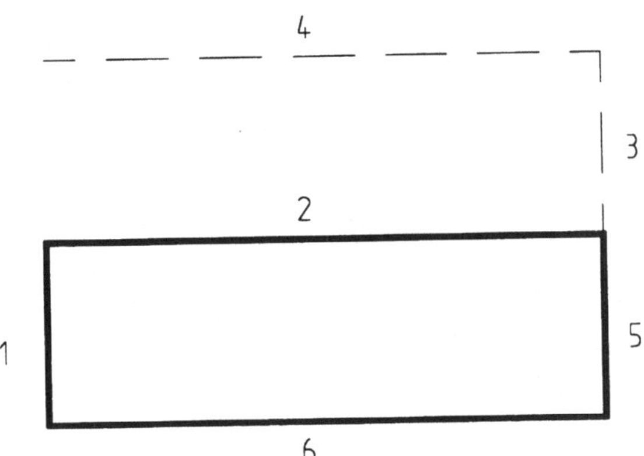

3.4 Rückgängigmachen von Löschungen

Beim Löschen von Zeichnungselementen kann es insbesondere beim Setzen von Fenstern vorkommen, daß Objekte gelöscht werden, die eigentlich nicht gelöscht werden sollten. Mit dem Befehl *Zurück* können Löschungen rückgängig gemacht und die gelöschten Objekte wieder zurückgeholt werden. Die Anwendung von *Zurück* beschränkt sich nicht nur auf den Befehl *Löschen*, sondern mit *Zurück* kann die Wirkung beliebiger Befehle aufgehoben werden.

Ändern-Befehl *Zurück*: Rückgängigmachen eines Befehls

Mit dem Befehl *Zurück* kann die Ausführung des zuletzt ausgeführten Befehls rückgängig gemacht werden, d.h., die Zeichnung wird in den Zustand vor Aufruf des letzten Befehls zurückgesetzt. Durch den wiederholten Aufruf des Befehls *Zurück* lassen sich schrittweise mehrere voraufgegangene Befehle löschen. Man kann auf diese Weise bis zum Ausgangszustand beim Laden der Zeichnung zurückgehen.

▉ Beispiel 3-11: Löschungen rückgängig machen

Die Rechtecke R1, R2, R3 und R4 sind in dieser Reihenfolge mit dem *Zeichnen*-Befehl *Rechteck* erstellt worden. Durch Zeigen sind die Rechtecke R2, R3 und R4 zu löschen. Man mache durch mehrfache Anwendung des Befehls *Zurück* diese Löschungen rückgängig.

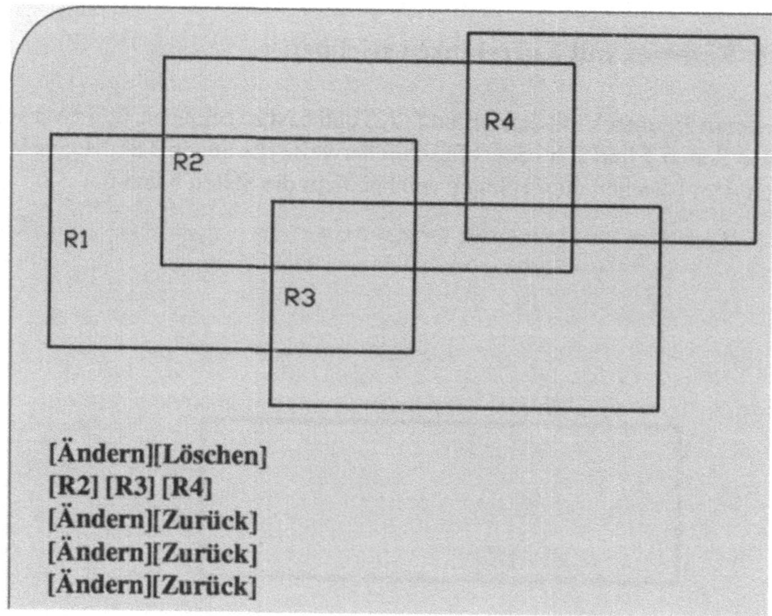

Das Zurückholen gelöschter Zeichnungselemente läßt sich ebenfalls wieder aufheben, d.h., der Befehl *Zurück* kann selbst rückgängig gemacht werden, und zwar mit dem Befehl *Zlösch*. Sind mit dem Befehl *Zurück* gelöschte Objekte zurück geholt worden, so bewirkt der Befehl *Zlösch*, daß anschließend die Objekte wieder gelöscht sind.

Ändern-Befehl *Zlösch*: Rückgängigmachen des Befehls *Zurück*

Der Befehl *Zlösch* ermöglicht, daß die Wirkung des Befehls *Zurück* aufgehoben wird. Der mit *Zurück* rückgängiggemachte Befehl wird damit wieder wirksam. Der mehrfache Aufruf des Befehls *Zlösch* ermöglicht es, schrittweise mehrere *Zurück*-Befehle aufzuheben.

▉ Beispiel 3-12: Löschungen wiederholen

Die im voraufgegangenen Beispiel durch die dreifache Anwendung des *Zurück*-Befehls zurückgesetzten Löschungen sind erneut zu aktivieren, so daß anschließend die Zeichnung nur aus dem Rechteck R1 besteht.

Man erreicht dies, indem man nach der Befehlsfolge aus Beispiel 3-11 den Befehl *Zlösch* dreimal aufruft:

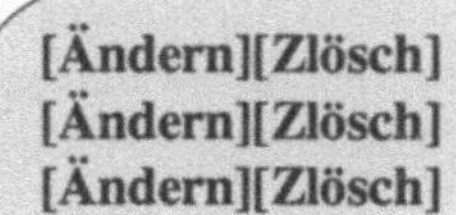

4   Hilfen beim Zeichnen

Beim bisher besprochenen Zeichnen von geraden Linien mit dem *Zeichnen*-Befehl *Linie*
stellt sich insbesondere das Festlegen der Linienpunkte durch Anpicken mit Hilfe eines
Zeigegeräts als mühsam heraus. Beispielsweise läßt sich hierbei ein Punkt nicht immer
eindeutig bestimmen. Waagerechte und senkrechte Linien, die auf diese Weise gezeichnet
werden, besitzen häufig Absätze und damit ein Treppenmuster. Um das Arbeiten mit den
Zeichnen-Befehlen in dieser Hinsicht zu vereinfachen, stehen in AutoSketch eine Reihe von
Hilfen zur Verfügung. Die wesentlichen Möglichkeiten hierfür sind:

- Anzeigen der aktuellen Koordinaten des Cursors,

- Arbeiten im Ortho-Modus,

- Setzen eines sichtbaren Punktrasters,

- Setzen eines unsichtbaren Fangrasters und

- Arbeiten mit verschiedenen Bezugsmodi.

So entspricht das Arbeiten im Ortho-Modus beim herkömmlichen Zeichnen an einem
Zeichenbrett dem Zeichnen von Linien mit der Reißschiene, so daß nur waagerechte und
senkrechte Linien gezeichnet werden können. Die Verwendung von Millimeterpapier am
Zeichenbrett als Zeichnungsunterlage kann in AutoSketch durch das Setzen eines sichtbaren
Punktrasters realisiert werden. Über den Menüpunkt *Hilfe* können die verschiedenen
Zeichenhilfen in AutoSketch ausgewählt werden.

AS-Menüpunkt *Hilfe*: Festlegen von Hilfen beim Zeichnen

Nach Wahl dieses Menüpunkts werden die folgenden Befehle zum Vereinbaren von
Zeichenhilfen zur Auswahl angeboten:

• *Bogenmodus*	Wechseln zwischen Bogen- und Linienmodus bei gefüllten Flächen und Polylinien,
• *Bezug*	Ein- bzw. Ausschalten aller gesetzten Bezugsmodi,
• *Koordinaten*	Anzeigen der Koordinaten der aktuellen Cursorposition,
• *Füllen*	Anzeigen des Inneren von gefüllten Flächen und Polylinien,
• *Rahmen*	Anzeigen des eine Kurve definierenden Linienzuges,
• *Raster*	Ein- bzw. Ausschalten eines sichtbaren Punktrasters,

- *Ortho* — Ein- bzw. Ausschalten des Ortho-Modus,

- *Fang* — Ein- bzw. Ausschalten eines unsichtbaren Fangrasters,

- *Zeig Bilder* — Festlegen der Art der Auswahl von Zeichnungen, Schriften und Füllmustern,

- *Makro aufzeichnen* — Zusammenfassen und Speichern einer Befehlsfolge als sogenanntes Makro,

- *Makro abspielen* — Aufrufen und Starten einer zuvor als Makro gespeicherten Befehlsfolge und

- *Bedienereingabe* — Festlegen von Möglichkeiten für Benutzereingaben beim Ablauf eines Makros.

In den folgenden Unterkapiteln werden das Arbeiten im Ortho-Modus, mit Rastern und mit verschiedenen Bezugsmodi näher besprochen.

4.1 Zeichnen im Ortho-Modus

Beim Erstellen einer Zeichnung ist es von Vorteil, wenn der Anwender die aktuelle Position des Cursors nicht nur auf der Zeichenfläche sieht, sondern wenn er die zugehörigen Koordinaten in x- und y-Richtung kennt. Mit dem *Hilfe*-Befehl *Koordinaten* kann er die Anzeige dieser Koordinaten vereinbaren.

Hilfe-Befehl *Koordinaten*: Ein- und Ausschalten der Koordinatenanzeige

Mit Hilfe dieses Befehls kann die Anzeige der aktuellen Koordinaten des Cursors ein- bzw. ausgeschaltet werden. Die Anzeige erfolgt auf dem Bildschirm in der unteren rechten Ecke mit jeweils vier Nachkommastellen. Erfordert ein *Zeichnen*-Befehl, wie z.B. der Befehl *Linie*, die Eingabe mehrerer Punkte, so werden in der rechten oberen Bildschirmecke anstelle der Speicherbelegung und der Uhrzeit die Polarkoordinaten der Cursorposition bezogen auf den letzten festgelegten Punkt angezeigt.

☞ *Hinweis: Kennzeichnung aktivierter Zeichenhilfen*

Die eingeschaltete Koordinatenanzeige wird im *Hilfe*-Menü mit einem vorangestellten Haken vor dem Befehl *Koordinaten* gekennzeichnet. Dies gilt entsprechend für weitere aktivierte Zeichenhilfen.

Das Zeichnen von waagerechten oder senkrechten Linien ohne Absätze ist auch bei eingeschalteter Koordinatenanzeige noch relativ umständlich. Zweckmäßigerweise sollte man hierfür im sogenannten Ortho-Modus arbeiten. Dies entspricht am Zeichenbrett dem Arbeiten mit einer Reißschiene und erlaubt nur das Zeichnen orthogonaler - d.h. waagerechter und senkrechter - Linien.

Hilfe-Befehl *Ortho*: Ein- und Ausschalten des Ortho-Modus

Mit dem Aufruf dieses Befehls bzw. durch Drücken der Alt- und der Funktionstaste F5 wird der Ortho-Modus eingeschaltet, falls er vorher nicht eingeschaltet war. Bei eingeschaltetem Ortho-Modus bewirkt der Befehl *Ortho* das Ausschalten.

◼ Beispiel 4-1: Zeichnen von Linien im Ortho-Modus

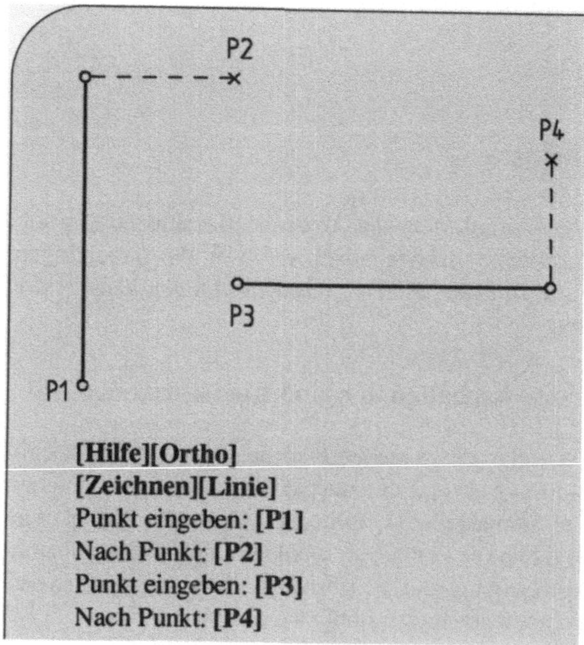

☞ *Hinweis: Besonderheiten für das Arbeiten im Ortho-Modus*

Liegen die beiden Eckpunkte einer im Ortho-Modus zu zeichnenden Linie nicht auf einer orthogonalen Verbindungslinie, so werden intern ihr waagerechter und senkrechter Abstand voneinander ermittelt. Der größere Abstand legt die Richtung der Linie fest, die gezeichnet wird.

◆ Aufgabe 4-1: Grundriß eines Bleches zeichnen

Das unten dargestellte Blech ist ohne Bemaßung und Beschriftung im Ortho-Modus zu zeichnen und unter dem Namen BLECH1 zu speichern.

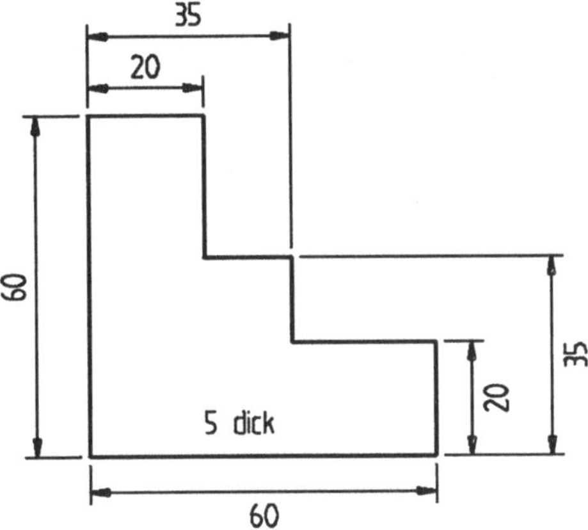

4.2 Arbeiten mit Rastern

Eine weitere wesentliche Hilfe beim Erstellen von Zeichnungen ist das Arbeiten mit Rastern, und zwar kann man mit

- einem sichtbaren Punktraster und

- einem unsichtbaren Fangraster arbeiten.

Hierbei ist ein Punktraster ein orthogonales Hilfsnetz von Punkten, das der eigentlichen Zeichnung unterlegt ist und als Orientierungshilfe beim Zeichnen dient. Unabhängig davon, ob ein solches Punktraster eingeschaltet ist oder nicht, kann jeder beliebiger Punkt auf der Zeichenfläche, d.h. auch ein Nichtrasterpunkt, zur Erstellung einer Zeichnung verwendet werden. Der Abstand der Rasterpunkte voneinander kann vom Benutzer festgelegt werden. Will man mit einem Punktraster arbeiten, geht man prinzipiell wie folgt vor:

- Festlegen der Rasterabstände mit dem *Setzen*-Befehl *Raster* und

- Ein- oder Ausschalten mit dem *Hilfe*-Befehl *Raster*.

Setzen-Befehl _Raster_: Festlegen der Abstände für ein Punktraster

Nach Aufruf dieses Befehls wird das Dialogfenster:

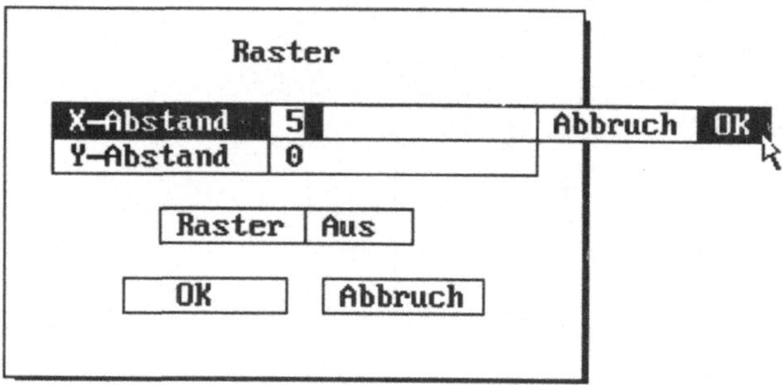

angezeigt. Hierüber können die Werte für die Rasterabstände in X- und Y-Richtung eingegeben werden. Zusätzlich kann man ferner - analog zum _Hilfe_-Befehl _Raster_ - das so festgelegte Punktraster auf dem Bildschirm ein- bzw. ausblenden.

Hilfe-Befehl _Raster_: Ein- und Ausschalten eines Punktrasters

Hiermit oder durch Drücken der Alt- und der Funktionstaste F6 kann ein vorher festgelegtes Raster sichtbar oder unsichtbar gemacht werden.

■ **Beispiel 4-2: Festlegen eines Punktrasters mit gleichen Abständen**

Es soll ein Punktraster mit dem Rasterabstand 5 vereinbart werden.

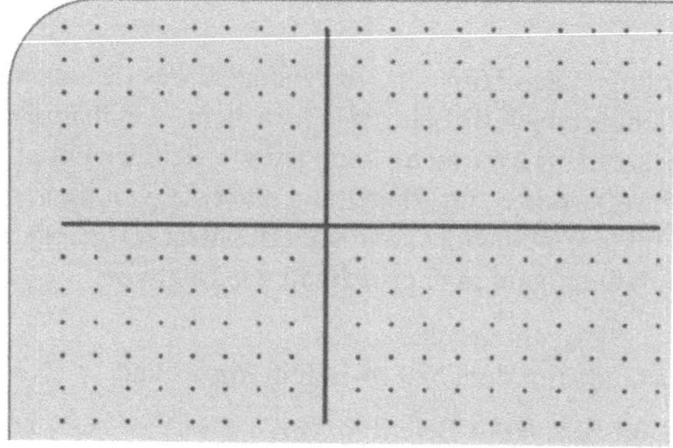

```
[Setzen][Raster]
X-Abstand 5 <RETURN>
[OK]
[Hilfe][Raster]
[✔] Raster
```

☞ *Hinweis: Darstellen des Ein- bzw. Ausschaltens von Hilfen*

Abweichend von den bisherigen Darstellungen von Benutzereingaben wird wegen der besseren Übersichtlichkeit mit [ ] oder [✔] die Festlegung nach der Benutzereingabe angegeben. Im obigen Beispiel wird also angezeigt, daß das Punktraster eingeschaltet ist. Entsprechendes gilt für die anderen Hilfen mit Ausnahme der für das Arbeiten mit Makros.

☞ *Hinweis: Gleiche Rasterabstände in X- und Y-Richtung*

Beim Festlegen eines Rasters mit gleichen Abständen wird der X-Abstand automatisch als Y-Abstand übernommen.

■ Beispiel 4-3: Festlegen eines Punktrasters mit verschiedenen Abständen

Es soll ein Punktraster mit dem Abstand 5 in der Waagerechten und mit dem Abstand 10 in der Senkrechten festgelegt werden.

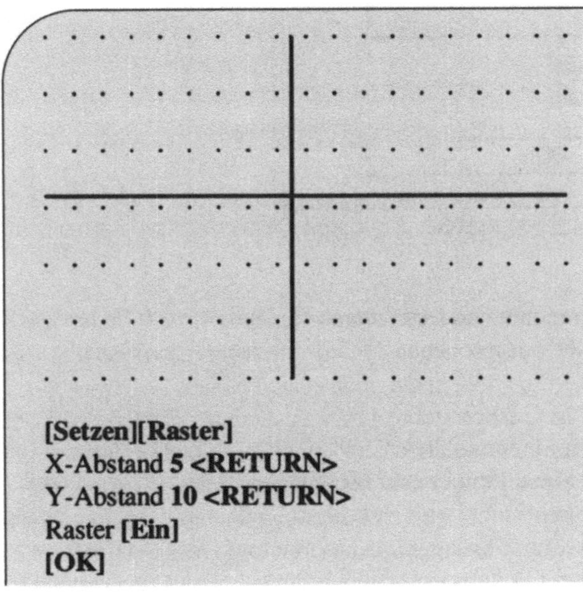

```
[Setzen][Raster]
X-Abstand 5 <RETURN>
Y-Abstand 10 <RETURN>
Raster [Ein]
[OK]
```

☞ *Hinweis: Darstellen des Ein- bzw. Ausschaltens über Fenster*

Werden Zeichenhilfen - wie hier ein Punktraster - bereits im jeweiligen Dialogfenster aktiviert oder deaktiviert, so wird im Befehlsdialog mit [Ein] bzw. [Aus] die Darstellung im Dialogfenster nach der Festlegung durch den Anwender angegeben.

◆ Aufgabe 4-2: Grundplatte in zwei Ansichten zeichnen

Man zeichne eine Grundplatte ohne Bemaßung in zwei Ansichten auf ein DIN A4-Blatt. Dabei arbeite man im Ortho-Modus und mit einem geeigneten Punktraster. Die Zeichnung ist unter dem Namen GRUNDPL1 zu speichern.

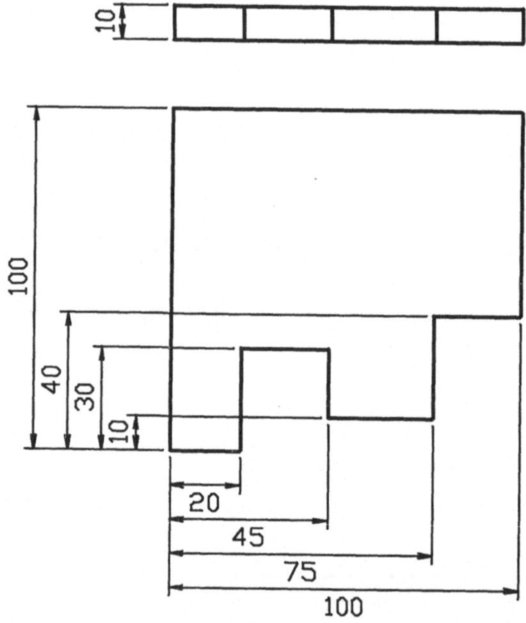

Obwohl das Zeichnen von waagerechten und senkrechten Linien, wie z.B. in der voraufgegangenen Aufgabe, mit den bisher besprochenen Hilfen einfacher geworden ist, besteht trotzallem noch das Problem, daß die Maßgenauigkeit einer solchen Zeichnung nur mit einigem Aufwand gewährleistet ist, insbesondere beim Festlegen der einzelnen Punkte durch Anpicken mit der Maus. In einem solchen Fall muß die Koordinatenanzeige sehr aufmerksam verfolgt werden, um einen Punkt exakt festzulegen. Beim Arbeiten mit einem Fangraster stellt sich dieses Problem nicht, weil mit dem Cursor nur Punkte ausgewählt werden können, die Rasterpunkte sind. Festlegen, Aktivieren und Deaktivieren von Fangrastern erfolgen ganz analog wie bei Punktrastern. Die Abstände beider Rasterarten können unterschiedlich sein. Häufig wählt man für die Punktraster-Abstände ein Vielfaches der Fangraster-Abstände.

Setzen-Befehl *Fang*: Festlegen der Abstände für ein Fangraster

Hiermit wird ein ähnliches Dialogfenster wie beim Befehl *Raster*:

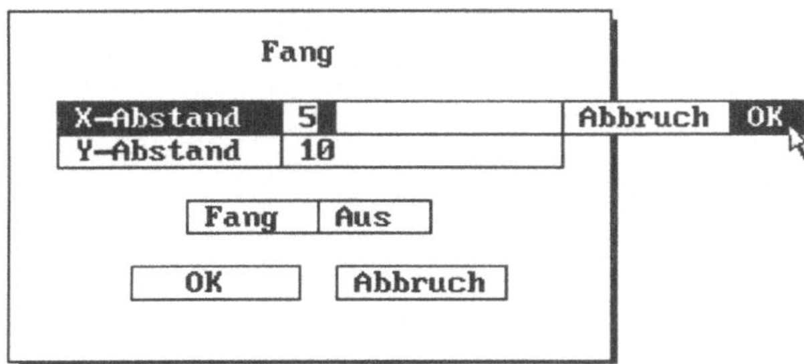

angezeigt. Entsprechend können die Werte für die Rasterabstände in X- und Y-Richtung eingegeben werden. Ferner läßt sich das so vereinbarte Fangraster über dieses Fenster ein- und ausschalten.

Hilfe-Befehl *Fang*: Ein- und Ausschalten eines Fangrasters

Mit diesem Befehl oder durch Drücken der Alt- und der Funktionstaste F7 kann ein vorher festgelegtes Raster aktiviert oder deaktiviert werden.

■ Beispiel 4-4: Festlegen eines Fangrasters mit verschiedenen Abständen

Es soll ein Fangraster mit einem Abstand von 5 und 10 in waagerechter bzw. senkrechter Richtung festgelegt werden. Dieses Fangraster ist durch ein Punktraster mit den gleichen Abständen sichtbar zu machen.

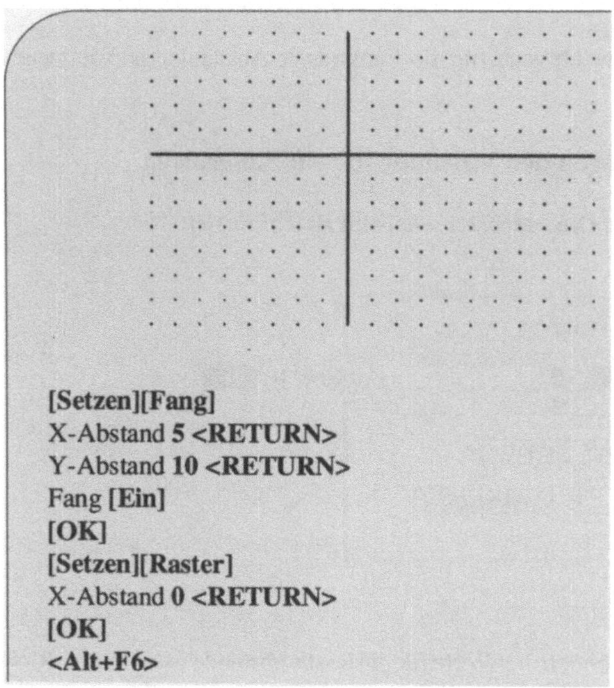

☞ *Hinweis: Koordinateneingabe für Nichtrasterpunkte*

Erfolgt die Eingabe der Koordinaten eines Punktes über die Tastatur, so lassen sich auch bei eingeschaltetem Fangraster Nichtrasterpunkte für die Zeichnung festlegen.

☞ *Hinweis: Gleiche Abstände für Fang- und Punktraster*

Wird für die Abstände des Punktrasters jeweils der Wert Null gewählt, so werden automatisch die Abstände des festgelegten Fangrasters übernommen.

◆ Aufgabe 4-3: Grundplatte in zwei Ansichten zeichnen

Die in Aufgabe 4-2 behandelte Grundplatte ist ohne Bemaßung mit Hilfe eines geeigneten Fang- und Punktrasters zu zeichnen und unter dem Namen GRUNDPL2 zu sichern.

☞ *Hinweis: Standardeinstellungen für Prototypzeichnungen*

Da das Arbeiten mit der Koordinatenanzeige und mit den beiden Rastern sehr vorteilhaft ist, erweist es sich als zweckmäßig, die hierfür erforderlichen Grundeinstellungen in den bereits besprochenen Prototypzeichnungen vorzusehen.

■ Beispiel 4-5: Anpassen einer DIN A4 - Protypzeichnung

Für die unter dem Namen PRODINA4 gespeicherte Prototypzeichnung sind folgende Grundeinstellungen vorzusehen:

- aktivierte Koordinatenanzeige,
- aktiviertes Fangraster mit Abstand 5 in X- und Y-Richtung und
- aktiviertes Punktraster mit Abstand 10 in X- und Y-Richtung.

Diese Ergänzungen in der Prototypzeichnung lassen sich wie folgt realisieren:

```
[Datei][Öffnen]                    {Öffnen der Zeichnung PRODINA4}
Dateiname PRODINA4 <RETURN>
[OK]
[Hilfe][Koordinaten]               {Einschalten der Koordinatenanzeige}
[Setzen][Fang]                     {Festlegen und Einschalten des Fangrasters}
X-Abstand 5 <RETURN>
Fang [Ein]
[OK]
[Setzen][Raster]                   {Festlegen und Einschalten des Punktrasters}
X-Abstand 10 <RETURN>
Raster [Ein]
[OK]
[Datei][Sichern]                   {Speichern der geänderten Zeichnung}
```

◆ Aufgabe 4-4: DIN A2 - Prototypzeichnung aktualisieren

Man sehe für die Prototypzeichnung PRODINA2 eine Koordinatenanzeige und beide Raster mit gleichen Abständen von 10 in X- und Y-Richtung vor.

4.3   Arbeiten mit Bezugs-Modi

Die Darstellung eines Bauteils in einer technischen Zeichnung besteht in der Regel aus mehreren Elementen, die in einem bestimmten Zusammenhang zueinander stehen. Das Erstellen einer solchen Zeichnung macht es erforderlich, daß man in einem vorgegebenen Punkt die Zeichnung fortzusetzen hat, beispielsweise um in der Mitte einer Linie eine Senkrechte zu errichten oder um den Schnittpunkt zweier Mittelinien einen Kreis zur Darstellung einer Bohrung zu zeichnen. Mit den bisher besprochenen Hilfen ist das Festlegen der entsprechenden Punkte in einer bereits erstellten Zeichnung u.U. nur mit einigem Aufwand oder gar nicht möglich. Der letztere Fall tritt z.B. beim Arbeiten mit einem

Fangraster auf, wenn der auszuwählende Punkt durch Anpicken mit dem Cursor ausgewählt werden soll.

Eine wesentliche Hilfe zum exakten Auffinden beliebiger Punkte einer Zeichnung ist in AutoSketch durch das Arbeiten im sogenannten Bezugs- oder Objektfang-Modus gegebenen. Aufgrund eines festgelegten Bezugsmodus reicht es zur Auswahl eines Punktes aus, mit dem jeweiligen Zeigegerät den Cursor in die Nähe dieses Punktes zu setzen und dort anzupicken. Beim Zeichnen eines Kreises um den Schnittpunkt zweier Linien reicht es bei aktiviertem Bezugsmodus *Schnittpunkt* aus, einen Punkt in der Nähe dieses Schnittpunkts anzupicken. Mit dem *Setzen*-Befehl *Bezug* können ein oder mehrere Bezugmodi festgesetzt und anschließend mit dem *Hilfe*-Befehl *Bezug* gemeinsam ein- oder ausgeschaltet werden.

Bei eingeschaltetem Bezugs-Modus werden bei der Auswahl eines Punktes alle Punkte im sogenannten Pickintervall daraufhin überprüft, ob sie die Bedingungen für die gesetzten Bezugs-Modi erfüllen oder nicht. Trifft dies nur für einen Punkt zu, so wird mit diesem Punkt der gewählte *Zeichnen*-Befehl fortgesetzt. Für den Fall, daß mehrere Punkte die gesetzten Bezugs-Bedingungen, wird der am nächsten zum Cursor liegende Punkt übernommen. Die Größe des Pickintervalls kann man dem *Setzen*-Befehl *Pick* festgelegt werden. Je kleiner dieses Intervall ist, um so genauer wird die Auswahl eines Punktes. Der Nachteil dabei ist, daß man den Cursor relativ nahe an das auszuwählende Objekt bringen muß. Für ein größeres Pickintervall braucht man dies nicht, dafür können dann mehrere Punkte in Frage kommen und somit u.U. ein falscher Punkt ausgewählt werden.

Setzen-Befehl *Bezug*: Festlegen eines Bezugs-Modus

Nach dem Aufruf des Befehls *Bezug* können über ein Dialogfenster können maximal acht verschiedene Bezugs-Modi vereinbart werden, von denen sechs einen Bezug auf einen Punkt und zwei einen Bezug auf zwei Punkte darstellen. Im einzelnen stehen im Dialogfenster *Bezugsmodi* folgende Optionen zur Verfügung:

Bezugsmodi	
Zentrum	Ein
Endpunkt	Ein
Schnittpunkt	Ein
Mittelpunkt	Ein
Knotenpunkt	Ein
Lotpunkt	Ein
Quadrant	Ein
Tangentialpunkt	Ein
Bezugsmodus	Aus

OK   Abbruch

Das Aktivieren bzw. Deaktivieren der vereinbarten Modi kann über das Feld *Bezugsmodus* oder mit dem *Hilfe*-Befehl *Bezug* erfolgen.

Setzen-Befehl *Pick*: Festlegen der Größe des Pickintervalls

Hiermit wird festgelegt, wie nahe der Cursor an ein Zeichnungselement gebracht werden muß, damit AutoSketch dieses Element finden kann. Standardmäßig beträgt dieses Genauigkeitsmaß 1% der Bildschirmhöhe. Mit dem Befehl *Pick* kann es in dem Dialogfenster:

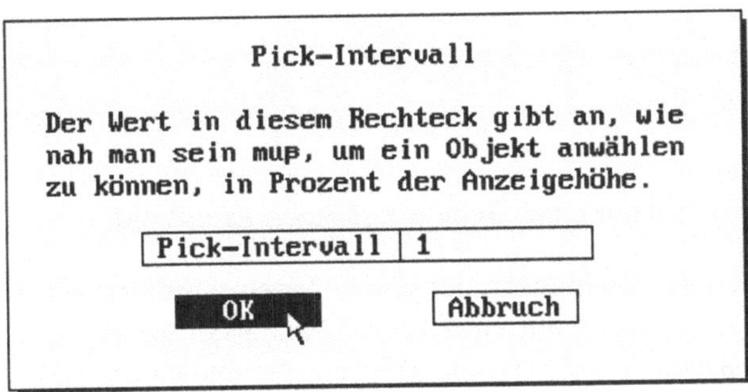

geändert werden.

Hilfe-Befehl *Bezug*: Ein- und Ausschalten des Bezugs-Modus

Mit diesem Befehl oder durch Drücken der Alt- und der Funktionstaste F8 kann der Bezugs-Modus für alle vorher festgelegten Modi aktiviert bzw. deaktiviert werden. Dieses Umschalten des Bezugs-Modus kann innerhalb der Ausführung eines anderen AutoSketch-Befehls erfolgen. Der eingeschaltete Bezugs-Modus bleibt solange aktiviert, bis er ausgeschaltet wird.

Die verschiedenen Optionen des *Setzen*-Befehls *Bezug* werden im weiteren kurz angegeben und anhand einfacher Beispiele veranschaulicht. In diesen wird vorausgesetzt, daß der jeweilige Bezugsmodus gesetzt ist. In den zugehörigen Zeichnungen werden die angepickten Punkte durch den Cursor-Pfeil und die aufgrund des Bezugsmodus ausgewählten Punkte mit einem Kreuz gekennzeichnet.

Bezug-Option *Zentrum*: Setzen eines Bezugs auf einen Zentrumspunkt

Es wird ein Bezug auf das Zentrum, d.h. den Mittelpunkt, eines Kreises, eines Kreisbogens oder einer Ellipse gesetzt.

■ Beispiel 4-6: Einfangen eines Zentrumpunktes

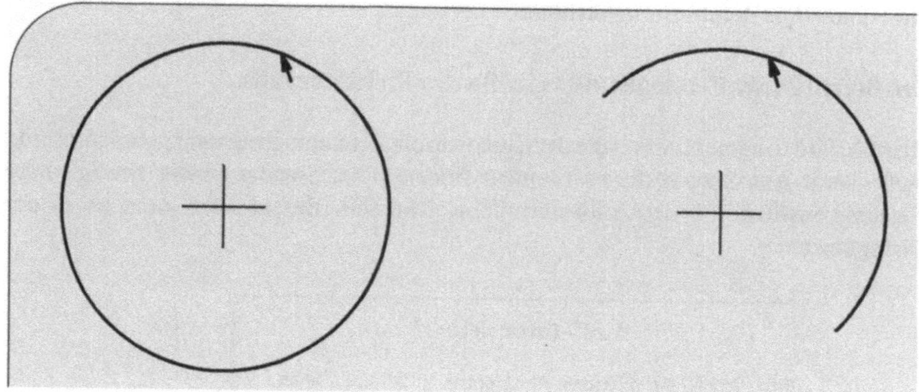

Bezug-Option *Endpunkt*: Setzen eines Bezugs auf einen Endpunkt

Es wird ein Bezug auf den Endpunkt einer Linie oder eines Bogens gesetzt, d.h., beim
Anpicken eines Punktes in der Nähe einer Linie bzw. eines Bogens wird der nächstge-
legene Endpunkt ausgewählt. Man spricht in diesem Zusammenhang auch vom Einfan-
gen eines Endpunktes. Die Option *Endpunkt* kann ferner auf Bemaßungen und auf
Segmente von Polylinien, Rechtecken, Kurvenrahmen und Begrenzungen von gefüllten
Flächen Anwendung finden.

■ Beispiel 4-7: Einfangen eines Endpunktes

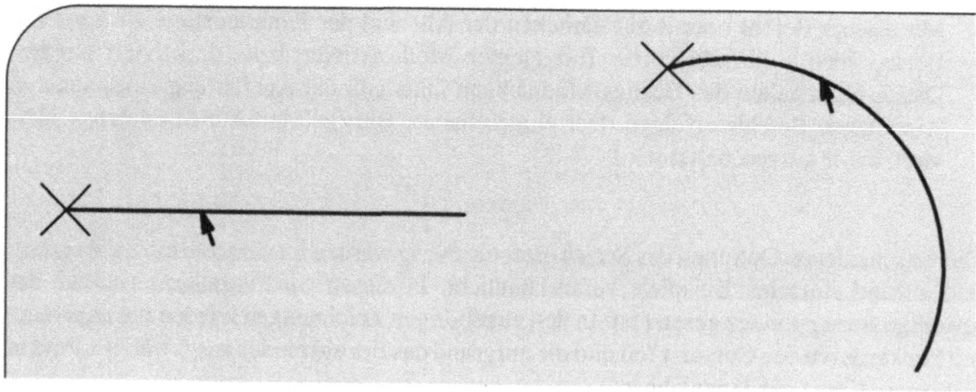

Bezug-Option *Schnittpunkt*: Setzen eines Bezugs auf einen Schnittpunkt

Es wird ein Bezug auf den Schnittpunkt zweier beliebiger Elemente einer Zeichnung
gesetzt.

■ Beispiel 4-8: Einfangen eines Schnittpunktes

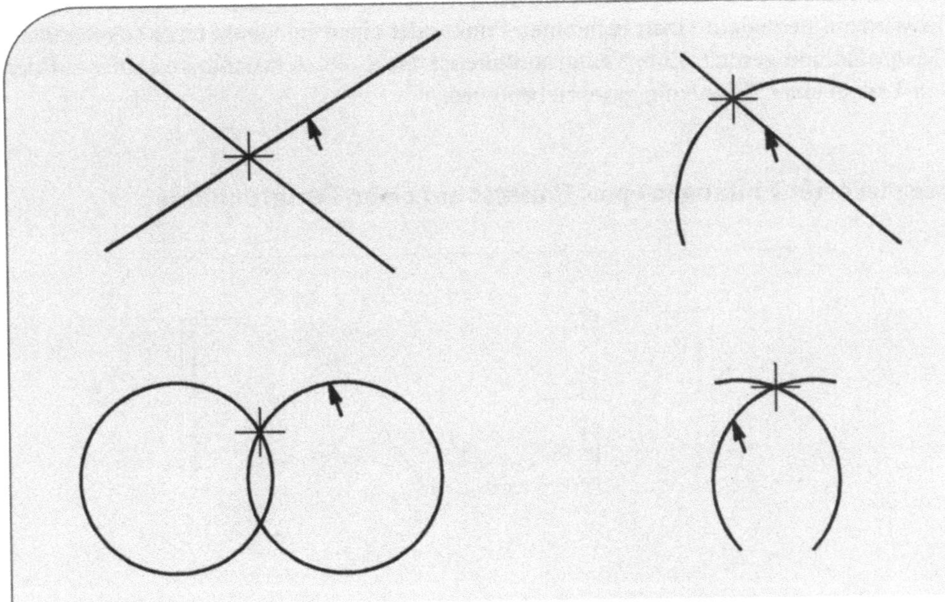

***Bezug*-Option *Mittelpunkt*: Setzen eines Bezugs auf einen Mittelpunkt**

Es wird ein Bezug auf die Mitte einer Linie oder eines Bogens gesetzt und ferner auf die Mitte von Segmenten einer Polylinie, eines Rechteckes, eines Kurvenrahmens und der Begrenzung einer gefüllten Fläche.

■ Beispiel 4-9: Einfangen eines Mittelpunktes

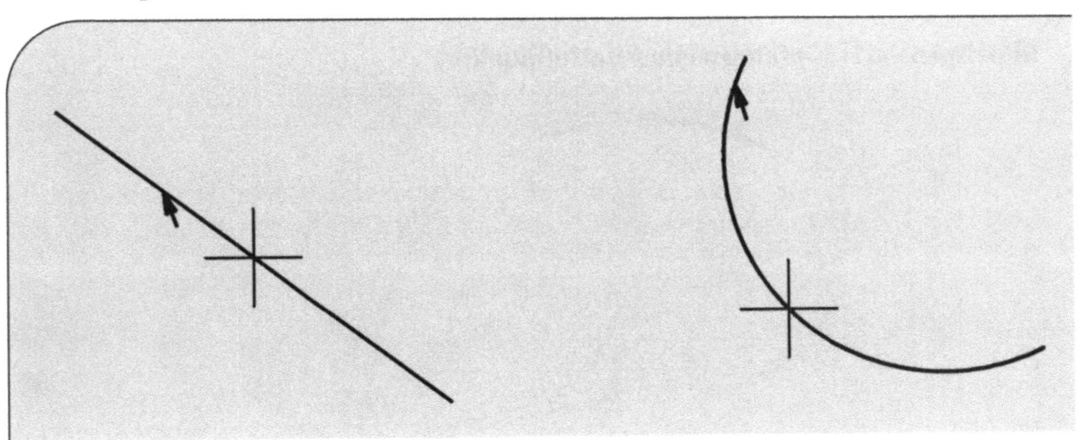

***Bezug*-Option *Knotenpunkt*: Setzen eines Bezuges auf einen Text**

Es wird ein Bezug auf einen beliebigen Punkt oder einen Endpunkt einer sogenannten Textgrundlinie gesetzt. Eine Textgrundlinie ist dabei die nichtsichtbare Linie, auf der ein Text in einer Zeichnung geschrieben wird.

■ Beispiel 4-10: Einfangen eines Punktes auf einer Textgrundlinie

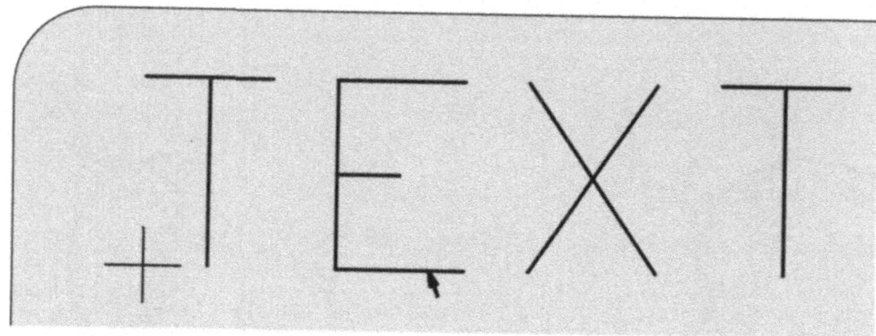

***Bezug*-Option *Lotpunkt*: Setzen eines Bezugs auf Lotpunkte**

Es wird ein Bezug auf einen Lotpunkt an einen Kreis oder einen Bogen gesetzt, so daß die Linie zwischen diesem und dem zuletzt festgelegten Punkt ein Lot an den Kreis bzw. Bogen darstellt. Liegt der zuletzt festgelegte Punkt auf einem Kreis oder Bogen, so ist die Verbindungsgerade auch hierzu Lot. Die Option *Lotpunkt* hat für Segmente einer Polylinie, eines Rechteckes, eines Kurvenrahmens und der Begrenzung einer gefüllten Fläche die gleiche Wirkung.

■ Beispiel 4-11: Einfangen eines Lotfußpunktes

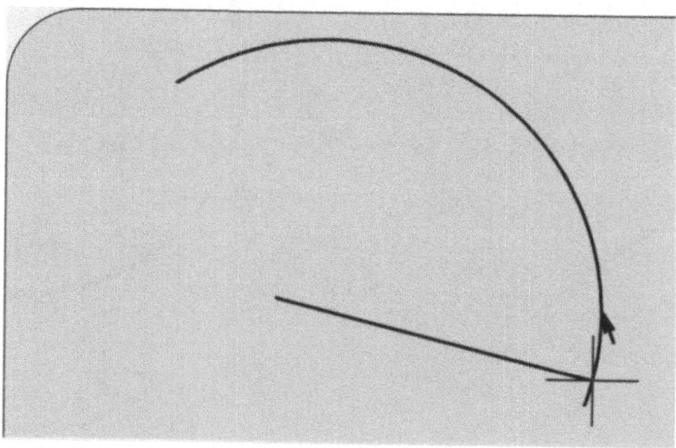

Bezug-Option _Quadrant_: Setzen eines Bezugs auf einen Quadrantpunkt

Es wird ein Bezug auf einen sogenannten Quadrantpunkt eines Kreises, eines Kreisbogens oder einer Ellipse gesetzt. Man versteht unter einem Quadrantpunkt den jeweils am weitesten rechts, oben, links oder unten liegenden Punkt der oben angegebenen Objekte. Diesen Punkten sind die Winkel 0, 90, 180 bzw. 270 Grad zugeordnet.

■ Beispiel 4-12: Einfangen eines Quadrantpunktes

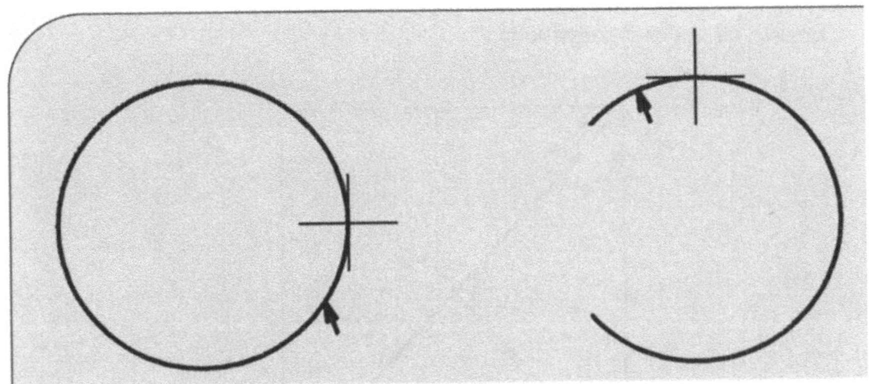

Bezug-Option _Tangentialpunkt_: Setzen eines Bezugs auf Tangentialpunkte

Es wird ein Bezug auf einen sogenannten Tangentialpunkt eines Kreises oder eines Bogens gesetzt, so daß die Linie zwischen diesem und dem zuletzt festgelegten Punkt eine Tangente an den Kreis bzw. Bogen darstellt. Liegt der zuletzt festgelegte Punkt auf einem Kreis oder Bogen, so ist die Verbindungsgerade auch hierzu Tangente. Die Option _Tangentialpunkt_ hat für Segmente einer Polylinie, eines Rechteckes, eines Kurvenrahmens und der Begrenzung einer gefüllten Fläche die gleiche Wirkung.

■ Beispiel 4-13: Einfangen von Tangentenpunkten

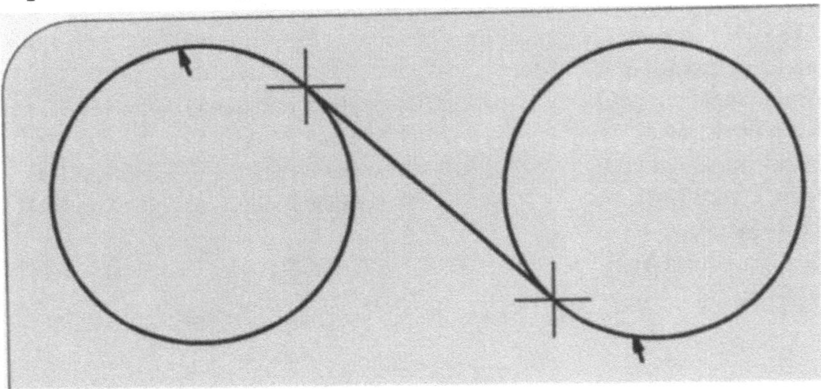

■ Beispiel 4-14: Zeichnen eines Rechtecks mit Diagonalen

In einem Rechteck sind eine Diagonale und eine Halbdiagonale zu zeichnen. Man gehe
hierbei wie folgt vor:

- Zeichnen des Rechtecks,

- Setzen und Aktivieren der Bezugsmodi,

- Zeichnen der Diagonale und Halbdiagonale und

- Deaktivieren der Bezugsmodi.

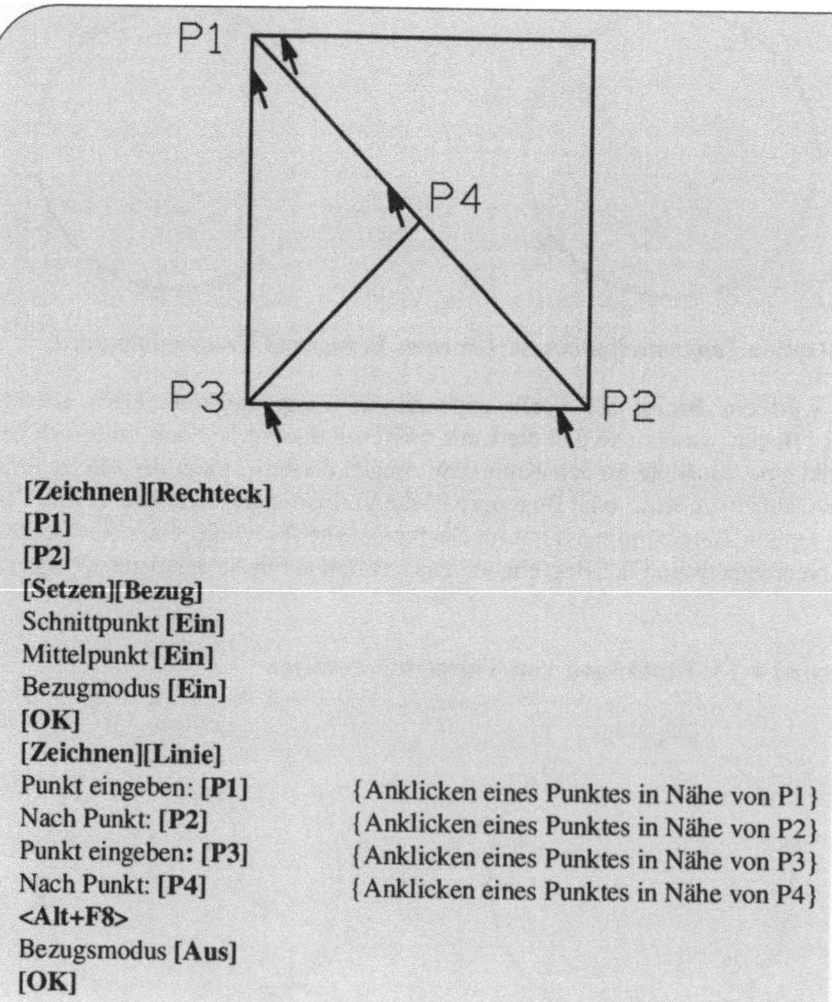

[Zeichnen][Rechteck]
[P1]
[P2]
[Setzen][Bezug]
Schnittpunkt [**Ein**]
Mittelpunkt [**Ein**]
Bezugmodus [**Ein**]
[OK]
[Zeichnen][Linie]
Punkt eingeben: [**P1**]   { Anklicken eines Punktes in Nähe von P1 }
Nach Punkt: [**P2**]   { Anklicken eines Punktes in Nähe von P2 }
Punkt eingeben: [**P3**]   { Anklicken eines Punktes in Nähe von P3 }
Nach Punkt: [**P4**]   { Anklicken eines Punktes in Nähe von P4 }
<Alt+F8>
Bezugsmodus [**Aus**]
[OK]

◆ Aufgabe 4-5: Werkstück zeichnen

Ein Werkstück ist in drei Ansichten ohne Bemaßung und ohne Text auf einem DIN A4-Blatt zu zeichnen, und zwar in folgenden Schritten:

- Zeichnen der sichtbaren Kanten mit einem geeigneten Fangraster,
- Zeichnen der Mittellinien mit dem Bezug *Mittelpunkt* und
- Zeichnen der verdeckten Kanten mit dem Bezug *Schnittpunkt*.

Man speichere die Zeichnung unter dem Namen KONSOLE.

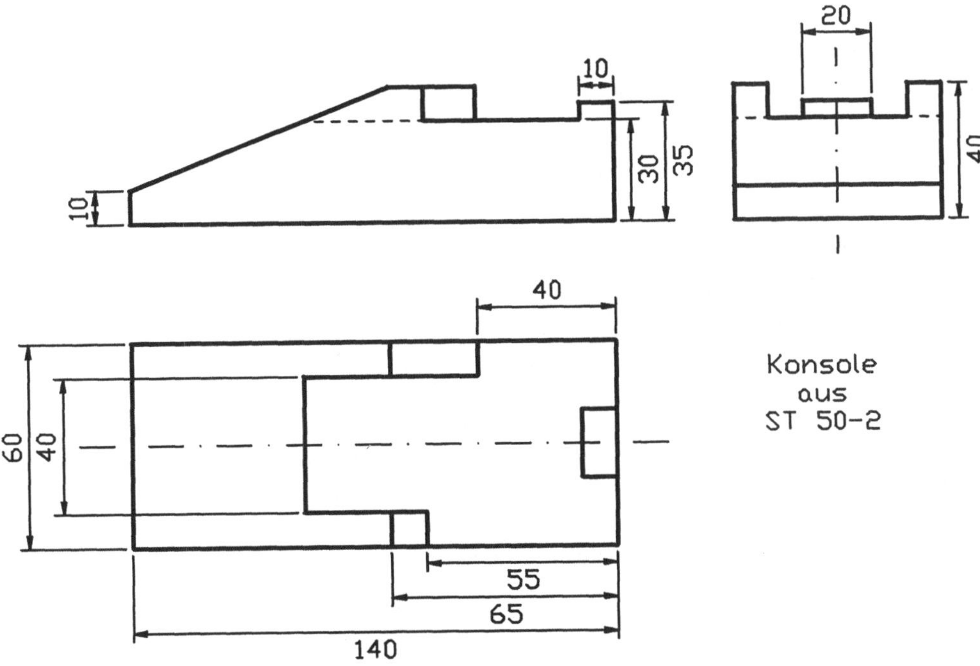

5 Zeichnen von Kreisen und Kreisbögen

Neben geraden Linien werden in technischen Zeichnungen sehr oft Kreise und Kreisbögen verwendet. Hierfür stehen in AutoSketch die *Zeichnen*-Befehle *Kreis* und *Bogen* zur Verfügung. Die Möglichkeiten, die diese Befehle zum Zeichnen von Kreisen und Bögen bieten, sind gegenüber den entsprechenden Befehlen in AutoCAD bzw. ähnlichen CAD-Systemen eingeschränkt. Beispielsweise kann ein Kreis nicht direkt durch drei vorgegebene Punkte gezeichnet werden, sondern der Anwender muß in AutoSketch - wie beim Zeichnen am Zeichenbrett - auf eine geeignete Kreis-Grundkonstruktion zurückgreifen.

5.1 Zeichnen eines Kreises

Ein Kreis ist der geometrische Ort aller Punkte, die von einem festen Punkt einen konstanten Abstand besitzen. Man spricht in diesem Zusammenhang vom Mittelpunkt und Radius des Kreises. Allgemein bestehen für die Festlegung eines Kreises eine Reihe weiterer Möglichkeiten, die sich letzlich auf die obige Definiton zurückführen lassen. Beispielsweise kann ein Kreis festgelegt werden durch:

- Mittelpunkt und Radius,
- Mittelpunkt und Durchmesser,
- Mittelpunkt und Punkt auf dem Kreis,
- drei Punkte auf dem Kreis oder
- die beiden Endpunkte eines Kreisdurchmessers.

Der AutoSketch-Befehl *Kreis* setzt die Vorgabe des Mittelpunkts und eines beliebigen Punktes auf dem Kreis voraus.

Zeichnen-Befehl *Kreis*: Zeichnen eines Kreises

Nach dem Aufruf dieses Befehls kann der Anwender im Dialog:

        Zentrum:
        Punkt am Kreis:

den Mittelpunkt und einen beliebigen Kreispunkt durch:

- die Tastureingabe der zugehörigen Punkt-Koordinaten oder
- das Anpicken der beiden Punkte

festlegen, dabei können die beiden Möglichkeiten miteinander kombiniert werden. Vielfach ist es hierbei zweckmäßig, im Fangmodus und mit geeigneten Bezugsmodi zu arbeiten. Der Befehl *Kreis* kann auch durch Drücken der Alt- und der Funktionstaste F4 aktiviert werden.

■ Beispiel 5-1: Zeichnen eines Kreises um vorgegebenen Mittelpunkt

Es soll ein Kreis mit dem Radius 50 um den Punkt M(100,100) gezeichnet werden. Die Eingabe der zugehörigen Koordinaten für den Mittelpunkt und einen beliebigen Punkt des Kreises erfolge über die Tastatur.

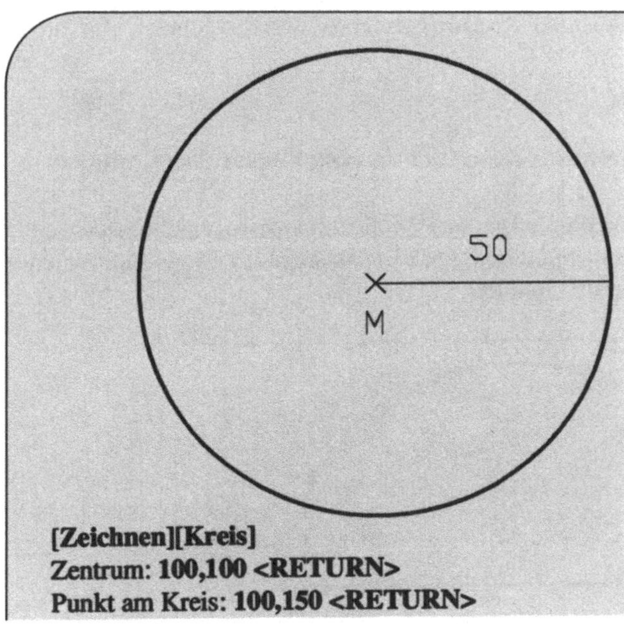

[Zeichnen][Kreis]
Zentrum: 100,100 <RETURN>
Punkt am Kreis: 100,150 <RETURN>

oder

[Zeichnen][Kreis]
Zentrum: 100,100 <RETURN>
Punkt am Kreis: r(0,50) <RETURN>

oder

[Zeichnen][Kreis]
Zentrum: 100,100 <RETURN>
Punkt am Kreis: p(50,0) <RETURN>

☞ *Hinweis: Koordinaten-Eingabe für Kreispunkt*

Die Tastatureingabe der Koordinaten für den festzulegenden Kreispunkt kann absolut, relativ oder polar erfolgen. Die beiden letzten Vorgehensweisen haben den Vorteil, daß der Wert für den vorgegeben Radius direkt eingegeben werden kann, und zwar in der Form:

     r(Radius,0) oder r(0,Radius)   in relativen Koordinaten bzw.
     p(Radius,beliebiger Winkel)   in Polarkoordinaten.

Wie bereits erwähnt, bestehen für den Befehl *Kreis* keine weiteren Optionen zum direkten Zeichnen eines Kreises. Exemplarisch soll in den nächsten Beispielen gezeigt werden, wie mit geeignet gesetzten Bezugsmodi Kreise gezeichnet werden können, für die andere Vorgaben als oben gelten.

■ Beispiel 5-2: Zeichnen eines Kreises bei vorgegebenem Durchmesser

Die vorgegebene Linie vom Punkt P1 zum P2 soll Durchmesser eines Kreises sein. Unter der Annahme, daß die Bezugsmodi *Endpunkt* und *Mittelpunkt* gesetzt sind, zeichne man den Kreis durch die Punkte P1 und P2.

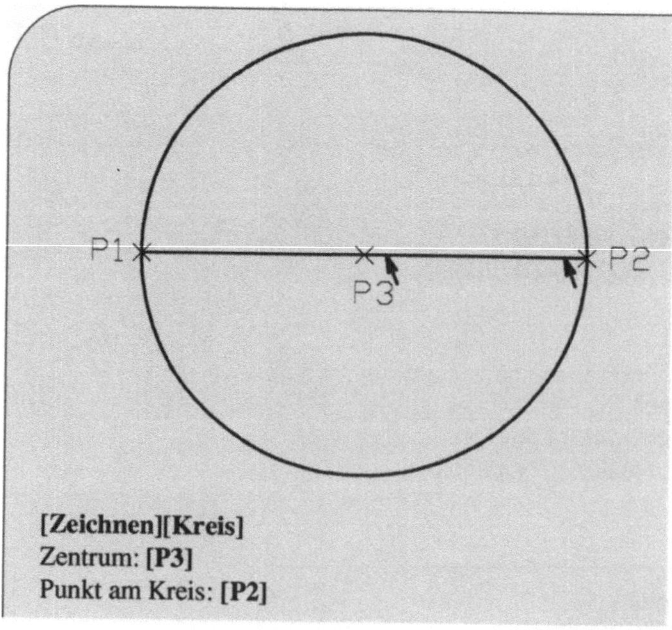

■ Beispiel 5-3: Zeichnen eines Kreises tangential an eine Linie

Um den Punkt M(100,100) ist ein Kreis zu zeichnen, der eine vorgegebene Linie tangential berührt. Man arbeitet hier zweckmäßigerweise mit dem Bezugsmodus *Lotpunkt*, da der Berührpunkt des Kreises mit der Linie der Fußpunkt des Lotes von M auf die Linie sein muß.

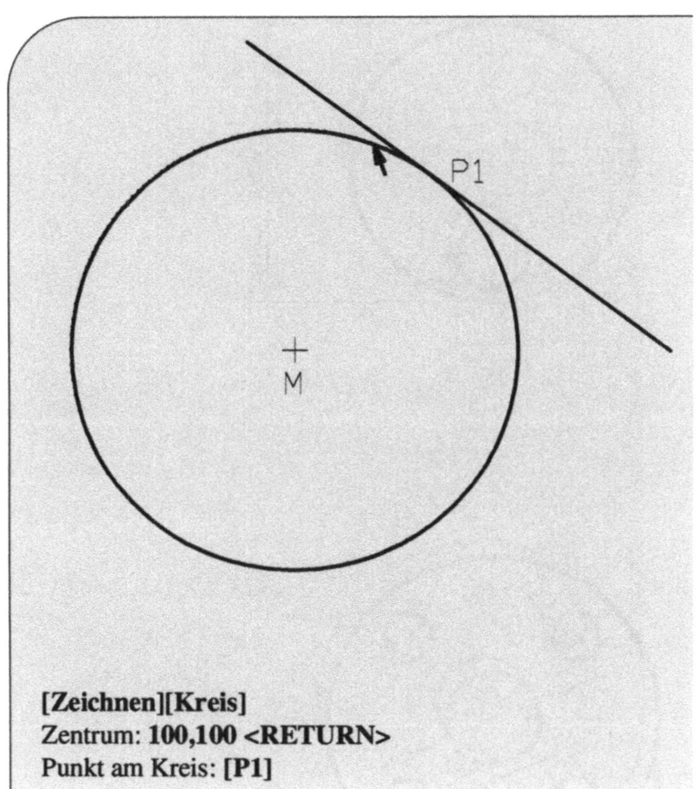

◆ Aufgabe 5-1: Kreisförmige Bleche mit Bohrungen

Man zeichne die beiden Bleche ohne Bemaßung und Beschriftung einschließlich der Mittellinien auf ein DIN A4-Blatt und speichere die Zeichnung unter dem Namen BLECHE2 ab.

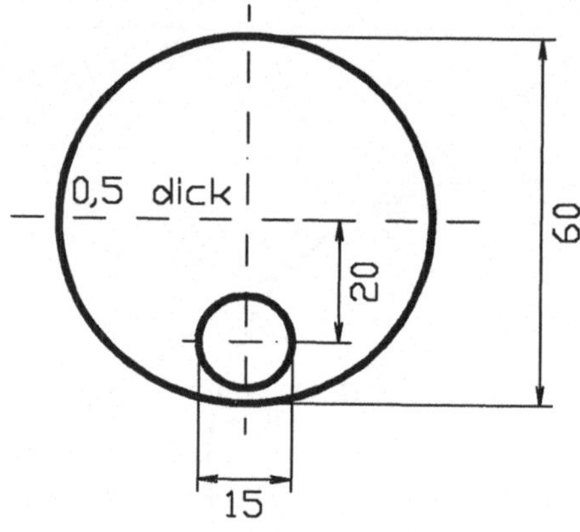

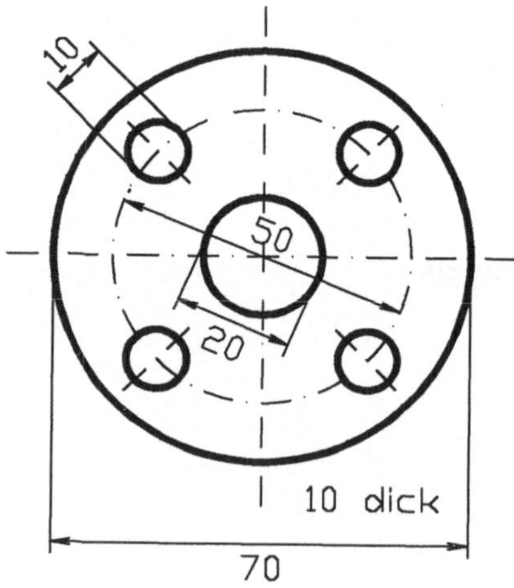

◆ Aufgabe 5-2: Keilriementrieb

Man zeichne die unten abgebildete Ansicht eines Keilriementriebs ohne Bemaßung und sichere sie unter dem Namen KEILRIEM, dabei gehe man wie folgt vor:

- Zeichnen der Mittellinien,
- Zeichnen der Kreise und
- Zeichnen der Tangenten an die Kreise.

Zweckmäßgerweise arbeite man mit einem geeigneten Fangraster und Bezugsmodus.

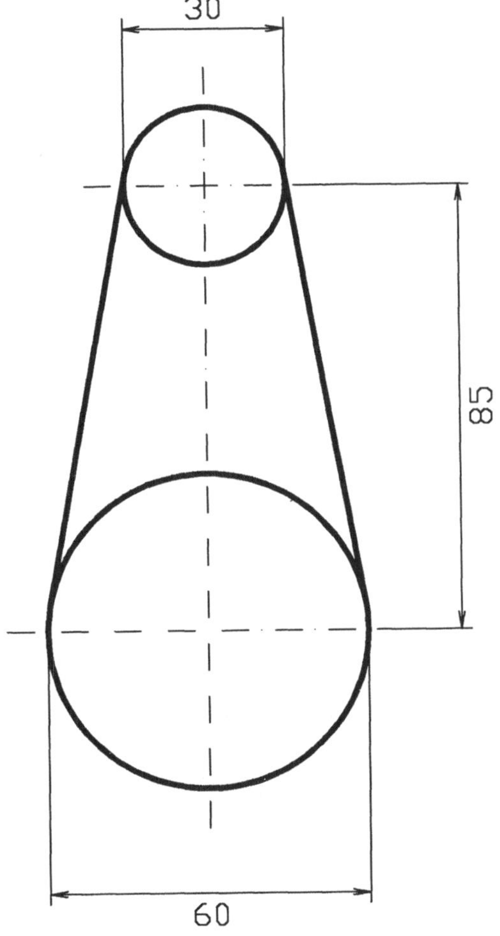

5.2   Zeichnen eines Kreisbogens

Ein Kreisbogen, d.h. ein Teil eines Kreises, kann in AutoSketch mit dem Befehl *Bogen* gezeichnet werden. Im Vergleich mit anderen CAD-Systemen bestehen hier - ähnlich wie beim Befehl *Kreis* - Einschränkungen, da nur Kreisbögen gezeichnet werden können, die durch drei Punkte vorgegeben sind.

***Zeichnen*-Befehl *Bogen*: Zeichnen eines Bogens**

Der Anwender legt mit diesem Befehl im Dialog durch die Eingabe der Punkte:

    Startpunkt:
    Punkt am Bogen:
    Endpunkt:

einen entsprechenden Bogen fest, dabei können die drei Bogenpunkte wiederum wahlweise durch:

    –   die Koordinateneingabe der Punkte oder
    –   das Anpicken der Punkte

vereinbart werden. Mit der Tastenkombination Alt+F3 wird der Befehl *Bogen* ebenfalls aufgerufen.

■ **Beispiel 5-4: Zeichnen eines Bogens durch drei Punkte**

Man zeichne einen Kreisbogen durch die Punkte P1(100,100), P2(85,115) und P3(85,85).

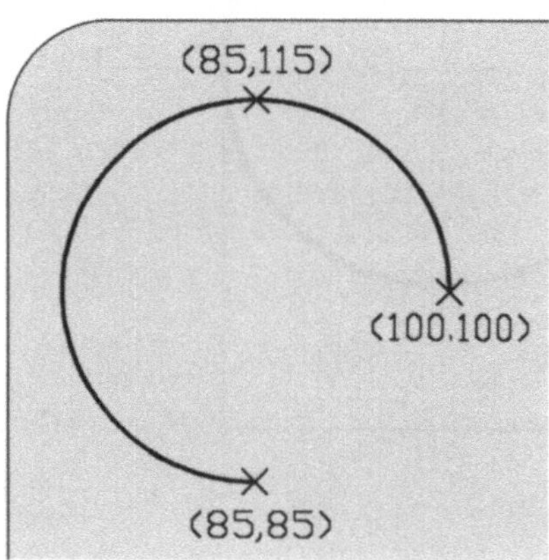

> **[Zeichnen][Bogen]**
> Startpunkt: **100,100 <RETURN>**
> Punkt am Bogen: **85,115 <RETURN>**
> Endpunkt: **85,85 <RETURN>**

Arbeitet man beispielsweise im obigen Beispiel mit einem Fangraster mit dem Rasterabstand 5, so können die drei vorgegebenen Punkte auch leicht durch Anpicken ausgewählt werden. Dies gilt entsprechend für eine Vielzahl weiterer Anwendungen, wobei es vorteilhaft ist, zusätzlich mit geeigneten Bezugsmodi - wie in den Beispielen aus dem voraufgegangenen Abschnitt - zu arbeiten. In den nächsten Beispielen soll gezeigt werden, wie durch das Arbeiten mit Hilfslinien auch Bögen gezeichnet werden können, die nicht durch die für den Befehl *Bogen* vorgesehenen drei Punkte vereinbart sind.

■ Beispiel 5-5: Zeichnen eines Bogens durch Mittel-, Start- und Endpunkt

Man zeichne einen Kreisbogen um den Mittelpunkt M(120,150) vom Startpunkt S(150,150) zum Endpunkt E(120,180).

Aufgrund der Aufgabenstellung hat man zunächst einen zulässigen Bogenpunkt zwischen dem Start- und dem Endpunkt zu konstruieren, damit der *Zeichnen*-Befehl *Bogen* angewendet werden kann. Hierbei wird vorausgesetzt, daß der Bezugsmodus *Schnittpunkt* aktiviert ist. Dies gilt ebenfalls für die nächsten beiden Beispiele.

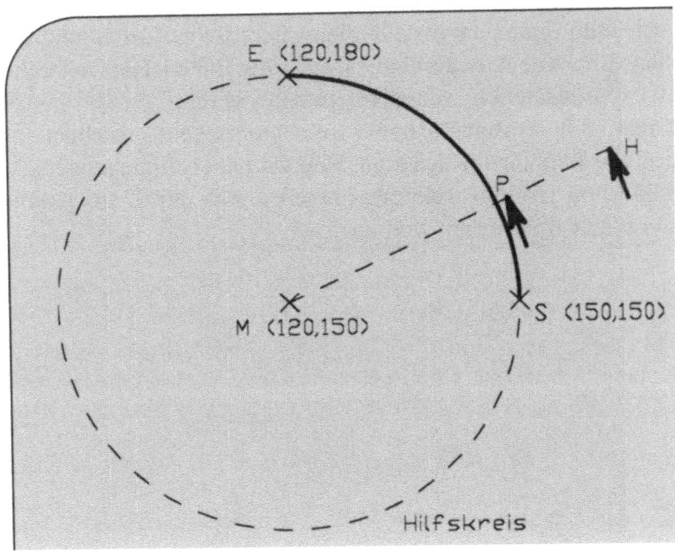

```
[Setzen][Linientyp]                      {Festlegen der Linienart für Hilfslinien}
Verdeckt [✔]
[OK]
[Zeichnen][Kreis]                        {Zeichnen des Hilfskreises}
Zentrum: 120,150 <RETURN>
Punkt am Kreis: 150,150 <RETURN>
[Zeichnen][Linie]                        {Zeichnen der Hilfsgerade}
Punkt eingeben: 120,150 <RETURN>
Nach Punkt: [H]
[Setzen][Linientyp]                      {Festlegen der Linienart für Bogen}
Vollinie [✔]
[OK]
[Zeichnen][Bogen]                        {Zeichnen des Bogens}
Startpunkt: 150,150 <RETURN>
Punkt am Bogen: [P]
Endpunkt: 120,180 <RETURN>
[Ändern][Löschen]                        {Löschen der Hilfskonstruktion}
[Hilfskreis]
[Hilfsgerade]
```

☞ *Hinweis: Darstellen von Hilfskonstruktionen*

Aus Gründen der Übersichtlichkeit werden im weiteren Hilfslinien - wie im obigen Beispiel - durch gestrichelte Linien dargestellt, die in technischen Zeichnungen eigentlich u.a. zum Zeichnen von verdeckten Kanten Anwendung finden. Die Darstellung von Hilfskonstruktionen kann zusätzlich weiter vereinfacht werden, wenn man diese in einem speziellen Layer, d.h. in einer eigenen Zeichnungsebene, zeichnet. Auf das Arbeiten mit Layern wird in einem späteren Kapitel näher eingegangen. Weitere Vorteile beim Erstellen von Hilfkonstruktionen ergeben sich durch das Arbeiten mit Makros, die ebenfalls später besprochen werden.

■ Beispiel 5-6: Zeichnen eines Bogens durch Mittelpunkt, Startpunkt und Winkel

Man zeichne einen Viertelkreis im Uhrzeigersinn um den Mittelpunkt M(120,150) vom Startpunkt S(150,150) aus.

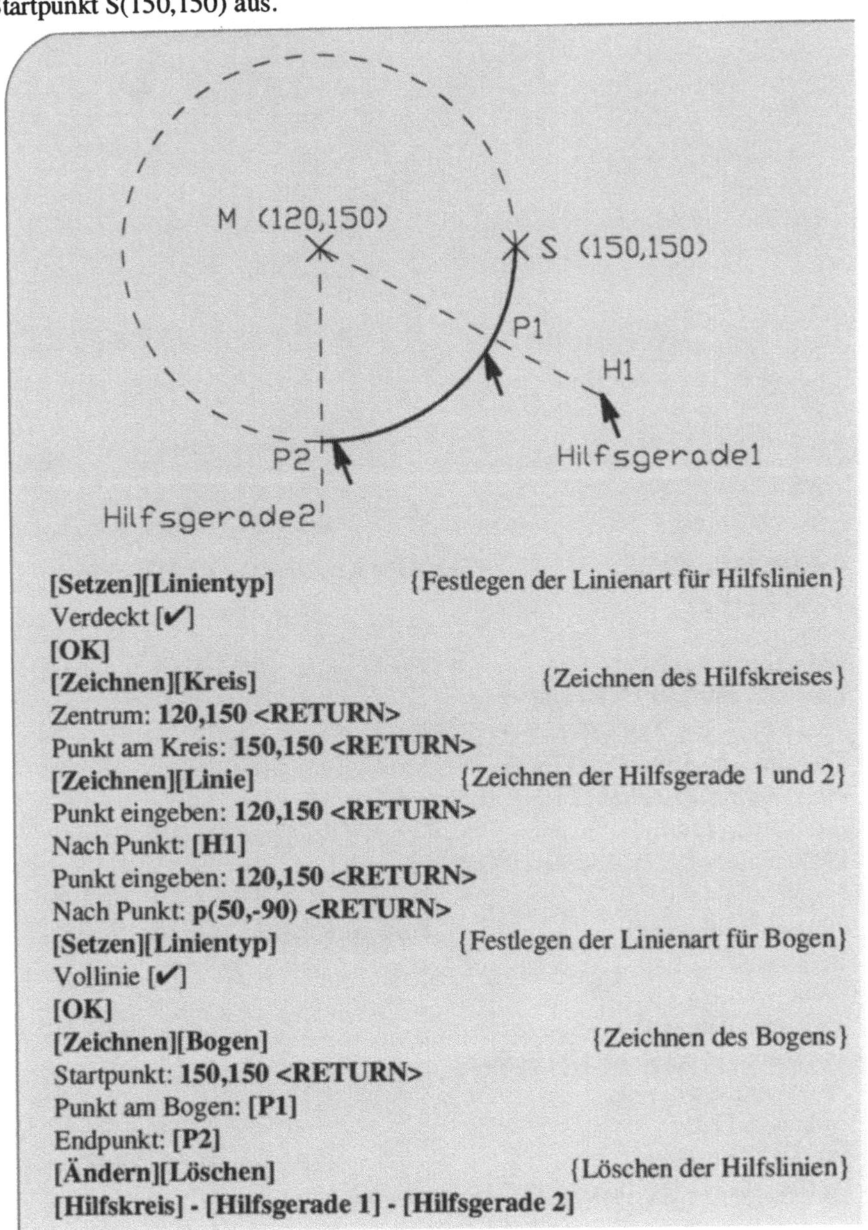

[Setzen][Linientyp]   {Festlegen der Linienart für Hilfslinien}
Verdeckt [✔]
[OK]
[Zeichnen][Kreis]   {Zeichnen des Hilfskreises}
Zentrum: **120,150 <RETURN>**
Punkt am Kreis: **150,150 <RETURN>**
[Zeichnen][Linie]   {Zeichnen der Hilfsgerade 1 und 2}
Punkt eingeben: **120,150 <RETURN>**
Nach Punkt: **[H1]**
Punkt eingeben: **120,150 <RETURN>**
Nach Punkt: **p(50,-90) <RETURN>**
[Setzen][Linientyp]   {Festlegen der Linienart für Bogen}
Vollinie [✔]
[OK]
[Zeichnen][Bogen]   {Zeichnen des Bogens}
Startpunkt: **150,150 <RETURN>**
Punkt am Bogen: **[P1]**
Endpunkt: **[P2]**
[Ändern][Löschen]   {Löschen der Hilfslinien}
[Hilfskreis] - [Hilfsgerade 1] - [Hilfsgerade 2]

■ Beispiel 5-7: Zeichnen eines Bogens durch Mittelpunkt, Startpunkt und Sehnenlänge

Es ist ein Kreisbogen mit der zugehörigen Sehnenlänge 38 um den Mittelpunkt M(130,150) vom Startpunkt S(150,150) aus zu zeichnen.

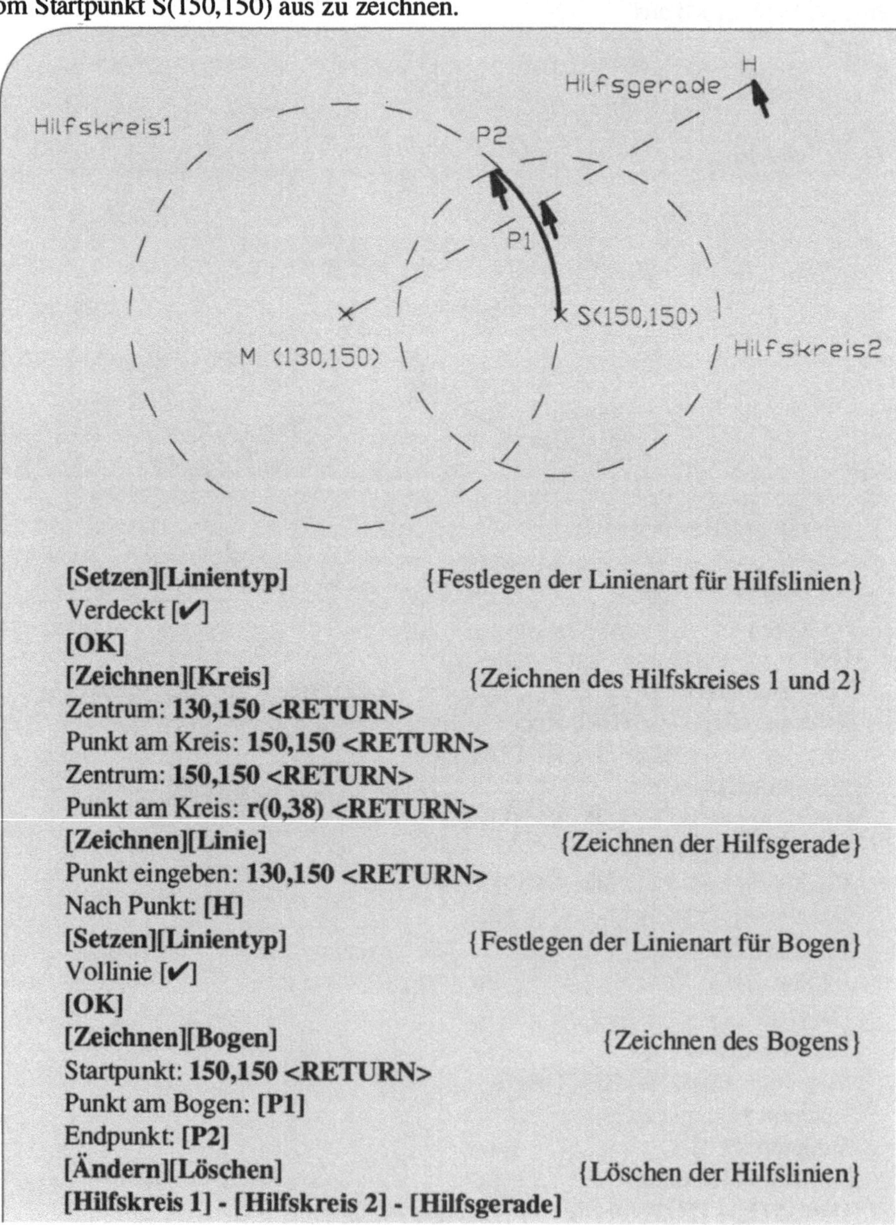

[Setzen][Linientyp]	{Festlegen der Linienart für Hilfslinien}
Verdeckt [✔]	
[OK]	
[Zeichnen][Kreis]	{Zeichnen des Hilfskreises 1 und 2}
Zentrum: **130,150 <RETURN>**	
Punkt am Kreis: **150,150 <RETURN>**	
Zentrum: **150,150 <RETURN>**	
Punkt am Kreis: **r(0,38) <RETURN>**	
[Zeichnen][Linie]	{Zeichnen der Hilfsgerade}
Punkt eingeben: **130,150 <RETURN>**	
Nach Punkt: **[H]**	
[Setzen][Linientyp]	{Festlegen der Linienart für Bogen}
Vollinie [✔]	
[OK]	
[Zeichnen][Bogen]	{Zeichnen des Bogens}
Startpunkt: **150,150 <RETURN>**	
Punkt am Bogen: **[P1]**	
Endpunkt: **[P2]**	
[Ändern][Löschen]	{Löschen der Hilfslinien}
[Hilfskreis 1] - [Hilfskreis 2] - [Hilfsgerade]	

◆ Aufgabe 5-3: Blech

Man zeichne das unten abgebildete Blech ohne Bemaßung und Beschriftung, indem man wie folgt vorgeht:

- Zeichnen der Senkrechten von 45 mm,
- Zeichnen der Waagerechten von 80 mm,
- Ermitteln des Bogenmittelpunktes durch Zeichnen einer Hilfsgeraden mit einer Länge von 60 mm unter einem Winkel von -30 zur Waagerechten,
- Zeichnen des Bogens durch Mittelpunkt, Startpunkt und Winkel,
- Vervollständigen der Außenkontur,
- Zeichnen des Durchbruchs mit Mittellinien,
- Löschen von Hilfslinien und
- Abspeichern der Zeichnung unter dem Namen BLECH3.

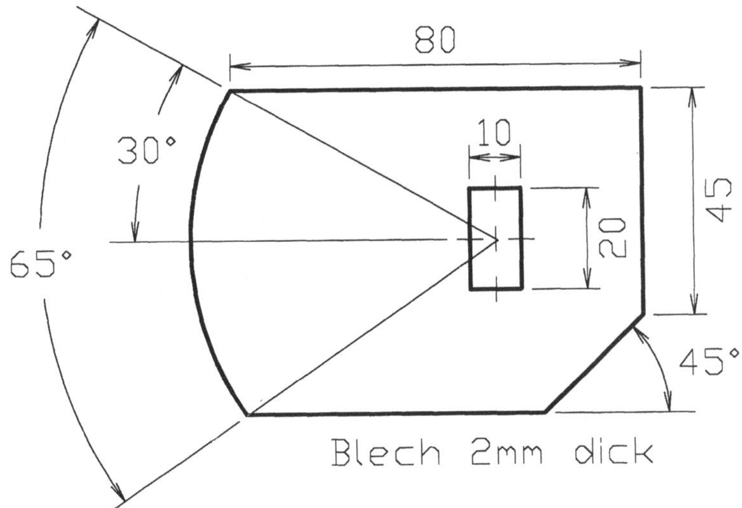

◆ Aufgabe 5-4: Gelenk

Man zeichne die unten gegebenen zwei Ansichten eines Gelenks und speichere diese Zeichnung unter dem Namen GELENK ab.

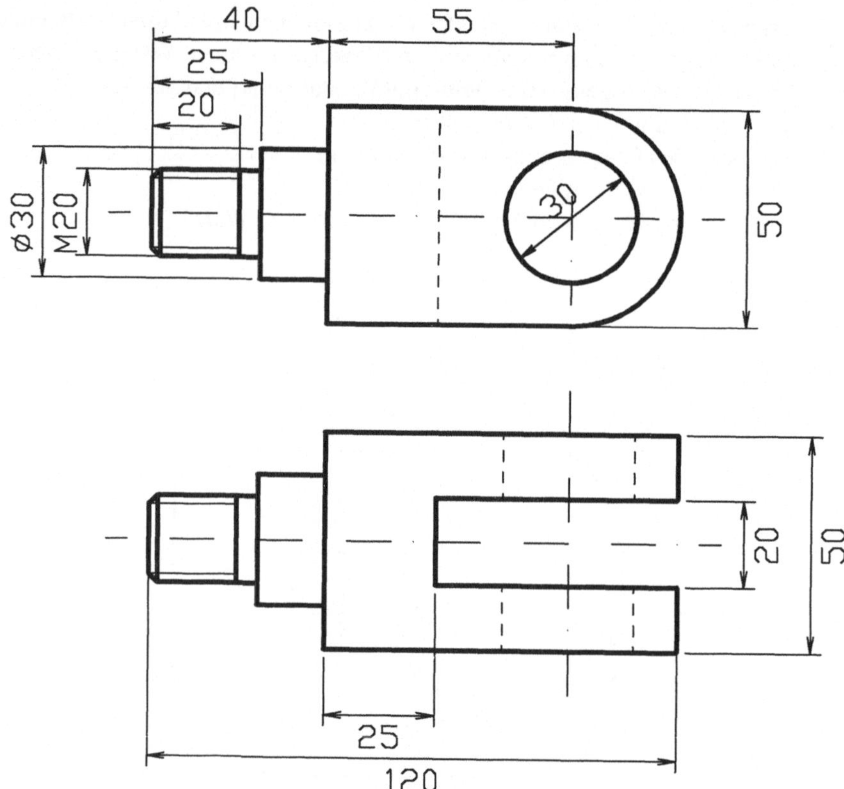

6 Geometrische Grundkonstruktionen

Beim Erstellen von technischen Zeichnungen werden zur Darstellung der einzelnen Zeichnungsobjekte eine Reihe von geometrischen Konstruktionen herangezogen. Hierzu gehören u.a. die Konstruktion von Punkten, Geraden, regelmäßigen Vielecken, Anschlußbögen und technischen Kurven, wie z.B. Ellipsen, Zykloiden oder Evolventen. Die auf dem Markt befindlichen leistungsstärkeren CAD-Systeme als AutoSketch unterstützen in der Regel die Mehrzahl dieser Konstruktionen. Beim Zeichnen mit AutoSketch muß man - wie beim Arbeiten am Zeichenbrett - einige der obigen Konstruktionen unter zu Hilfenahme der bisher behandelten AutoSketch-Befehle 'per Hand' ausführen. In diesem Kapitel soll hierfür anhand der einfachen Grundkonstruktionen:

- Errichten einer Senkrechten in einem beliebigen Punkt,
- Halbieren eines Winkels,
- Zeichnen eines Kreises durch drei Punkte und
- Zeichnen einer Tangente in einem Kreispunkt

die prinzipielle Vorgehensweise gezeigt werden. Weitere Konstruktionen dieser Art lassen sich analog bzw. mit Hilfe der in den folgenden Beispielen behandelten Konstruktionen realisieren.

■ Beispiel 6-1: Errichten der Senkrechten in einem Geradenpunkt

In einem beliebigen Punkt P einer vorgegebenen Geraden g ist eine Senkrechte zu errichten. Am Zeichenbrett erfolgt diese Grundkonstruktion in der Form:

- Abtragen gleich großer Strecken vom Punkt P auf der Geraden g
  mit dem Zirkel,
- Schlagen zweier Kreisbögen mit einer größeren Zirkelöffnung um
  die erhaltenen Punkte und
- Verbinden der beiden Schnittpunkte der Kreisbögen bzw. eines
  Schnittpunktes mit dem Punkt P durch eine Linie.

Diese Vorgehensweise läßt sich sehr leicht in AutoSketch übertragen, wobei anstelle des Schlagens eines Kreisbogens hier ein Vollkreis zu zeichnen ist, da der Befehl *Kreis* bei dieser Konstruktion einfacher anwendbar ist als der Befehl *Bogen*. Unter der Annahme, daß der Bezugsmodus *Schnittpunkt* eingeschaltet ist, ergibt sich die folgende Zeichnung mit dem unten angegebenen Befehlsdialog:

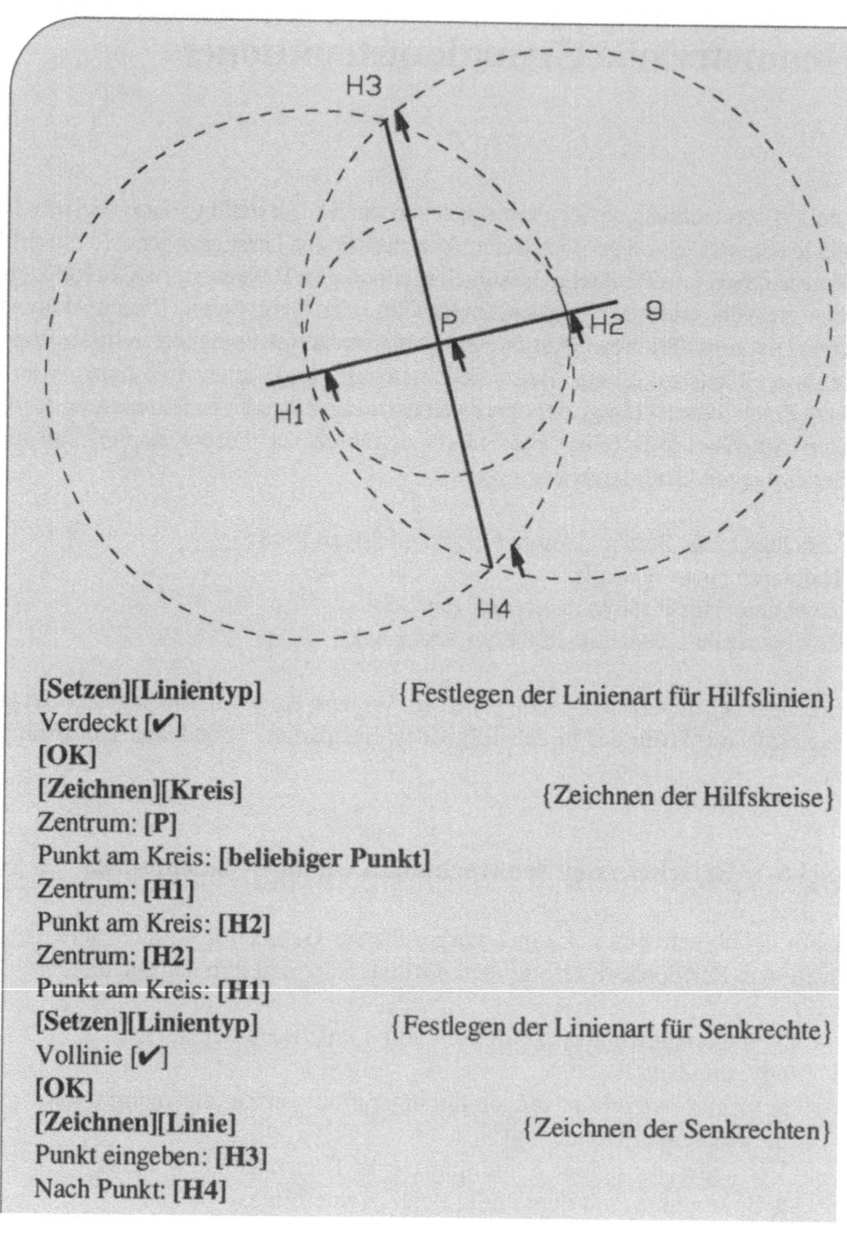

[Setzen][Linientyp]	{Festlegen der Linienart für Hilfslinien}
Verdeckt [✔]	
[OK]	
[Zeichnen][Kreis]	{Zeichnen der Hilfskreise}
Zentrum: **[P]**	
Punkt am Kreis: **[beliebiger Punkt]**	
Zentrum: **[H1]**	
Punkt am Kreis: **[H2]**	
Zentrum: **[H2]**	
Punkt am Kreis: **[H1]**	
[Setzen][Linientyp]	{Festlegen der Linienart für Senkrechte}
Vollinie [✔]	
[OK]	
[Zeichnen][Linie]	{Zeichnen der Senkrechten}
Punkt eingeben: **[H3]**	
Nach Punkt: **[H4]**	

Das Errichten der Mittelsenkrechten auf einer Geraden erfolgt in der gleichen Weise, wobei
das Zeichnen des ersten Hilfskreises entfällt. Die beiden weiteren Hilfskreise werden um
den Anfangs- und den Endpunkt der Geraden gezeichnet. Die Verbindungslinie der beiden
Schnittpunkte der Kreise stellt die gesuchte Mittelsenkrechte dar.

◆ Aufgabe 6-1: Mittelsenkrechte zeichnen

Man verbinde die Punkte P1(90,100) und P2(160,130) durch eine Linie und errichte auf dieser die Mittelsenkrechte. Die so erhaltene Zeichnung ist unter dem Namen MITT-SENK zu speichern.

■ Beispiel 6-2: Halbieren eines Winkels

Ein beliebiger Winkel mit dem Scheitelpunkt S ist zu halbieren. Diese Grundkonstruktion kann ebenfalls durch das Zeichnen von drei Hilfskreisen bei aktivierten Bezugsmodus *Schnittpunkt* erfolgen. Es ergibt sich:

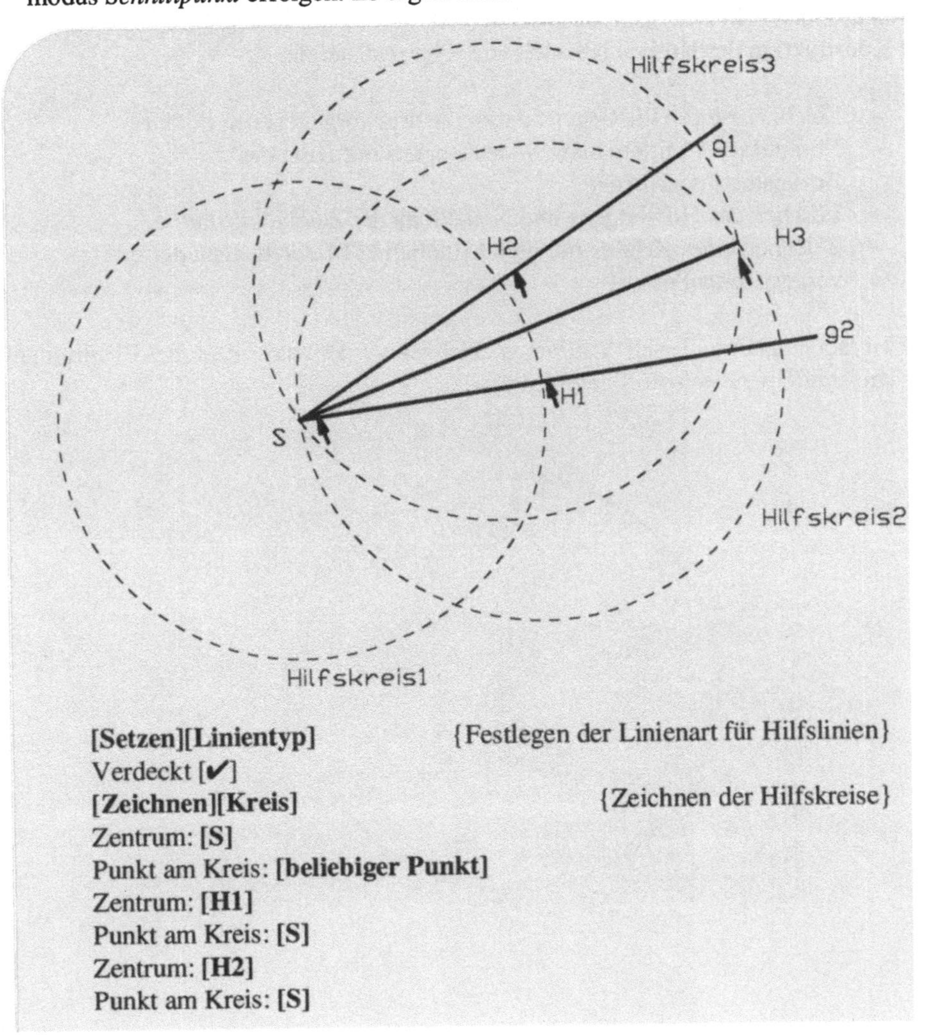

[Setzen][Linientyp]	{Festlegen der Linienart für Hilfslinien}
Verdeckt [✔]	
[Zeichnen][Kreis]	{Zeichnen der Hilfskreise}
Zentrum: **[S]**	
Punkt am Kreis: **[beliebiger Punkt]**	
Zentrum: **[H1]**	
Punkt am Kreis: **[S]**	
Zentrum: **[H2]**	
Punkt am Kreis: **[S]**	

> [Setzen][Linientyp]   {Festlegen der Linienart für Winkelhalbierende}
> Vollinie [✔]
> [OK]
> [Zeichnen][Linie]   {Zeichnen der Winkelhalbierenden}
> Punkt eingeben: [H3]
> Nach Punkt: [S]

■ Beispiel 6-3: Zeichnen eines Kreises durch drei Punkte

Durch die vorgegebenen Punkte P1, P2 und P3 ist ein Kreis zu zeichnen. Man gehe davon aus, daß kein Bezugsmodus aktiviert ist.
Die Konstruktion des Kreises läßt sich wie folgt realisieren:

- Zeichnen eines Hilfsbogens durch die drei vorgegebenen Punkte,
- Ermitteln des Mittelpunkts M des Bogens mit Hilfe des Bezugsmodus *Zentrum*
- Löschen des Hilfsbogens und Neuaufbau der Zeichnung und
- Zeichnen eines Kreises mit dem Mittelpunkt M durch einen der drei vorgegebenenPunkte.

Der Hilfsbogen kann hier als Vollinie gezeichnet werden, da er nach der Bestimmung des Kreismittelpunktes sofort gelöscht wird.

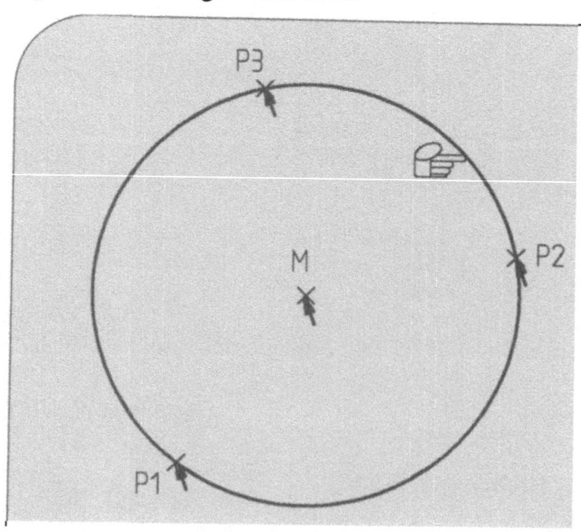

```
[Zeichnen][Bogen]                    {Zeichnen des Hilfsbogens}
Startpunkt: [P1]
Punkt am Bogen: [P2]
Endpunkt: [P3]
[Setzen][Bezug]                      {Bezugsmodus Zentrum einschalten}
Zentrum [Ein]
Bezugsmodus [Ein]
[OK}
[Zeichnen][Punkt]                    {Ermitteln des Bogenzentrums}
[Hilfsbogen]                         {Hilfsbogen anpicken}
[Setzen][Bezug]                      {Bezugsmodus Zentrum ausschalten}
Zentrum [Aus]
[OK]
[Ändern][Löschen]                    {Löschen des Hilfsbogens}
[Hilfsbogen]                         {Hilfsbogen anpicken}
[Neuaufbau-Feld]
[Zeichnen][Kreis]                    {Zeichnen des Kreises}
Zentrum: [M]
Punkt am Kreis: [P2]
```

◆ **Aufgabe 6-2: Kreis durch drei Punkte legen**

Man zeichne einen Kreis durch die drei Punkte P1(130,130), P2(200,90) und
P3(120,65) und speichere die Zeichnung unter dem Namen KREIS3P ab.

■ Beispiel 6-4: Zeichnen einer Kreistangente

An einen beliebigen Punkt P eines Kreises ist die Tangente zu legen. Prinzipiell kann man hier folgendermaßen vorgehen:

- Zeichnen einer beliebigen Geraden, die vom Mittelpunkt des Kreises ausgeht und diesen im Punkt P schneidet und
- Errichten der Senkrechten auf dieser Geraden im Punkt P.

Bei eingeschaltetem Bezugsmodus *Schnittpunkt* ergibt sich damit im einzelnen:

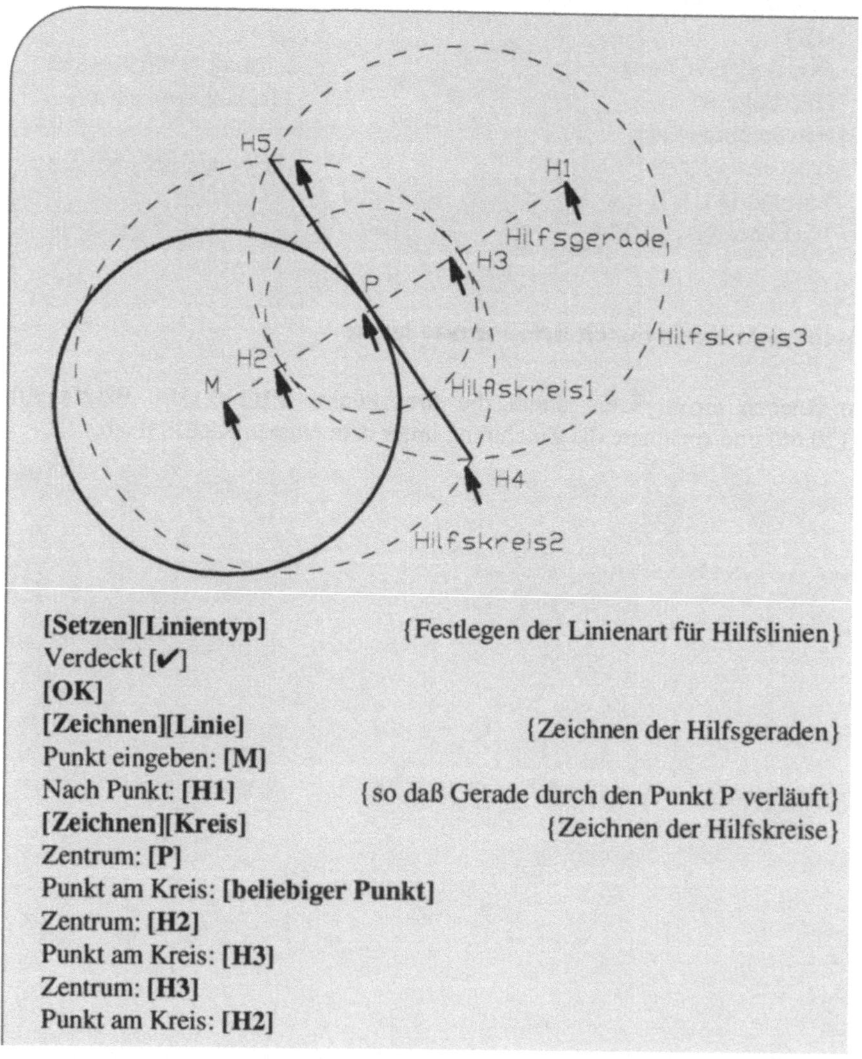

[Setzen][Linientyp]	{Festlegen der Linienart für Hilfslinien}
Verdeckt [✔]	
[OK]	
[Zeichnen][Linie]	{Zeichnen der Hilfsgeraden}
Punkt eingeben: **[M]**	
Nach Punkt: **[H1]**	{so daß Gerade durch den Punkt P verläuft}
[Zeichnen][Kreis]	{Zeichnen der Hilfskreise}
Zentrum: **[P]**	
Punkt am Kreis: **[beliebiger Punkt]**	
Zentrum: **[H2]**	
Punkt am Kreis: **[H3]**	
Zentrum: **[H3]**	
Punkt am Kreis: **[H2]**	

[Setzen][Linientyp]   {Festlegen der Linienart für Tangente}
Vollinie [✔]
[OK}
[Zeichnen][Linie]   {Zeichnen der Tangente}
Punkt eingeben: [H4]
Nach Punkt: [H5]

Trotz der Einschränkungen von AutoSketch gegenüber anderen CAD-Systemen müssen nicht alle der beim technischen Zeichnen verwendeten Grundkonstruktionen in der in den voraufgegangenen Beispielen behandelten Form 'per Hand' ausgeführt werden, sondern ein Teil von ihnen läßt sich auch direkt mit den in AutoSketch zur Verfügung stehenden Befehlen durchführen. Beispielsweise kann mit dem Befehl *Linie* bei aktiviertem Bezugsmodus *Tangentialpunkt* unmittelbar eine Tangente von einem Punkt an einen Kreis gelegt werden. Ebenso lassen sich Anschlußbögen und Ellipsen mit dem *Ändern*-Befehl *Abrunden* bzw. dem *Zeichnen*-Befehl *Ellipse* erstellen. Hierauf wird an späterer Stelle näher eingegangen.

7   Erstellen von Abrundungen und Fasen

Eine Vielzahl von Bauteilen und Werkstücken besitzt Abrundungen und Abschrägungen, die auch als Rundungsradien bzw. Fasen bezeichnet werden. Die Darstellung dieser Formen erfolgt beim technischen Zeichnen durch die Konstruktion sogenannter Anschlußbögen bzw. geeigneter Verbindungslinien. In AutoSketch können die entsprechenden Zeichnungselemente direkt mit den beiden *Ändern*-Befehlen *Abrunden* und *Fase* gezeichnet werden.

7.1   Erstellen von Abrundungen

Häufig sind in einer Zeichnung die Schenkel eines beliebigen Winkels durch einen geeigneten Kreisbogen abzurunden, d.h., zwei Linien sind durch einen Kreisbogen mit einem vorgegebenen Rundungsradius zu verbinden. Dabei werden beide Linien entsprechend verlängert oder verkürzt, so daß sich ein tangentialer Übergang zwischen Linie 1 - Kreisbogen - Linie 2 ergibt. Aufgrund der AutoSketch-Befehle:

- *Setzen*-Befehl *Abrunden*   zum Festlegen des Rundungsradius und
- *Ändern*-Befehl *Abrunden*   zum Abrunden von Zeichnungsobjekten

können Abrundungen durch Ändern einer bestehenden Zeichnung sehr einfach realisiert werden.

Setzen-Befehl *Abrunden*: Festlegen des Rundungsradius

Standardmäßig wird der Radius für Abrundungen auf 10 gesetzt. Mit dem *Setzen*-Befehl *Abrunden* kann dieser Wert beliebig festgelegt werden, und zwar im folgenden Dialogfenster:

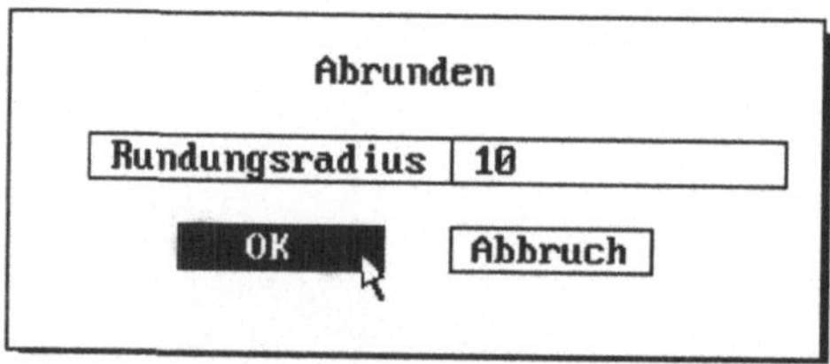

Hierbei werden nur positive Werte und die Null akzeptiert.

Ändern-Befehl *Abrunden*: Abrunden von Zeichnungsobjekten

Mit diesem Befehl können Linien, Kreise und Kreisbögen durch Anschlußbögen miteinander verbunden werden. Nach Aufruf des Befehls *Abrunden* werden die beiden abzurundenden Objekte im Dialog durch Anpicken festgelegt:

```
Objekt(e) wählen:
Zweites Objekt wählen:
```

Bis zum Aufruf eines neuen Befehls können auf diese Weise nacheinander mehrere Objektpaare abgerundet werden. Das Abrunden kann nicht erfolgen, wenn

- der Rundungsradius zu groß ist bzw.
- die Linien parallel sind.

In einem solchen Fall erfolgt ein entsprechender Fehlerhinweis. Ansonsten ist der Befehl Abrunden auch auf Polylinien, mit dem *Zeichnen*-Befehl *Rechteck* erstellten Rechtecken und Rändern von gefüllten Flächen anwendbar.

■ Beispiel 7-1: Abrunden der Ecken eines Rechtecks

Für ein Rechteck, dessen Seiten einzeln mit dem *Zeichnen*-Befehl *Linie* gezeichnet worden sind, soll die linke obere Ecke mit dem Radius 10 und die rechte untere Ecke mit dem Radius 5 abgerundet werden.

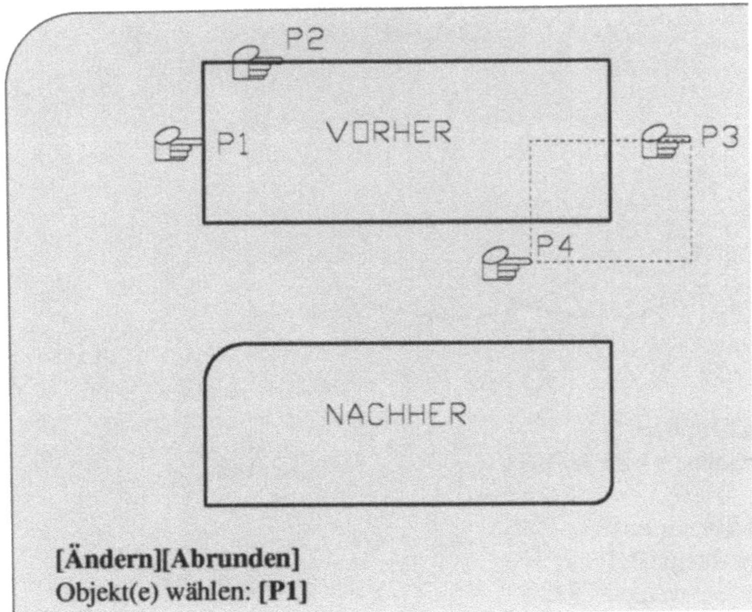

[Ändern][Abrunden]
Objekt(e) wählen: **[P1]**

> Zweites Objekt wählen: **[P2]**
> **[Setzen][Abrunden]**
> **Rundungsradius: 5 <RETURN>**
> **[OK]**
> **[Ändern][Abrunden]**
> **Objekt(e) wählen: [P3]**
> **Teilfenster/Ganzfenster Ecke: [P4]**

☞ *Hinweis: Objektwahl mit Auswahlfenster*

Die Objektwahl mit Hilfe eines Auswahlfenster ist nur für Linien möglich. Werden hierbei mehr als zwei Linien ausgewählt, so erfolgt das Abrunden für die beiden zuletzt gezeichneten Linien. Der Versuch, einen Kreis oder Kreisbogen mit einem Fenster auszuwählen, wird mit einem Fehlerhinweis abgewiesen.

■ Beispiel 7-2: Abrunden zweier Kreise

Zwei sich schneidende Kreise sind in ihren Schnittpunkten mit dem Rundungsradius 6 bzw. 16 abzurunden.

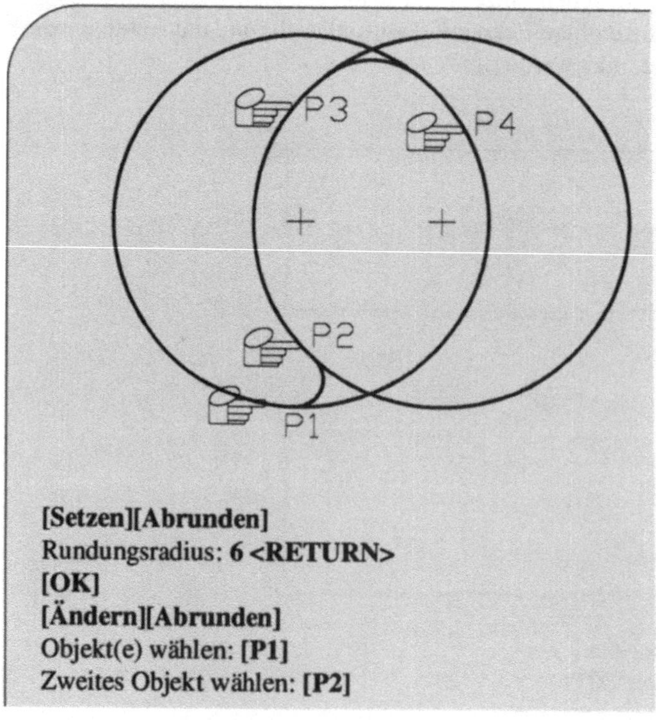

[Setzen][Abrunden]
Rundungsradius: 6 <RETURN>
[OK]
[Ändern][Abrunden]
Objekt(e) wählen: [P1]
Zweites Objekt wählen: [P2]

```
[Setzen][Abrunden]
Rundungsradius: 16 <RETURN>
[OK]
[Ändern][Abrunden]
Objekt(e) wählen: [P3]
Zweites Objekt wählen: [P4]
```

Das Erstellen von Abrundungen für sich nicht schneidende Kreise erfolgt in gleicher Weise. Einen Sonderfall stellt das Abrunden mit dem Rundungsradius Null dar. Dies soll im nächsten Beispiel veranschaulicht werden.

■ Beispiel 7-3: Abrunden mit Rundungsradius Null

Die drei vorgegebenen Linienpaare sollen jeweils mit dem Rundungsradius Null abgerundet werden.

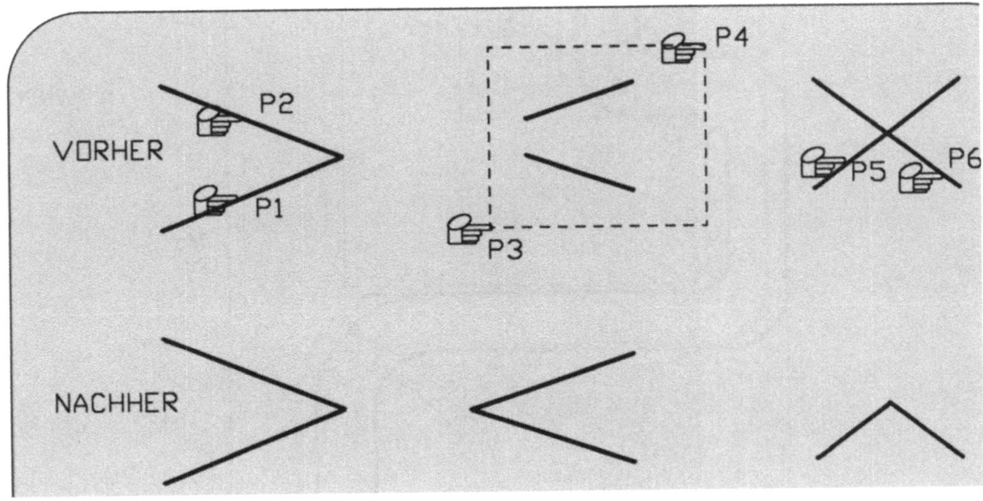

Offensichtlich wird bei einem Rundungsradius Null kein Rundungsbogen gezeichnet. Bei sich nicht schneidenden Linien werden diese bis zu ihrem Schnittpunkt verlängert. Sich kreuzende Linien werden an ihrem Kreuzungspunkt gekürzt.

☞ *Hinweis: Abrunden einer Polylinie*

Eine Polylinie setzt sich aus verschiedenen Linien- und Kreisbogensegmenten zusammen. Das Abrunden einer Polylinie erfolgt analog wie oben, indem man jeweils zwei benachbarte Segmente auswählt und abrundet. Ein Rechteck, das mit dem *Zeichnen*-Befehl *Rechteck* erstellt worden ist, wird wie eine Polylinie behandelt, die aus vier Liniensegmenten besteht.

◆ Aufgabe 7-1: Bügel

Man zeichne den unten dargestellten Bügel ohne Bemaßung und speichere die Zeichnung unter dem Namen BUEGEL ab.

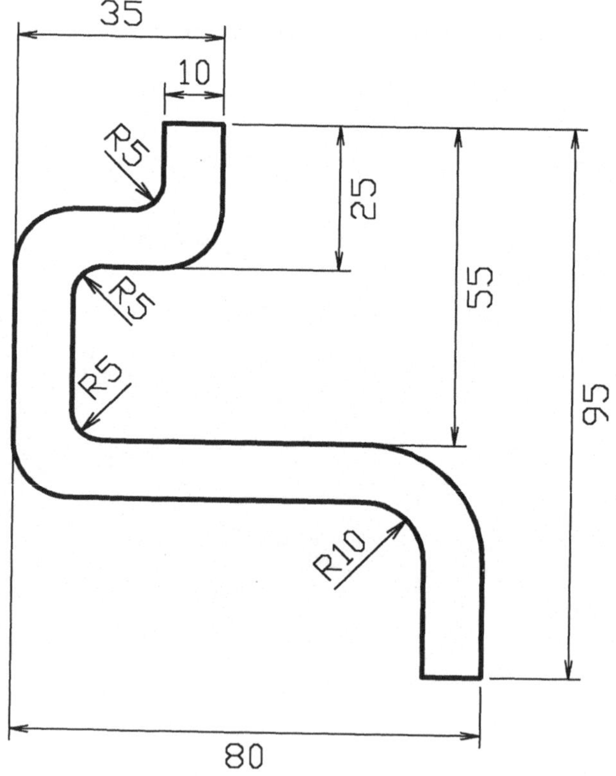

◆ Aufgabe 7-2: Blech mit Rundungen

Das abgebildete Blech ist ohne Bemaßung zu zeichnen und unter dem Namen BLECH2 zu speichern.

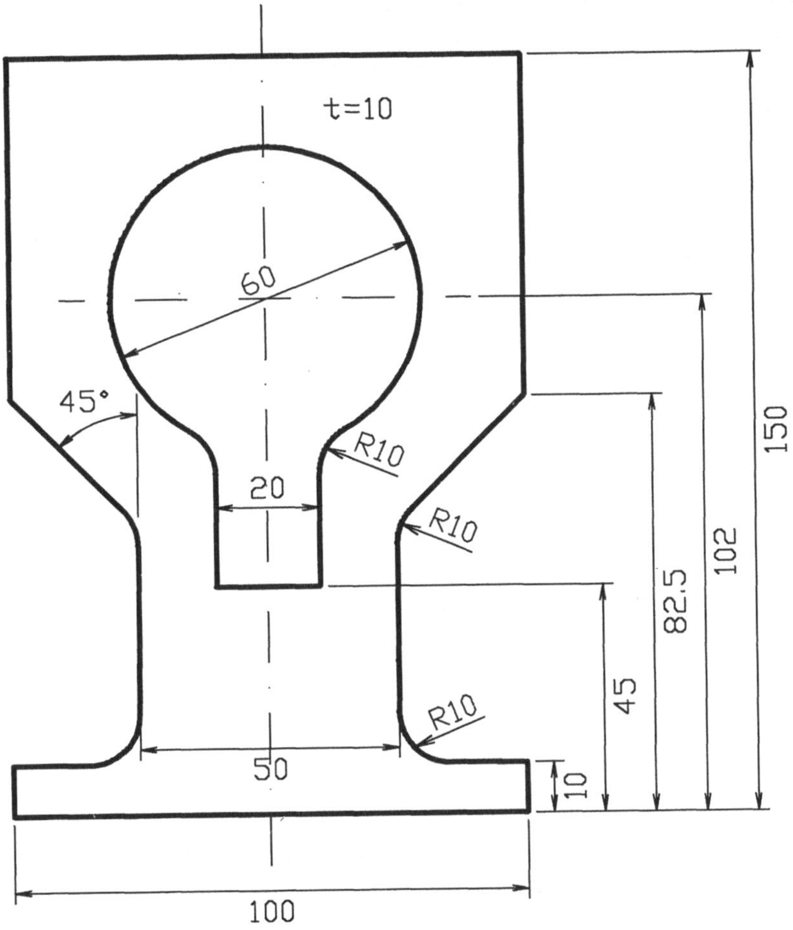

7.2   Erstellen von Fasen

Werden im Gegensatz zum Abrunden zwei Linien nicht mit einem Kreisbogen sondern mit einer Linie verbunden, so spricht man vom Abschrägen oder Anbringen einer Fase. Hierbei werden die beiden Linien, die nicht parallel sein dürfen, ausgehend von ihrem Schnittpunkt um die vorgegebenen sogenannten Fasenabstände gekürzt und anschließend die neuen Endpunkte der beiden Linien verbunden. Falls die vorgegebenen Linien sich nicht schneiden, werden sie zunächst bis zu ihrem Schnittpunkt verlängert und das Abschrägen wie oben vorgenommen. In AutoSketch stehen für das Zeichnen von Fasen die beiden Befehle:

- *Setzen*-Befehl *Fase*   zum Festlegen der Fasenabstände und
- *Ändern*-Befehl *Fase*   zum Abschrägen von Zeichnungsobjekten

zur Verfügung.

Setzen-Befehl *Fase*: Festlegen der Fasenabstände

Hiermit können in dem folgenden Fenster:

```
                      Fase

   Erster   Fasenabstand        10
   Zweiter  Fasenabstand        10

           OK                Abbruch
```

im Dialog die Werte für die Abstände beim Fasen vereinbart werden. Standardmäßig ist der Wert 10 für beide Abstände vorgesehen. Negative Werte sind nicht zulässig und werden bei der Eingabe ignoriert.

Ändern-Befehl *Fase*: Fasen von Linien

Nach Aufruf des Befehls *Fase* können - analog zum Abrunden - zwei Linien mit dem Zeigegerät ausgewählt werden, die anschließend wie oben gekürzt und durch eine Gerade miteinander verbunden werden. Dieses Abschrägen ist nicht möglich, wenn

- die Fasenabstände zu groß bzw.
- die beiden Linien parallel

sind. Hierauf wird mit einem passenden Fehleranzeige hingewiesen. Der Befehl *Fase*
ist in gleicher Weise auch auf Liniensegmente von Polylinien, Rechtecken und Rändern
gefüllter Flächen anwenden.

■ Beispiel 7-4: Abschrägen der Ecken eines Rechtecks

Die linke obere und die rechte untere Ecke eines mit dem *Zeichnen*-Befehl *Linie*
gezeichneten Rechtecks sind mit den Fasenabständen 8 und 24 abzuschrägen.

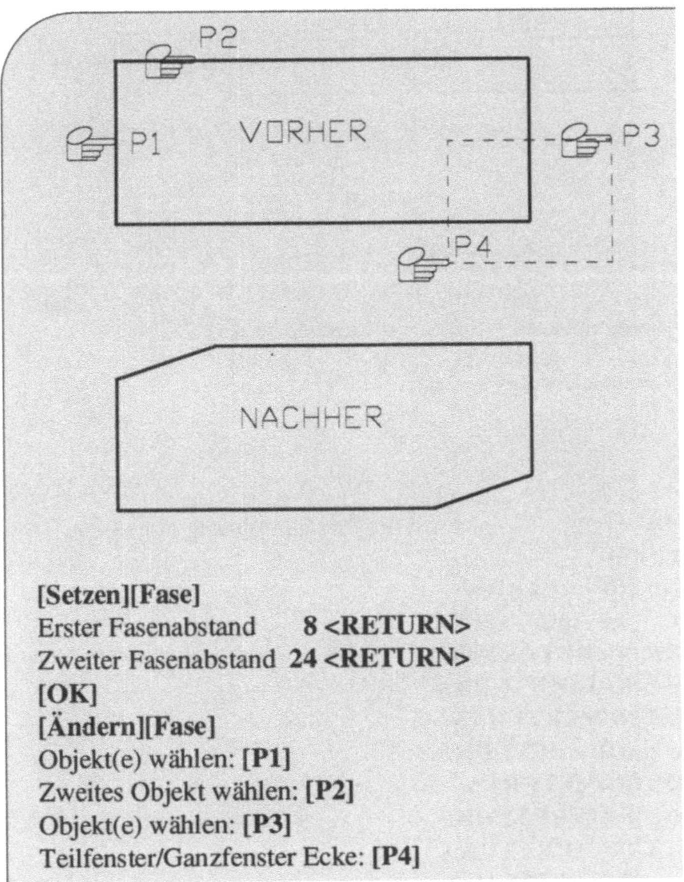

[Setzen][Fase]
Erster Fasenabstand   **8 <RETURN>**
Zweiter Fasenabstand   **24 <RETURN>**
[OK]
[Ändern][Fase]
Objekt(e) wählen: **[P1]**
Zweites Objekt wählen: **[P2]**
Objekt(e) wählen: **[P3]**
Teilfenster/Ganzfenster Ecke: **[P4]**

Wie bei der Auswahl von Linien zum Abrunden können auch beim Abschrägen Linien mit
einem Auswahlfenster bestimmt werden.

■ Beispiel 7-5: Zeichnen von Fasen

Es ist die unten abgebildete Prismenführung zu zeichnen. Man geht hier zweckmäßigerweise folgt vor:

- Zeichnen der Prismenführung ohne Fasen und
- anschließendes Abschrägen der oberen Ecken.

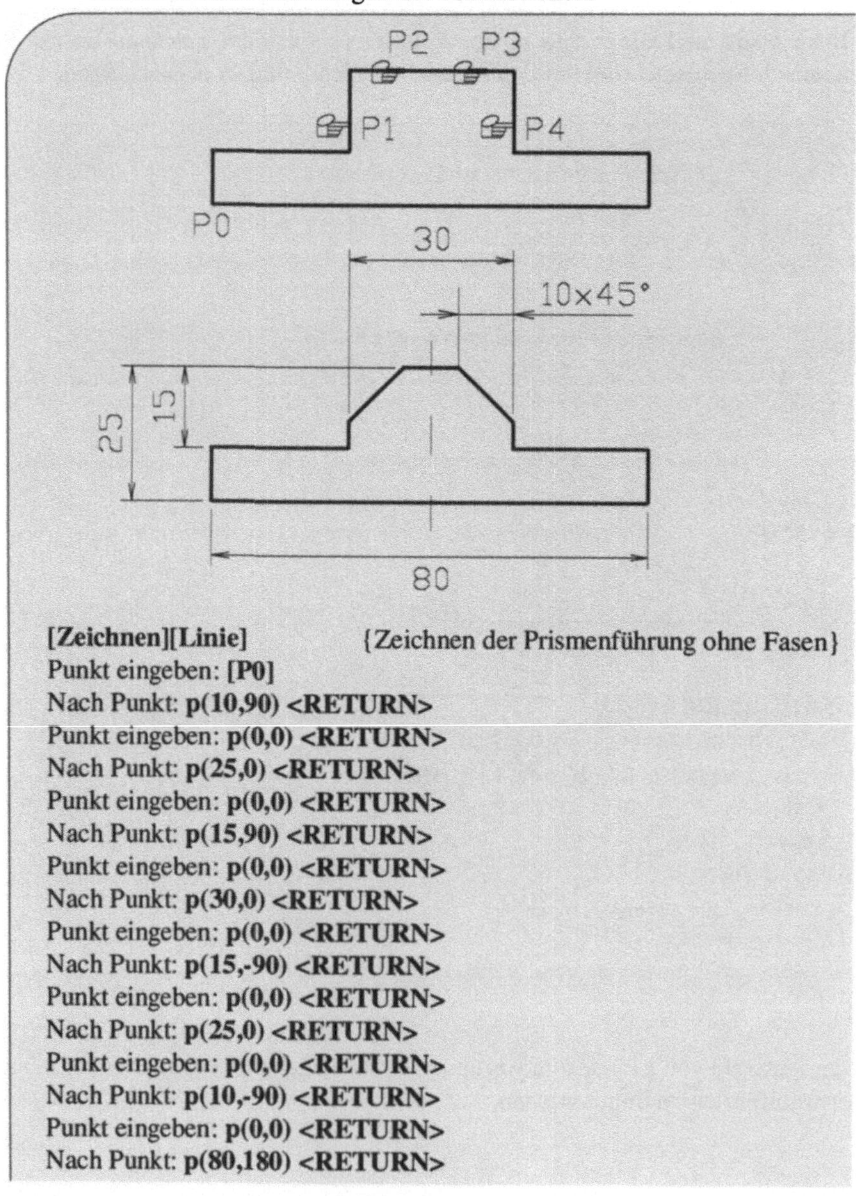

[Zeichnen][Linie]	{Zeichnen der Prismenführung ohne Fasen}

Punkt eingeben: **[P0]**
Nach Punkt: **p(10,90) <RETURN>**

Punkt eingeben: **p(0,0) <RETURN>**
Nach Punkt: **p(25,0) <RETURN>**
Punkt eingeben: **p(0,0) <RETURN>**
Nach Punkt: **p(15,90) <RETURN>**
Punkt eingeben: **p(0,0) <RETURN>**
Nach Punkt: **p(30,0) <RETURN>**
Punkt eingeben: **p(0,0) <RETURN>**
Nach Punkt: **p(15,-90) <RETURN>**
Punkt eingeben: **p(0,0) <RETURN>**
Nach Punkt: **p(25,0) <RETURN>**
Punkt eingeben: **p(0,0) <RETURN>**
Nach Punkt: **p(10,-90) <RETURN>**
Punkt eingeben: **p(0,0) <RETURN>**
Nach Punkt: **p(80,180) <RETURN>**

```
[Setzen][Fase]                          { Abschrägen der oberen Ecken}
Erster Fasenabstand  10 <RETURN>
[OK]
[Ändern][Fase]
Objekt(e) wählen: [P1]
Zweites Objekt wählen: [P2]
Objekt(e) wählen: [P3]
Zweites Objekt wählen: [P4]
```

Sind beide Fasenabstände gleich Null gesetzt, so wird das Zeichnen der Fasen analog zum Abrunden mit dem Rundungsradius Null realisiert.

■ Beispiel 7-6: Abschrägen mit Fasenabständen Null

Es sind drei verschiedene Linienpaare jeweils mit den Fasenabständen Null abzuschrägen.

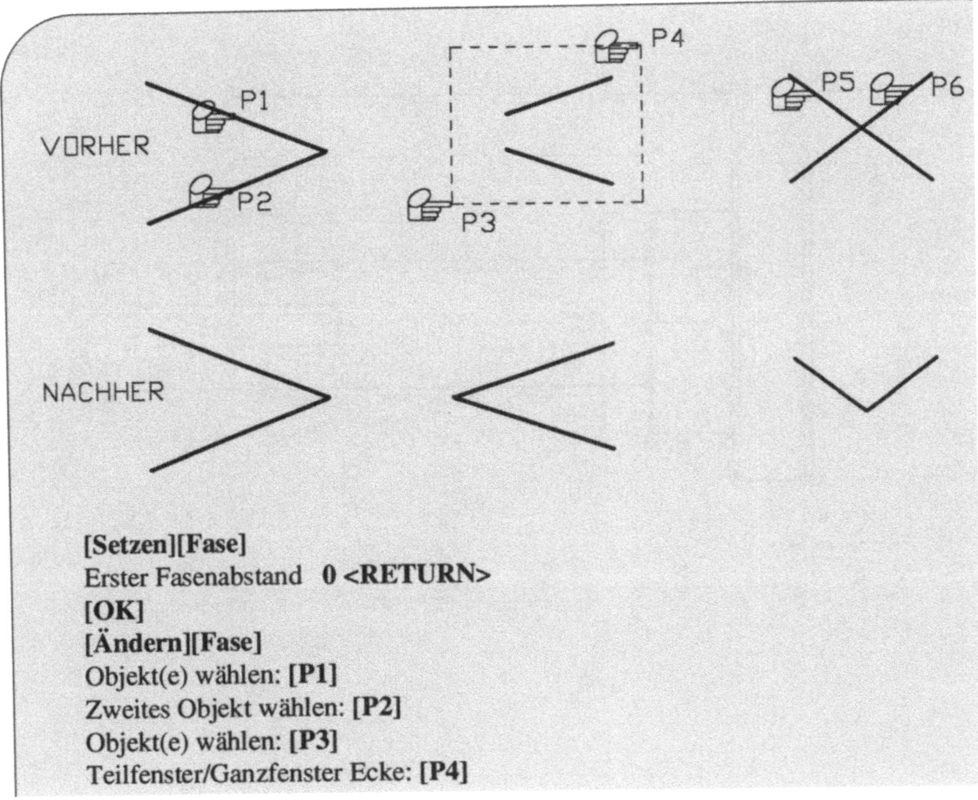


```
[Setzen][Fase]
Erster Fasenabstand  0 <RETURN>
[OK]
[Ändern][Fase]
Objekt(e) wählen: [P1]
Zweites Objekt wählen: [P2]
Objekt(e) wählen: [P3]
Teilfenster/Ganzfenster Ecke: [P4]
```

> Objekt(e) wählen: [P5]
> Zweites Objekt wählen: [P6]

☞ *Hinweis: Fasen einer Polylinie*

Geradlinige Segmente einer Polylinie oder des Randes einer gefüllten Fläche können mit dem Befehl *Fase* auf die gleiche Weise abgeschrägt werden, entsprechend auch Rechtecke, die mit dem *Zeichnen*-Befehl *Rechteck* gezeichnet sind.

◆ **Aufgabe 7-3: Führungsachse**

Eine Führungsachse, wie sie z.B. in Reglern Anwendung findet, ist ohne Bemaßung zu zeichnen und als Zeichnung FUEACHSE zu sichern.

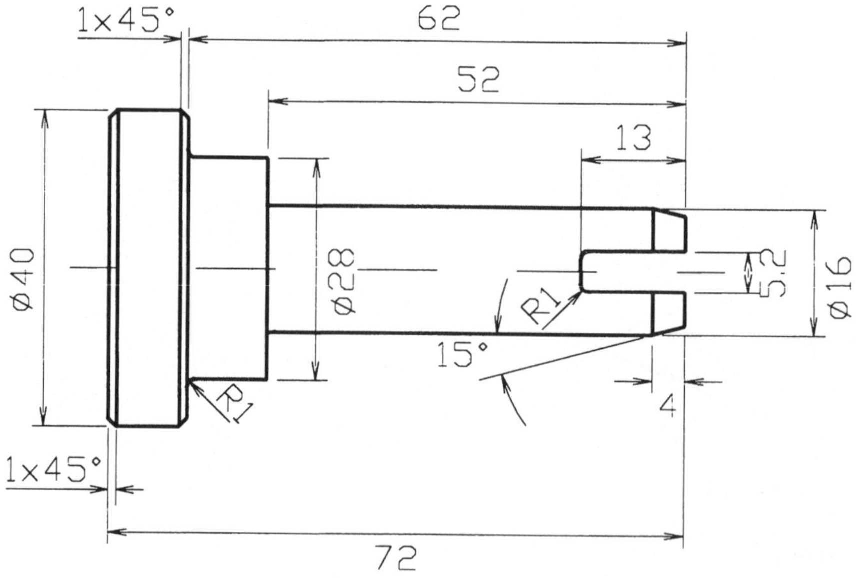

8   Das Beschriften von Zeichnungen

Technische Zeichnungen werden zu ihrem besseren Verständnis u.a. mit Text- und Maßangaben beschriftet. Beispielsweise werden unten rechts auf einer Zeichnung in einem Schriftfeld allgemeine Informationen angegeben. Spezielle Informationen zu einzelnen Bauteilen werden in einer Stückliste dargestellt. Für Beschriftungen dieser Art verwendet man meist eine ISO-Normschrift nach DIN 6776 Teil 1, die sich hierfür besonders gut eignet. AutoSketch bietet diese neben einer Vielzahl anderer Schriften ebenfalls an, wobei es dem Anwender möglich ist, auch eigene Schriften zu entwickeln und in das Arbeiten mit AutoSketch einzubauen. Mit den beiden *Zeichnen*-Befehlen *Textzeile* und *Texteditor* können ein- bzw. mehrzeilige Texte als Elemente einer Zeichnung erstellt werden. In den beiden folgenden Unterkapiteln wird jeweils näher darauf eingegangen.

8.1   Erstellen eines einzeiligen Textes

Ein einzeiliger Text, d.h. eine einzelne Textzeile, wird in AutoSketch mit dem *Zeichnen*-Befehl *Textzeile* in eine Zeichnung geschrieben. Mit dem *Setzen*-Befehl *Text* kann die Form des Textes festgelegt werden, indem man u.a. die Art der Schrift und deren Ausrichtung bestimmt. Die jeweilige Textzeile wird unter Berücksichtigung dieser Festlegungen in der Zeichnung auf einer nichtsichtbaren Textgrundlinie ausgegeben. Man vergleiche hierzu die folgende Abbildung, in der die Textzeile "Zeichnung" mit dieser Grundlinie und den verschiedenen Ausrichtungspositionen dargestellt ist.

Bild 8-1: Aufbau einer Textzeile

Setzen-Befehl _Text_: Festlegen der Form eines Textes

Nach Aufruf dieses Befehls können in dem Dialogfenster:

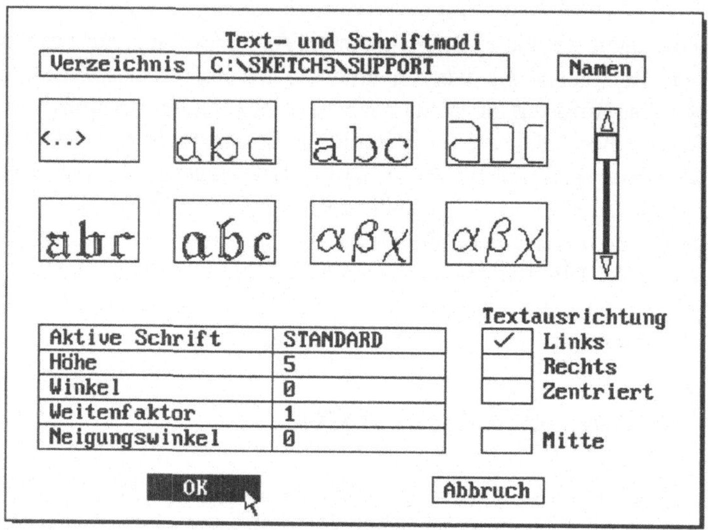

die einzelnen Festlegungen für die Darstellung eines Textes getroffen werden. Im einzelnen werden hierfür folgende Optionen angeboten:

- *Aktive Schrift*   zur Auswahl der zu verwendenden Schriftart,
- *Höhe*   zur Eingabe der Schrifthöhe in Zeichnungseinheiten,
- *Winkel*   zur Eingabe der Neigung der Textgrundlinie in °,
- *Weitenfaktor*   zum Festlegen der Schriftweite,
- *Neigungswinkel*   zur Eingabe der Neigung der Buchstaben in °,
- *Links*   zum Festlegen einer linksbündigen Textausrichtung,
- *Rechts*   zum Festlegen einer rechtsbündigen Textausrichtung,
- *Zentriert*   zum Festlegen einer zentrierten Textausrichtung,
- *Mitte*   zum Festlegen einer mittigen Textausrichtung bezogen auf die festgelegte Texthöhe,
- *OK*   zum Bestätigen und Übernehmen der getroffenen Vereinbarungen und
- *Abbruch*   zum Abbrechen des Befehls *Text* ohne Übernahme.

***Zeichnen*-Befehl *Textzeile*: Erstellen eines einzeiligen Textes**

Mit diesem Befehl kann eine Textzeile in eine Zeichnung geschrieben werden. Die so erstellte Textzeile wird im weiteren als einzelnes Zeichnungsobjekt verwaltet und behandelt. Die jeweilige Textzeile wird im Dialog in der Form festgelegt:

        Punkt eingeben:
        Texteingabe:

Die Eingabe des Punktes, der die Lage der Textgrundlinie bestimmt, kann über die Tastatur oder durch Anpicken erfolgen. Die Texteingabe erfolgt über die Tastatur und wird in der Regel durch Drücken der RETURN-Taste abgeschlossen.

■ Beispiel 8-1: Erstellen von Textzeilen

Der Text "Textzeile" soll zusammen mit den Hinweisen "linksbündig", "rechtsbündig", "zentriert", "mittig und zentriert" mit der entsprechenden Ausrichtung in den Punkten P1(150,100), P2(150,120), P3(150,140) und P4(150,70) geschrieben werden. Die Ausgabe der letzten Zeile erfolge mit doppelt so großer Schrift wie die vorausgegangenen Zeilen.

[Zeichnen][Textzeile]
Punkt eingeben: **150,100 <RETURN>**
Texteingabe: **Textzeile linksbündig <RETURN>**
[Setzen][Text]
[✔] Rechts
[OK]
Punkt eingeben: **150,120 <RETURN>**
Texteingabe: **Textzeile rechtsbündig <RETURN>**
[Setzen][Text]
[✔] zentriert

> [OK]
> Punkt eingeben: **150,140 <RETURN>**
> Texteingabe: **Textzeile zentriert <RETURN>**
> [Setzen][Text]
> [✔] Mitte
> Höhe **10 <RETURN>**
> [OK]
> Punkt eingeben: **150,70 <RETURN>**
> Texteingabe: **Textzeile mittig und zentriert <RETURN>**

☞ *Hinweis: Standardeinstellungen*

Standardmäßig wird in AutoSketch ein Text in der folgenden Form dargestellt:

-   Verwendung der AutoSketch-Standardschrift,
-   Texthöhe gleich 5 Zeichnungseinheiten,
-   linksbündige Textausrichtung,
-   waagerechte Textgrundlinie,
-   Weitenfaktor gleich Eins und
-   Neigungswinkel gleich Null.

AutoSketch stellt sechzehn alphanumerische und vier Symbolschriften zur Verfügung. Zu den alphanumerische Schriften, die Buchstaben, Ziffern und Sonderzeichen enthalten, gehören die speziellen Schriften:

STANDARD	ABCDEFGHIJKLMNOPQRSTUVWXYZ
COMPLEX8	ABCDEFGHIJKLMNOPQRSTUVWXYZ
DIN8	ABCDEFGHIJKLMNOPQRSTUVWXYZ
GOTHICE8	ABCDEFGHIJKLMNOPQRSTUVWXYZ
GOTHICG8	ABCDEFGHIJKLMNOPQRSTUVWXYZ
GREEKC	ABXΔEΦΓHIϑKΛMNOΠΘPΣTϒVΩΞΨZ
GREEKS	ABXΔEΦΓHIϑKΛMNOΠΘPΣTϒVΩΞΨZ
ISO8	ABCDEFGHIJKLMNOPQRSTUVWXYZ
ITALICC8	ABCDEFGHIJKLMNOPQRSTUVWXYZ
ITALICT8	ABCDEFGHIJKLMNOPQRSTUVWXYZ
MONOTXT8	ABCDEFGHIJKLMNOPQRSTUVWXYZ
ROMANC8	ABCDEFGHIJKLMNOPQRSTUVWXYZ
ROMANS8	ABCDEFGHIJKLMNOPQRSTUVWXYZ
SCRIPTC8	ABCDEFGHIJKLMNOPQRSTUVWXYZ
SCRIPTS8	ABCDEFGHIJKLMNOPQRSTUVWXYZ
SIMPLEX8	ABCDEFGHIJKLMNOPQRSTUVWXYZ

Symbolschriften stellen besondere Symbole für Anwendungen in der Astronomie, Kartographie, Mathematik und Musik zur Verfügung. Die vier Schriften hierfür sind:

SYASTRO

SYMAP

SYMATH

SYMUSIC

Die Zeichensätze für die verschiedenen Schriften sind im Unterverzeichnis C:\SKETCH3\SUPPORT in Dateien mit der Extension .SHX beim Dateinamen gespeichert, wie beispielsweise die Schrift ISO8 in der Datei ISO8.SHX.

■ **Beispiel 8-2: Textzeilen mit verschiedenen Schriftarten**

Ausgehend von der Standardeinstellung sind für die Schriften STANDARD, ISO8 und MONOTXT8 jeweils in einer Zeile alle Groß- bzw. Kleinbuchstaben auszugeben.

ABCDEFGHIJKLMNOPQRSTUVWXYZ
abcdefghijklmnopqrstuvwxyz

ABCDEFGHIJKLMNOPQRSTUVWXYZ
abcdefghijklmnopqrstuvwxyz

ABCDEFGHIJKLMNOPQRSTUVWXYZ
abcdefghijklmnopqrstuvwxyz

[Zeichnen][Textzeile]
Punkt eingeben: **100,160 <RETURN>**
Texteingabe: **ABCDEFGHIJKLMNOPQRSTUVWXYZ <RETURN>**
Punkt eingeben: **100,150 <RETURN>**
Texteingabe: **abcdefghijklmnopqrstuvwxyz <RETURN>**
[Setzen][Text]
Aktive Schrift **ISO8 <RETURN>**
[OK]

```
[Zeichnen][Textzeile]
Punkt eingeben: 100,130 <RETURN>
Texteingabe: ABCDEFGHIJKLMNOPQRSTUVWXYZ <RETURN>
Punkt eingeben: 100,120 <RETURN>
Texteingabe: abcdefghijklmnopqrstuvwxyz <RETURN>
[Setzen][Text]
Aktive Schrift  MONOTXT8 <RETURN>
[OK]
[Zeichnen][Textzeile]
Punkt eingeben: 100,100 <RETURN>
Texteingabe: ABCDEFGHIJKLMNOPQRSTUVWXYZ <RETURN>
Punkt eingeben: 100,90 <RETURN>
Texteingabe: abcdefghijklmnopqrstuvwxyz <RETURN>
```

Offensichtlich handelt es sich bei den beiden Schriften STANDARD und ISO8 um Proportionalschriften, bei denen die einzelnen Buchstaben, Ziffern und Zeichen unterschiedlich breit dargestellt werden. Mit Ausnahme der Schrift MONOTXT8 sind alle übrigen AutoSketch-Schriften ebenfalls Proportionalschriften. Zum Erstellen von Stücklisten in einer Zeichnung verwendet man zweckmäßigerweise die Nichtproportionalschrift MONOTXT8, ansonsten die genormte Schrift ISO8.

☞ *Hinweis: Mehrzeiligen Text schreiben*

Mit dem *Zeichnen*-Befehl *Textzeile* läßt sich auch ein mehrzeiliger Text schreiben, indem man die Eingabe des zu schreibenden Textes nicht durch das Drücken der RETURN-Taste abschließt sondern durch das Anpicken eines beliebigen Punktes auf der Zeichenfläche. In diesem Fall ermittelt das System automatisch einen geeigneten Zeilenabstand und den Startpunkt für die nächste Zeile, und man kann sofort mit der Texteingabe für diese Zeile fortfahren. Die Zeilen eines so erstellten mehrzeiligen Textes werden im Gegensatz zu einem mit dem *Zeichnen*-Befehl *Texteditor* geschriebenen Textes als einzelne Zeichnungselemente bearbeitet.

■ Beispiel 8-3: Erstellen von mehrzeiligen Texten

Analog zum voraufgegangenem Beispiel 8-2 sollen hier für die Schriften DIN8 und GOTHICG8 die Groß- und Kleinbuchstaben jeweils als zweizeiliger Text ausgegeben werden. Die Startpunkte für die Zeilen mit den Großbuchstaben sind zu übernehmen.

ABCDEFGHIJKLMNOPQRSTUVWXYZ
abcdefghijklmnopqrstuvwxyz

𝔄𝔅ℭ𝔇𝔈𝔉𝔊ℌ𝔍𝔍𝔎𝔏𝔐𝔑𝔒𝔓𝔔ℜ𝔖𝔗𝔘𝔙𝔚𝔛𝔜ℨ
abcdefghijklmnopqrſtuvwxyz

```
[Setzen][Text]
Aktive Schrift  DIN8 <RETURN>
[OK]
[Zeichnen][Textzeile]
Punkt eingeben: 100,160 <RETURN>
Texteingabe: ABCDEFGHIJKLMNOPQRSTUVWXYZ
[beliebiger Punkt]
Texteingabe: abcdefghijklmnopqrstuvwxyz <RETURN>
[Setzen][Text]
Aktive Schrift  GOTHICG8 <RETURN>
[OK]
[Zeichnen][Textzeile]
Punkt eingeben: 100,130 <RETURN>
Texteingabe: ABCDEFGHIJKLMNOPQRSTUVWXYZ
[beliebiger Punkt]
Texteingabe: abcdefghijklmnopqrstuvwxyz <RETURN>
```

Wie bereits einleitend erwähnt wurde, kann eine technische Zeichnung eine Reihe von Textinformationen enthalten. Von relativ einfacher Art sind z.B. Angaben zur Bezeichnung des gezeichneten Bauteils oder zur Dicke eines im Grundriß dargestellten Bleches. Im nächsten Beispiel soll dies kurz veranschaulicht werden.

■ **Beispiel 8-4: Beschriften eines Bauteils**

Die in der Aufgabe 4-5 gezeichnete Konsole ist mit dem dreizeiligen Text:

    Konsole
      aus
    ST 37

in zentrierter Ausrichtung zu beschriften.

Nach dem Laden der zugehörigen Zeichnung KONSOLE läßt sich das Schreiben dieses Textes in einem geeigneten Punkt P wie folgt ausführen:

```
[Setzen][Text]
Aktive Schrift ISO8 <RETURN>
[✔] Zentriert
[OK]
[Zeichnen][Textzeile]
Punkt eingeben: [P]
Texteingabe: Konsole
[beliebiger Punkt]
Texteingabe: aus
[beliebiger Punkt]
Texteingabe: ST 37 <RETURN>
```

◆ Aufgabe 8-1: Blech-Beschriftung

Die in der Datei BLECH3 aus Aufgabe 5-3 gespeicherte Zeichnung ist mit dem Text "Blech 2 mm dick" zu beschriften. Man gehe hier folgendermaßen vor:

- Laden der Zeichnung BLECH3,
- Erstellen der Beschriftung und
- Sichern der ergänzten Zeichnung.

Weitere Informationen zu einer Zeichnung werden in ihrem Schriftfeld und in einer eventuellen Stückliste angegeben. Schriftfeld und Stückliste werden nach DIN 6771 Teil 1 bzw. Teil 2 erstellt und im rechten unteren Bereich der Zeichnung angeordnet. Ein Beispiel hierfür ist im Bild 8-2 für eine Fräsvorrichtung dargestellt.

12	1	Sechskantmutter	DIN 934-M12	
11	1	Zylinderstift	DIN 7-3m6	
10	2	Zylinderschraube	DIN 84-M6x12	
9	1	Scheibe		
8	1	Feder		
7	2	Nutenstein		
6	1	Stellschraube		
5	1	Kegelgriff	DIN 99-N125	
4	1	Spannbolzen		
3	1	Aufnahmebolzen		
2	1	Spannplatte		
1	1	Grundplatte		
Lfd. Nr.	Menge	Bennenung	Sachnummer/ Norm - Kurzbezeichnung	Werkstoff
Gez.				
Gepr.				
Maßstab		Fräsvorrichtung		

Bild 8-2:
Schriftfeld für eine Fräseinrichtung

Für das Arbeiten mit AutoSketch in der Praxis ist es von Vorteil, wenn man in Prototypzeichnungen geeignete Schriftfelder und Vorlagen für Stücklisten vorsieht.

■ Beispiel 8-5: Erstellen eines Schriftfeldes

In der Prototypzeichnung PRODINA4 ist ein Rand im Abstand von 5 mm zum Blattrand
um die zur Verfügung stehende Zeichenfläche zu zeichnen und ferner ein Schriftfeld
wie im Bild 8-2 zu erstellen. Man arbeite hier zweckmäßigerweise mit einem Fangraster,
wobei man die Rasterabstände für das Schreiben von Text kleiner als beim Zeichnen
der Linien wählt.

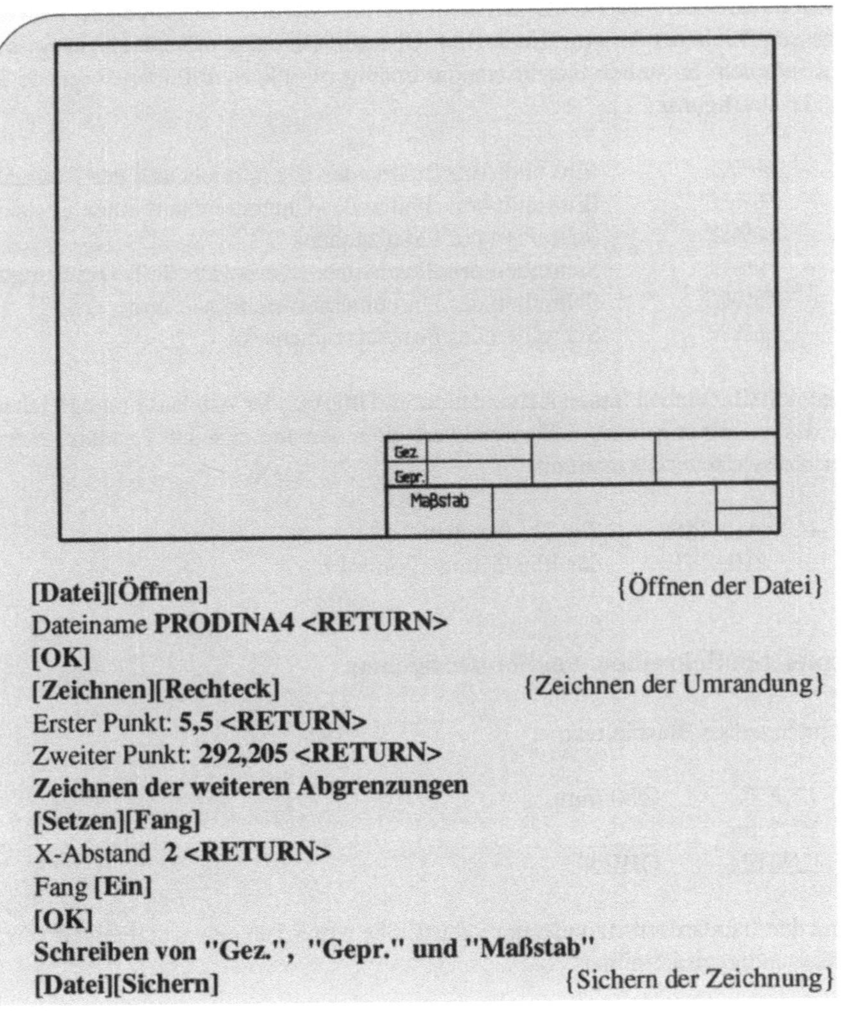

[Datei][Öffnen]	{Öffnen der Datei}
Dateiname **PRODINA4 <RETURN>**	
[OK]	
[Zeichnen][Rechteck]	{Zeichnen der Umrandung}
Erster Punkt: **5,5 <RETURN>**	
Zweiter Punkt: **292,205 <RETURN>**	
Zeichnen der weiteren Abgrenzungen	
[Setzen][Fang]	
X-Abstand **2 <RETURN>**	
Fang **[Ein]**	
[OK]	
Schreiben von "Gez.", "Gepr." und "Maßstab"	
[Datei][Sichern]	{Sichern der Zeichnung}

◆ Aufgabe 8-2: Stückliste erstellen

Das Bild 8-2 ist in einer ansonsten leeren DIN A4-Zeichnung darzustellen und in der Datei STUECKLI zu speichern. Man gehe in folgenden Schritten vor:

- Laden der Prototypzeichnung PRODINA4,
- Eintragen der Bezeichnung "Fräsvorrichtung",
- Erstellen der Stückliste und
- Speichern der Zeichnung.

Die Darstellung spezieller Sonderzeichen, wie z.B. dem in Zeichnungen verwendeten Durchmesser-Zeichen, oder von Unter- bzw. Überstreichungen in Texten ist in AutoSketch ebenfalls möglich. Es stehen hierfür standardmäßig für alle Schriftarten folgende Steuerzeichen zur Verfügung:

- %%O   Ein- und Ausschalten des Überstreichens einer Textzeile,
- %%U   Ein- und Ausschalten des Unterstreichens einer Textzeile,
- %%D   Schreiben des Gradzeichens °,
- %%P   Schreiben des Plus/Minus-Symbols ± für Toleranzangaben,
- %%C   Schreiben des Durchmesserzeichens Ø und
- %%%   Schreiben des Prozentzeichens %.

Beliebige ASCII-Zeichen lassen sich auch durch Drücken der Alt-Taste und gleichzeitiger Eingabe des jeweils zugehörigen Dezimalwerts über den numerischen Tastaturblock erzeugen. Beispielsweise erhält man mit:

- <Alt+248>   das Gradzeichen ° und
- <Alt+241>   das Plus/Minus-Symbol ±.

■ Beispiel 8-6: Schreiben von Sonderzeichen

Der mehrzeilige Beispieltext:

77,7 °C	Ø80 mm
±2,5 mm	15 %
UNTEN	OBEN

ist mit der Standardschrift und einer Schrifthöhe von 7,5 ab einem beliebigen Startpunkt P linksbündig zu schreiben.

```
  77,7°C          Ø 80 mm
  ± 2,5 mm        15 %
  UNTEN           OBEN


  [Setzen][Text]
  Aktive Schrift STANDARD <RETURN>
  Höhe  7,5 <RETURN>
  [OK]
  [Zeichnen][Textzeile]
  Punkt eingeben: [P]
  Texteingabe: 77,7%%DC      %%C 80 mm
  [beliebiger Punkt]
  Texteingabe: %%P 2,5 mm  15 %%%
  [beliebiger Punkt]
  Texteingabe: %%UUNTEN%%U    %%OOBEN <RETURN>
```

☞ *Hinweis: Automatisches Ausschalten*

Mit dem Ende einer Ausgabezeile wird eine aktivierte Unter- oder Überstreichung automatisch ausgeschaltet. Im obigen Beispiel würde die nächste Zeile ohne Überstreichung geschrieben werden.

8.2 Erstellen von mehrzeiligen Texten

Ein mehrzeiliger Text läßt sich - wie im voraufgegangenen Abschnitt besprochen - mit dem *Zeichnen*-Befehl *Textzeile* in einer Zeichnung erstellen. Hierbei stellt jede Zeile eines solchen Textes ein einzelnes Zeichnungsobjekt dar. Soll der gesamte Text als ein Objekt behandelt werden, steht zum Erstellen des Textes der *Zeichnen*-Befehl *Texteditor* zur Verfügung. Man wird einen mehrzeiligen Text aufgrund der besseren Möglichkeiten des Befehls *Texteditor* meist auf diese Weise erzeugen und den Befehl *Textzeile* nur dann anwenden, wenn auf die Zeilen des Textes später einzeln zugegriffen werden soll.

Zeichnen*-Befehl *Texteditor*: Erstellen eines mehrzeiligen Textes

Nach Aufruf dieses Befehls wird im Dialog:

> Punkt eingeben:

der Startpunkt des Textes festgelegt und anschließend in dem Dialogfenster:

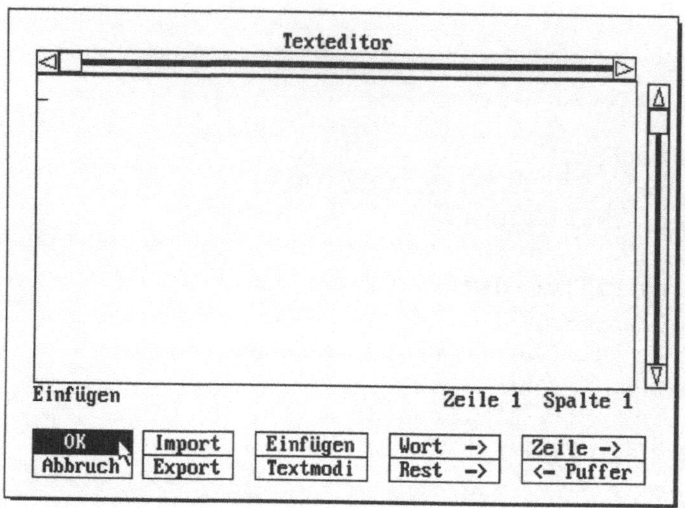

der eigentliche Text eingegeben. Mit diesem Dialogfenster steht dem Anwender ein relativ komfortables System zum Erstellen und Ändern von Texten zur Verfügung. Da das Arbeiten mit Textsystemen sicher als bekannt vorausgesetzt werden kann, soll hier nur kurz auf den Texteditor von AutoSketch eingegangen werden. Die drei wesentlichen Komponenten dieses Editors sind:

– Editierfenster	zur Anzeige des aktuellen Textes,
– Schieber	zum Blättern im Text und
– Dialogfelder	zum Festlegen der Arbeitsweise des Editors.

Durch die Dialogfelder können folgende Optionen des Befehls *Texteditor* ausgewählt werden:

• *Import*	zum Einlesen externer Textdateien,
• *Export*	zum Schreiben in externe Textdateien,
• *Einfügen*	zum Wechsel zwischen Einfüge- und Überschreibmodus,
• *Textmodi*	zum Aufruf des Dialogfensters *Text- und Schriftmodi* für das Festlegen der Textdarstellung,
• *Wort ->,* *Rest ->,* *Zeile ->* und *Puffer ->*	zum Verschieben, Kopieren und Löschen von Text,
• *OK*	zum Beenden und Darstellen des aktuellen Textes und
• *Abbruch*	zum Beenden ohne Textausgabe in der Zeichnung.

Offensichtlich kann mit Hilfe der Option *Textmodi* die Darstellung eines Textes geändert werden, ohne daß dazu der Texteditor verlassen, der *Setzen*-Befehl *Text* und nach der Änderung wieder der Texteditor aufgerufen werden müssen.

■ Beispiel 8-7: Erstellen einer mehrzeiligen Beschriftung

Die im Beispiel 8-4 vorgenommene Beschriftung einer Konsole in einem Punkt P ist entsprechend mit dem *Zeichnen*-Befehl *Texteditor* vorzunehmen. Unter der Annahme, daß die standardmäßige Textdarstellung eingestellt ist, ergibt sich der Dialog:

```
[Zeichnen][Texteditor]
Punkt eingeben: [P]
[Textmodi]
Aktive Schrift ISO8 <RETURN>
[✔] Zentriert
[OK]
Konsole <RETURN>
aus <RETURN>
ST 37 <RETURN>
[OK]
```

☞ *Hinweis: Maximale Länge eines mehrzeiligen Textes*

Die maximale Länge eines mit dem Texteditor zu bearbeitenden Textes beträgt 2048 Zeichen.

Zum Ändern eines beliebigen ein- oder mehrzeiligen Textes kann in AutoSketch der gleiche Texteditor benutzt werden. Der Aufruf erfolgt mit dem *Ändern*-Befehl *Texteditor*. Neben diesem Befehl lassen sich auch die übrigen *Ändern*-Befehle genauso wie bei anderen Zeichnungsobjekten anwenden. So kann z.B. mit dem *Ändern*-Befehl *Löschen* die im obigen Beispiel erstellte Beschriftung gelöscht werden, und zwar durch einmaliges Zeigen auf den Text. Beim Löschen des entsprechenden Textes aus dem Beispiel 8-4 müßte man auf jede einzelne Zeile zeigen oder ein geeignetes Auswahlfenster setzen.

Ändern-Befehl _Texteditor_: Ändern eines Textes

Man wählt hier aufgrund der Aufforderung:

> Objekt(e) wählen:

mit dem Handcursor den zu ändernden Text aus, und zwar durch Zeigen auf den Text oder Setzen eines Teil- oder Ganzfensters. Anschließend wird im Dialogfenster _Texte-editor_ der ausgewählte Text angezeigt und kann dann - wie beim Erstellen - bearbeitet werden.

■ **Beispiel 8-8: Ändern eines mehrzeiligen Textes**

Die Beschriftung der Konsole aus Beispiel 8-7 ist wie folgt zu ändern:

> Konsole
> aus
> ST 50-2

Die Darstellung erfolge dabei mit der gleichen Schrift, aber mit einer Höhe von 7 und linksbündig.

[Ändern][Texteditor]
Objekt(e) wählen: [P]
Überschreiben der 3. Textzeile im Editierfenster
[Textmodi]
Höhe 7 <RETURN>
[✔] Links
[OK]
[OK]

☞ *Hinweis: Ändern eines einzeiligen Textes*

Ein mit dem *Zeichnen*-Befehl *Textzeile* erstellter einzeiliger Text kann wie ein mehrzeiliger Text mit dem Texteditor geändert und ergänzt werden.

◆ Aufgabe 8-3: Blech beschriften

Die Beschriftung des Bleches in der Zeichnung BLECH3 ist durch eine weitere Zeile mit der Angabe der Stahlart zu versehen, so daß sich die neue Beschriftung ergibt:

Blech 2 mm dick
aus ST 37

Die so geänderte Zeichnung ist unter dem gleichen Namen BLECH3 zu sichern.

9   Bemaßen von Zeichnungen

Eine weitere Form der Beschriftung einer Zeichnung stellen Maßeintragungen dar. Mit diesen sollen alle für die Herstellung, die Prüfung, den Zusammenbau und die Funktion eines Werkstücks benötigten Maße bereit gestellt werden. Die Bemaßung einer Zeichnung erfolgt unter Berücksichtigung einer Reihe von Regeln, die in der der Norm DIN 406 Teil 1 und 2 festgelegt sind. Hiernach besitzt die Bemaßung einer Linie den im Bild 9-1 angegebenen allgemeinen Aufbau:

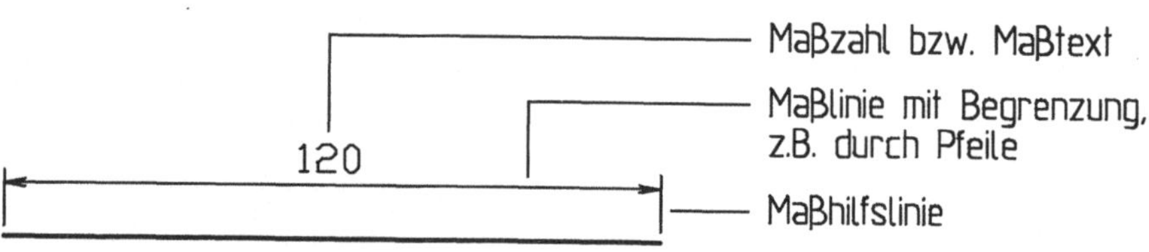

Bild 9-1: Bemaßung einer Strecke

In Abhängigkeit von der Form und den speziellen Eigenschaften der in einer Zeichnung darzustellenden Bauteile gibt es verschiedene Bemaßungsarten, wie z.B. Linear-, Winkel-, Durchmesser- und Radienbemaßung. Der AutoSketch-Menüpunkt *Messen* stellt u.a. Befehle bereit, mit denen diese Bemaßungsarten realisiert werden können.

AS-Menüpunkt *Messen*: Anzeigen und Darstellen von Zeichnungsdaten

Allgemein ermöglichen die Befehle dieses Menüpunktes folgende Anwendungen:

–   Bemaßen einer Zeichnung,
–   Anzeigen von Zeichnungsdaten und
–   Anzeigen von Objekteigenschaften.

Es können hiermit Zeichnungsdaten, wie beispielsweise der Abstand zweier Punkte voneinander oder der Winkel zwischen zwei Linien in einem Bildschirmfenster angezeigt bzw. in der Zeichnung als Bemaßung dargestellt werden.

Hierfür existieren die Befehle:

- *Winkel*   Anzeigen eines durch drei Punkte definierten Winkels,
- *Fläche*   Anzeigen des Inhalts einer Fläche,
- *Abstand*   Anzeigen des Abstandes zwischen zwei Punkten,
- *Richtung*   Anzeigen der Richtung einer Linie,
- *Punkt*   Anzeigen der Koordinaten eines Punktes,
- *Bem. ausrichten*   Ausführen einer beliebigen Linearbemaßung,
- *Winkelbemaßung*   Ausführen der Bemaßung eines Winkels,
- *Bem. horizontal*   Ausführen einer horizontalen Linearbemaßung,
- *Bem. vertikal*   Ausführen einer vertikalen Linearbemaßung und
- *Zeig Eigenschaften* Anzeigen aller Eigenschaften eines Objektes.

Eine ausführliche Besprechung der obigen Befehle erfolgt in den sich anschließenden Unterkapiteln.

9.1   Linear- und Winkelbemaßungen

Man versteht allgemein unter einer Linearbemaßung das Ausmessen einer beliebigen Strecke und die Darstellung des erhaltenen Werts in der im Bild 9-1 angegebenen Form. Die zu bemaßende Strecke wird durch ihre beiden Eckpunkte festgelegt und kann auf drei verschiedene Weise bemaßt werden, und zwar durch

- den Abstand der beiden Punkte in horizontaler Richtung,
- den Abstand der beiden Punkte in vertikaler Richtung und
- den tatsächlichen Abstand der beiden Punkte voneinander.

Zur Ausführung dieser drei Arten einer Linearbemaßung gibt es in AutoSketch entsprechend die *Messen*-Befehle *Bem. horizontal*, *Bem. vertikal* und *Bem. ausrichten*.

***Messen*-Befehl *Bem. horizontal*: Erstellen einer horizontalen Bemaßung**

Nach dem Aufruf dieses Befehls erfolgt im Dialog:

> Zu bemaßende Punkte:
> Nach Punkt:
> Position der Maßlinie:

die Festlegung der zu bemaßenden Strecke und der Lage der Bemaßung, indem man zunächst die beiden Eckpunkte der Strecke und dann einen Punkt der Maßlinie vereinbart. Anschließend werden vom System automatisch die Maßhilfslinien, die Maßlinie mit ihren Begrenzungen und die ermittelte Maßzahl in die Zeichnung eingetragen. Die Darstellung einer Maßzahl erfolgt hierbei von links nach rechts und horizontal. Ferner ist zu beachten, daß die Maßzahl bezogen zur Maßlinie auf der dem zu bemaßenden Objekt gegenüberliegenden Seite dargestellt wird.

☞ *Hinweis: Standardmäßige Darstellung einer Bemaßung*

Unabhängig von der aktuellen Linienart werden die Maßhilfslinien und die Maßlinie stets als Vollinien gezeichnet, dabei wird die Maßlinie standardmäßig mit offenen Pfeilen begrenzt. Für die Darstellung des Maßtextes werden die aktuelle Schriftart und Höhe herangezogen und entsprechend für das Format der Maßzahl die aktuell vereinbarte Anzahl der Dezimalstellen.

***Messen*-Befehl *Bem. vertikal*: Erstellen einer vertikalen Bemaßung**

Die Anwendung und Wirkung dieses Befehls sind analog zum Befehl *Bem. horizontal*. Ein Unterschied besteht nur in der Ausrichtung der Maßzahl, denn diese ist abhängig von der Reihenfolge der Eingabe der beiden Streckenpunkte. Die Darstellung erfolgt vertikal und von unten nach oben, falls der zuerst eingegebene Punkt unter dem zweiten Punkt liegt. Entsprechend wird die Maßzahl von oben nach unten geschrieben, wenn zuerst der höherliegende Punkt eingegeben wird.

■ Beispiel 9-1: Bemaßen eines Rechtecks

Ein Rechteck mit den Seitenlängen 120 und 60 ist zu bemaßen. Zum besseren Verständnis der Wirkung der verwendeten Befehle ist abweichend von der Norm die Bemaßung aller vier Seiten vorzunehmen.

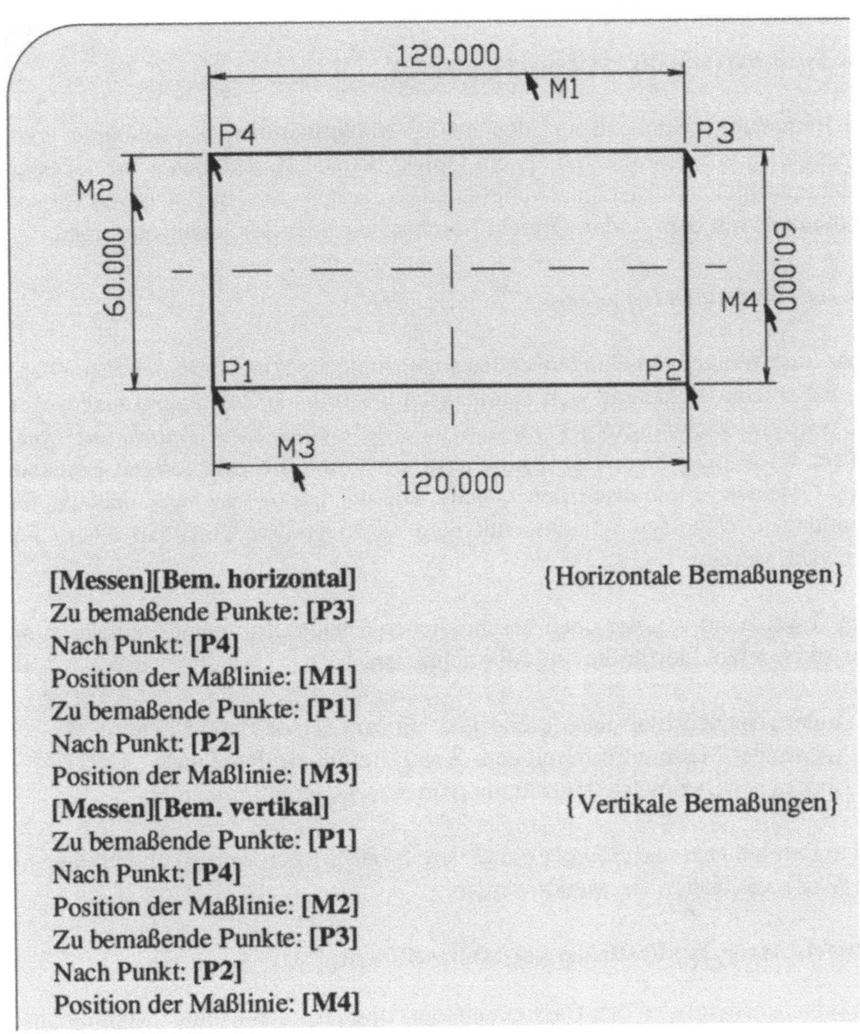

[Messen][Bem. horizontal]
Zu bemaßende Punkte: **[P3]**
Nach Punkt: **[P4]**
Position der Maßlinie: **[M1]**
Zu bemaßende Punkte: **[P1]**
Nach Punkt: **[P2]**
Position der Maßlinie: **[M3]**
[Messen][Bem. vertikal]
Zu bemaßende Punkte: **[P1]**
Nach Punkt: **[P4]**
Position der Maßlinie: **[M2]**
Zu bemaßende Punkte: **[P3]**
Nach Punkt: **[P2]**
Position der Maßlinie: **[M4]**

{Horizontale Bemaßungen}

{Vertikale Bemaßungen}

Benutzt man bei der Bemaßung einer senkrechten bzw. waagerechten Linie den falschen Bemaßungsbefehl, d.h., versucht man eine senkrechte Linie mit dem Befehl *Bem. horizontal* oder eine waagerechte Linie mit dem Befehl *Bem. vertikal* zu bemaßen, so ergeben sich falsche Bemaßungen. Das System ermittelt korrekterweise den Abstand Null und erstellt hierfür eine Bemaßung. Diese ist unleserlich und entspricht außerdem nicht der Abmessung, die dargestellt werden sollte. In einem solchen Fall, muß man diese Bemaßung löschen und mit dem richtigen Befehl neu erstellen.

☞ *Hinweis: Bemaßung als ein Zeichnungsobjekt*

Eine Bemaßung bestehend aus den beiden Maßhilfslinien, der Maßlinie und dem Maßtext wird von AutoSketch als ein Objekt behandelt, das man - wie jedes andere Zeichnungsobjekt - mit geeigneten Befehlen bearbeiten kann. Beispielsweise lassen sich Bemaßungen mit dem *Ändern*-Befehl *Löschen* aus einer Zeichnung entfernen.

☞ *Hinweis: Assoziative Bemaßung*

Linear- und Winkelbemaßungen stellen sogenannte assoziative Bemaßungen dar, d.h., daß eine solche Bemaßung sich automatisch bestimmten Zeichnungsänderungen anpaßt. Wird ein Zeichnungsobjekt mit den *Ändern*-Befehlen *kreisf. Anordnung*, *Spiegeln*, *Drehen*, *Varia* oder *Strecken* manipuliert, so werden die zugehörigen Bemaßungen dieses Objektes automatisch neu erstellt. Hierbei ist zu beachten, daß die für die Bemaßungen festgelegten Punkte mit dem zu ändernden Objekt in einem Fenster ausgewählt werden.

Will man abweichend von der oben beschriebenen Standardform eine Bemaßung anders gestalten, so bestehen hierfür die drei Möglichkeiten:

– Ändern der Schriftart und deren Höhe mit dem *Setzen*-Befehl *Text*,
– Ändern der Maßpfeilform mit dem *Setzen*-Befehl *Maßpfeil* und
– Ändern der Dezimalstellenzahl mit dem *Setzen*-Befehl *Einheiten*.

Die beiden Befehle *Text* und *Einheiten* sind bereits besprochen worden und können hier in gleicher Weise wie bisher angewandt werden.

Setzen-Befehl *Maßpfeil*: Festlegen der Maßpfeilform

AutoSketch ermöglicht die Darstellung der Begrenzungen einer Maßlinie in fünf verschiedenen Formen, die nach Aufruf des Befehls *Maßpfeil* in einem Dialogfenster ausgewählt werden können.

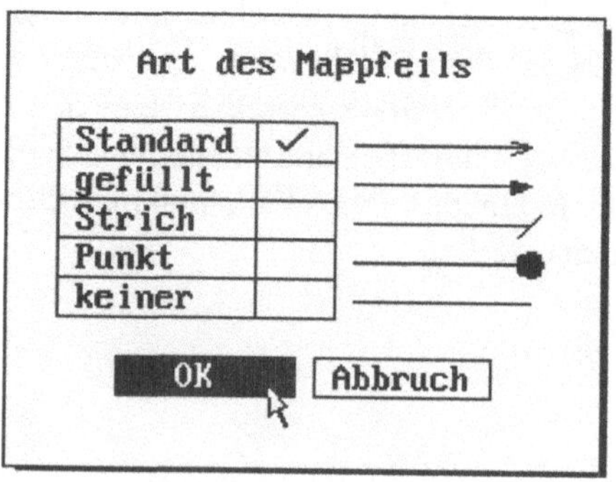

Durch Anklicken der gewünschten Maßpfeilform und Bestätigen im *OK*-Feld erfolgt die Übernahme der aktuellen Maßpfeilart. Eine eventuelle Änderung wird durch Anklicken des *Abbruch*-Feldes rückgängig gemacht.

■ Beispiel 9-2: Ändern einer Bemaßung

Das Rechteck aus Beispiel 9-1 ist erneut zu bemaßen, und zwar in der Form:

- Darstellung des Maßtextes mit der Schrift ISO8 und der Höhe 5,
- Begrenzung der Maßlinie mit gefüllten Maßpfeilen und
- Angabe der Maßzahlen ohne Nachkommastellen.

Beim eigentlichen Bemaßen ist auf die nicht normgerechte Doppelbemaßung zu verzichten. Anschließend soll für die Maßpfeile wieder ihre Standardform festgesetzt werden.

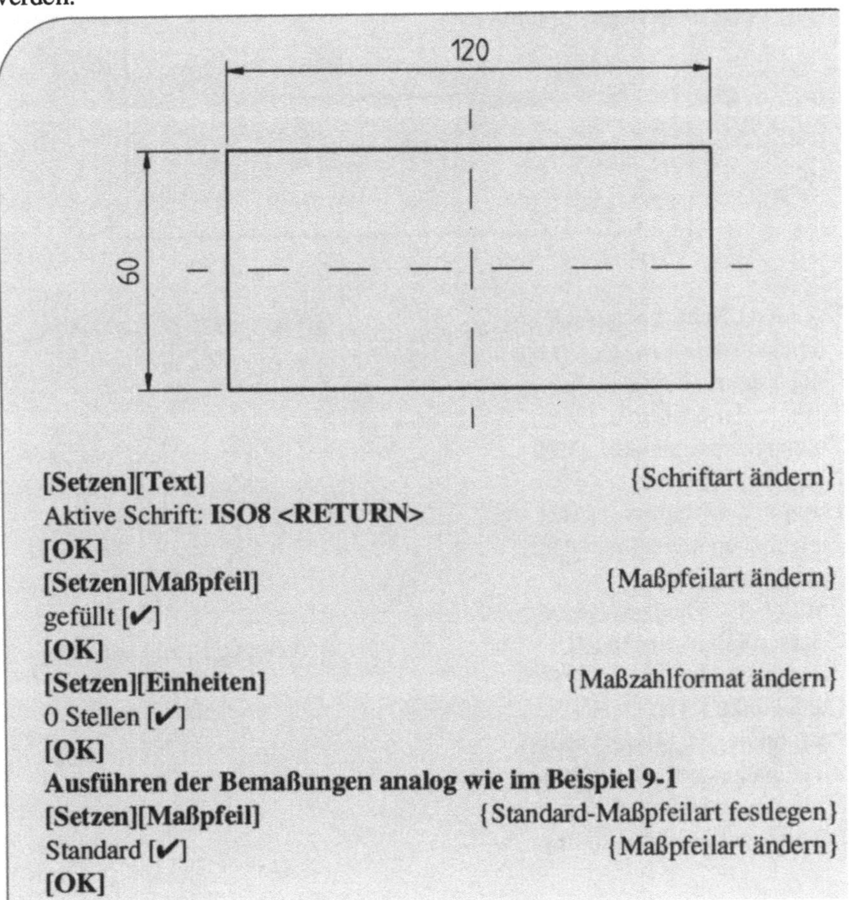

[Setzen][Text]	{Schriftart ändern}
Aktive Schrift: **ISO8 <RETURN>**	
[OK]	
[Setzen][Maßpfeil]	{Maßpfeilart ändern}
gefüllt [✔]	
[OK]	
[Setzen][Einheiten]	{Maßzahlformat ändern}
0 Stellen [✔]	
[OK]	
Ausführen der Bemaßungen analog wie im Beispiel 9-1	
[Setzen][Maßpfeil]	{Standard-Maßpfeilart festlegen}
Standard [✔]	{Maßpfeilart ändern}
[OK]	

Für die Bezugsbemaßung eines Bauteils stehen in AutoSketch keine speziellen Befehle zur Verfügung, sondern der Anwender muß die Befehle für Linearbemaßungen in geeigneter Weise anwenden, so daß sich eine Bezugsbemaßung ergibt. Dies soll im nächsten Beispiel kurz gezeigt werden.

■ Beispiel 9-3: Bezugsbemaßung eines Bauteils

Für das abgebildete Bauteil ist eine Bezugsbemaßung durchzuführen.

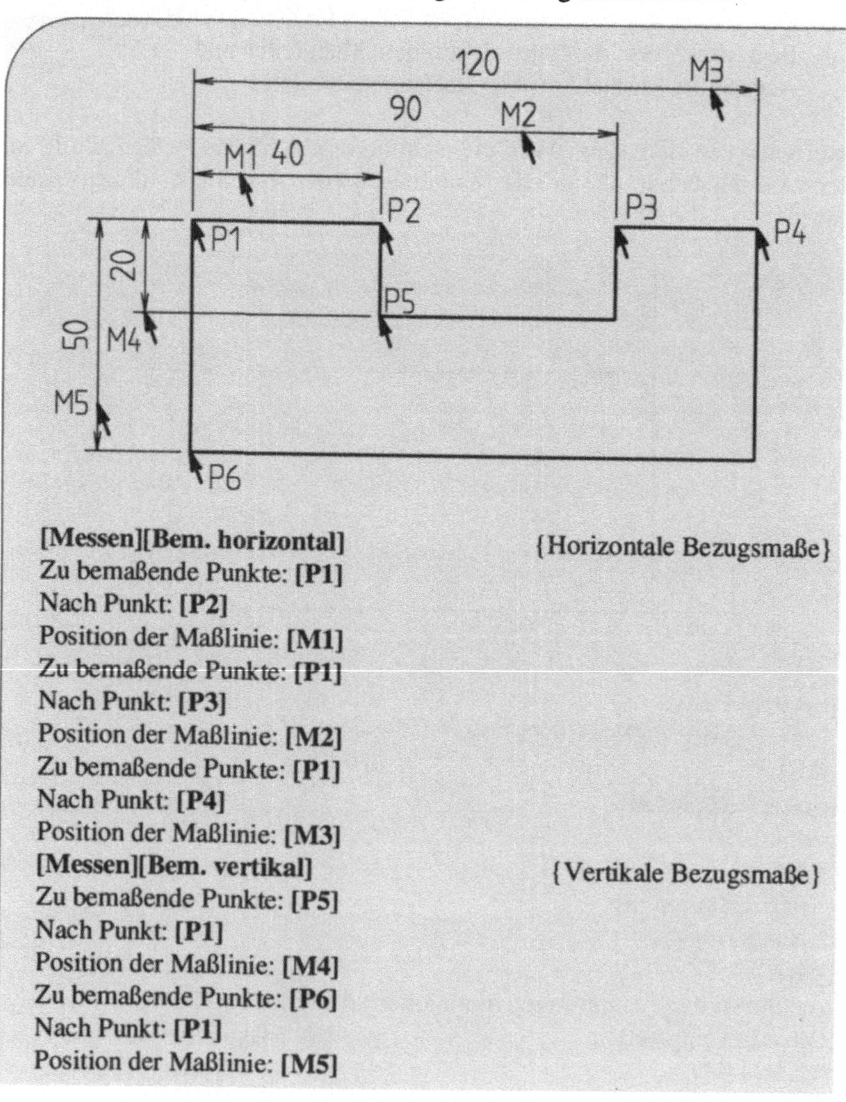

[Messen][Bem. horizontal] Zu bemaßende Punkte: **[P1]** Nach Punkt: **[P2]** Position der Maßlinie: **[M1]** Zu bemaßende Punkte: **[P1]** Nach Punkt: **[P3]** Position der Maßlinie: **[M2]** Zu bemaßende Punkte: **[P1]** Nach Punkt: **[P4]** Position der Maßlinie: **[M3]**	{Horizontale Bezugsmaße}
[Messen][Bem. vertikal] Zu bemaßende Punkte: **[P5]** Nach Punkt: **[P1]** Position der Maßlinie: **[M4]** Zu bemaßende Punkte: **[P6]** Nach Punkt: **[P1]** Position der Maßlinie: **[M5]**	{Vertikale Bezugsmaße}

Kettenmaße können in AutoSketch ebenfalls nicht automatisch erstellt werden. Man geht hier 'per Hand' entsprechend wie im Beispiel 9-3 vor. Zwei mögliche Kettenbemaßungen des dortigen Bauteils sind im Bild 9-2 dargestellt.

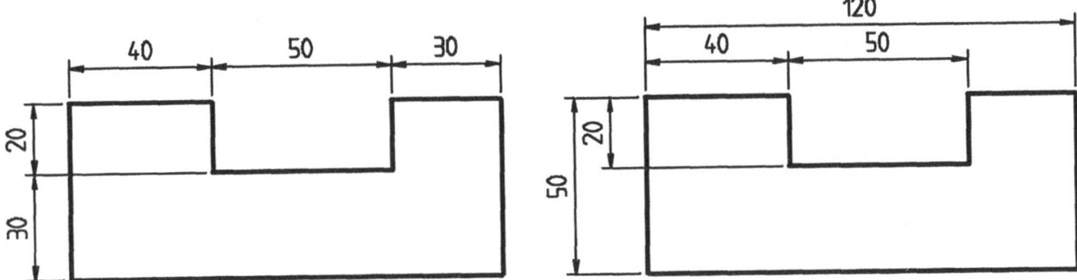

Bild 9-2: Beispiele für Kettenbemaßung

Prinzipiell sollten Kettenbemaßungen in einer Zeichnung vermieden werden. Wendet man sie doch an, so ist die im obigen Bild rechts angebene Form zu wählen.

In einer Zeichnung sind nicht alle Linien senkrecht oder waagerecht, sondern es gibt eine Reihe von Strecken, die eine beliebige Neigung besitzen. Mit den bisher besprochenen Befehlen kann eine solche Strecke nicht bemaßt werden. Man wendet hierfür den Bemaßungsbefehl *Bem. ausrichten* an.

Messen-Befehl *Bem. ausrichten*: **Erstellen einer ausgerichteten Bemaßung**

Mit diesem Befehl wird der kürzeste Abstand zwischen zwei Punkten ermittelt und deren Verbindungsstrecke entsprechend bemaßt. Der Dialog zum Festlegen der beiden Punkte und der Lage der Bemaßung wird wie bei einer horizontalen oder vertikalen Bemaßung durchgeführt. Gleiches gilt auch für die Darstellung des Maßtextes, wobei dessen Ausrichtung - in der Projektion auf eine Waagerechte gesehen - immer von links nach rechts erfolgt.

■ **Beispiel 9-4: Bemaßen eines Dreiecks**

Die Seiten des unten abgebildeten Dreiecks sind zu bemaßen. Offensichtlich kann das Dreieck nur mit dem Befehl *Bem. ausrichten* korrekt bemaßt werden.

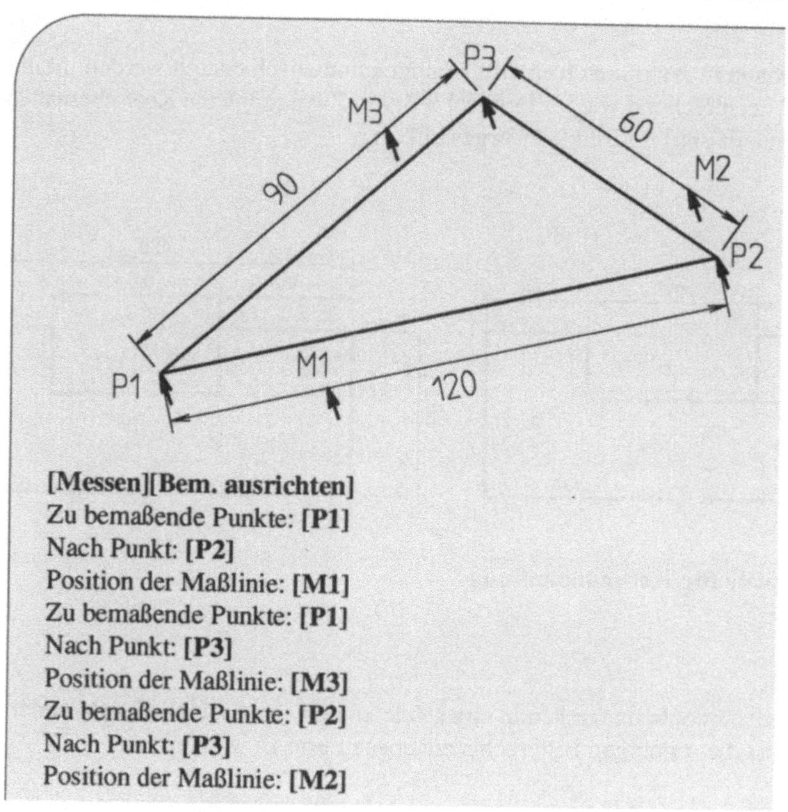

◆ Aufgabe 9-1: Blech bemaßen

Die in der Aufgabe 4-1 erstellte Zeichnung BLECH1 eines Bleches ist zu bemaßen und unter dem gleichen Namen zu sichern.

◆ Aufgabe 9-2: Grundplatte bemaßen

Man bemaße in gleicher Weise die Grundplatte aus Aufgabe 4-2 und speichere sie wieder unter dem Namen GRUNDPL1 ab

Die Bemaßung eines beliebigen Winkels wird in AutoSketch mit dem Befehl *Winkelbemaßung* durchgeführt. Der zu bemaßende Winkel wird durch zwei nichtparallele Linien oder durch Liniensegmente einer Polylinie, eines Rechtecks bzw. einer Flächenbegrenzung festgelegt, dabei müssen sich die beiden Linien nicht auf der Zeichnungsfläche schneiden.

Messen-Befehl *Winkelbemaßung*: **Bemaßen eines Winkels**

Die Festlegung des zu bemaßenden Winkels und der Lage des Maßbogens erfolgen im Dialog:

> Erste Linie wählen:
> Zweite Linie wählen:
> Position des Maßbogens:

Der Maßbogen geht durch die vereinbarte Position und kann maximal ein Halbkreisbogen sein, d.h., die zugehörige Maßzahl liegt zwischen 0° und 180°. Zur Darstellung dieses Winkelwertes wird der Maßbogen automatisch aufgebrochen und der Winkel waagerecht dazwischen geschrieben. Falls erforderlich werden automatisch die ausgewählten Linien durch Maßhilfslinien verlängert.

■ Beispiel 9-5: Bemaßen der Winkel eines Dreiecks

Die Winkel des Dreiecks aus dem voraufgegangen Beispiel sind zu bemaßen, dabei erfolge die Angabe der Winkel mit einer Dezimalstelle.

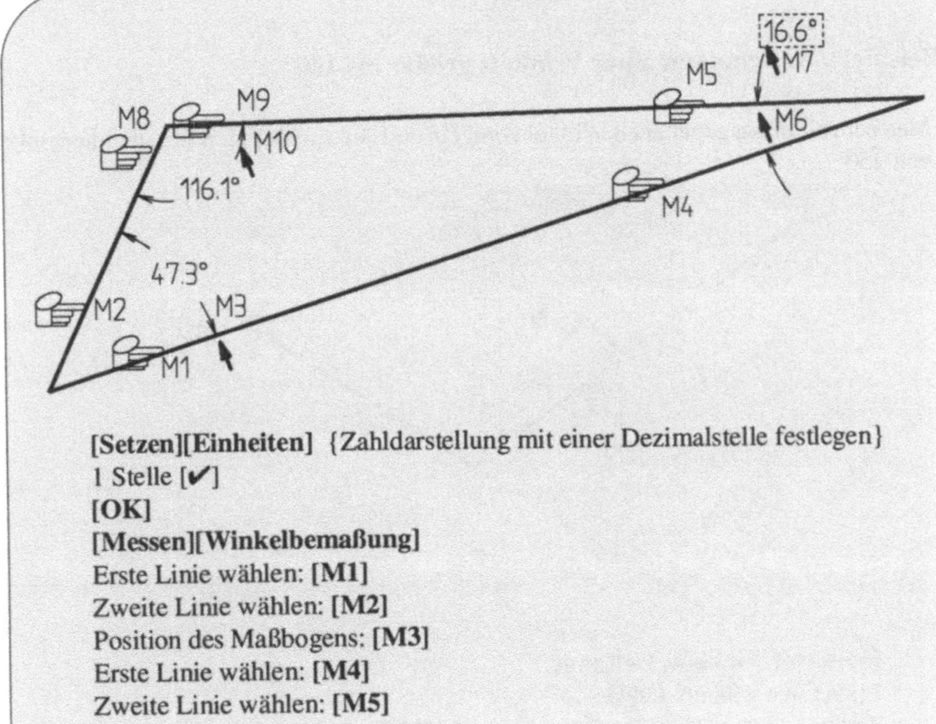

[Setzen][Einheiten] {Zahldarstellung mit einer Dezimalstelle festlegen}
1 Stelle [✔]
[OK]
[Messen][Winkelbemaßung]
Erste Linie wählen: **[M1]**
Zweite Linie wählen: **[M2]**
Position des Maßbogens: **[M3]**
Erste Linie wählen: **[M4]**
Zweite Linie wählen: **[M5]**
Position des Maßbogens: **[M6]**

Maßtext paßt nicht. Geben Sie eine neue Position ein.
[OK]
[M7]   {Verschieben des angezeigten Fensters in neue Lage}
Erste Linie wählen: [M8]
Zweite Linie wählen: [M9]
Position des Maßbogens: [M10]
[Setzen][Einheiten]   {Zahldarstellung ohne Dezimalstelle festlegen}
0 Stellen [✔]
[OK]

Bei kleinen Winkel, wie z.B. dem zweiten Winkel im obigen Beispiel, reicht meist für die vorgesehene Position der Platz nicht zur Angabe des Maßtextes aus. In einem solchen Fall erfolgt ein entsprechender Hinweis und der Anwender kann mit dem Zeigegerät diesen Text in eine geeignetere Position verschieben. Der Maßbogen wird entsprechend aufgebrochen.

Bei der Bemaßung von Winkeln, die größer als 180° sind, wird nur der über 180° liegende Winkelanteil bemaßt. Dies soll am Beispiel der Bemaßung eines Innenwinkels von 110° und des zugehörigen Außenwinkels von 250° gezeigt werden.

■ Beispiel 9-6: Bemaßen eines Winkels größer als 180°

Man bemaße einen gegebenen Winkel von 110° und den zugehörigen Ergänzungswinkel von 250°.

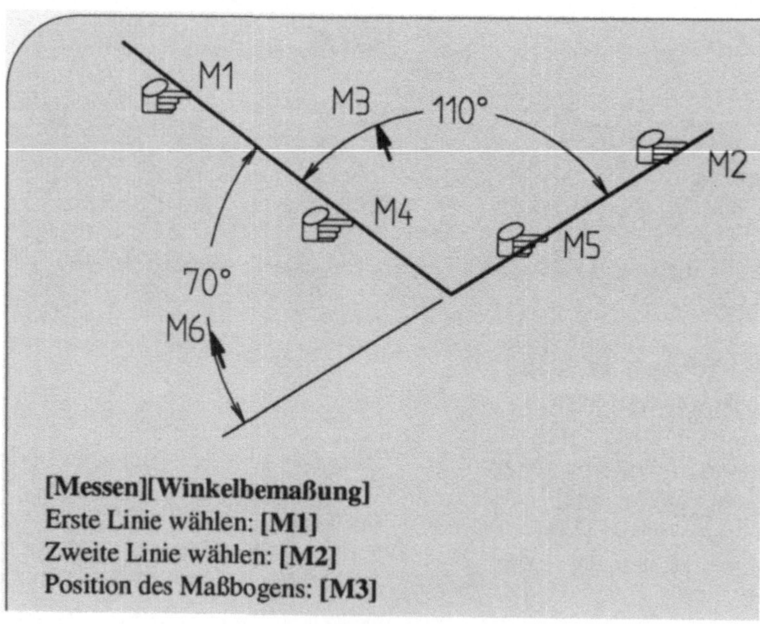

[Messen][Winkelbemaßung]
Erste Linie wählen: [M1]
Zweite Linie wählen: [M2]
Position des Maßbogens: [M3]

> Erste Linie wählen: [M4]
> Zweite Linie wählen: [M5]
> Position des Maßbogens: [M6]

Wie bereits erwähnt, müssen sich die beiden Linien, mit denen der zu bemaßende Winkel festgelegt wird, nicht in der Zeichnung schneiden. Dieser Fall liegt im nächsten Beispiel vor.

■ Beispiel 9-7: Bemaßen von schrägen Kanten

Ein Bauteil mit einer trapezförmigen Nut ist wie abgebildet zu bemaßen.

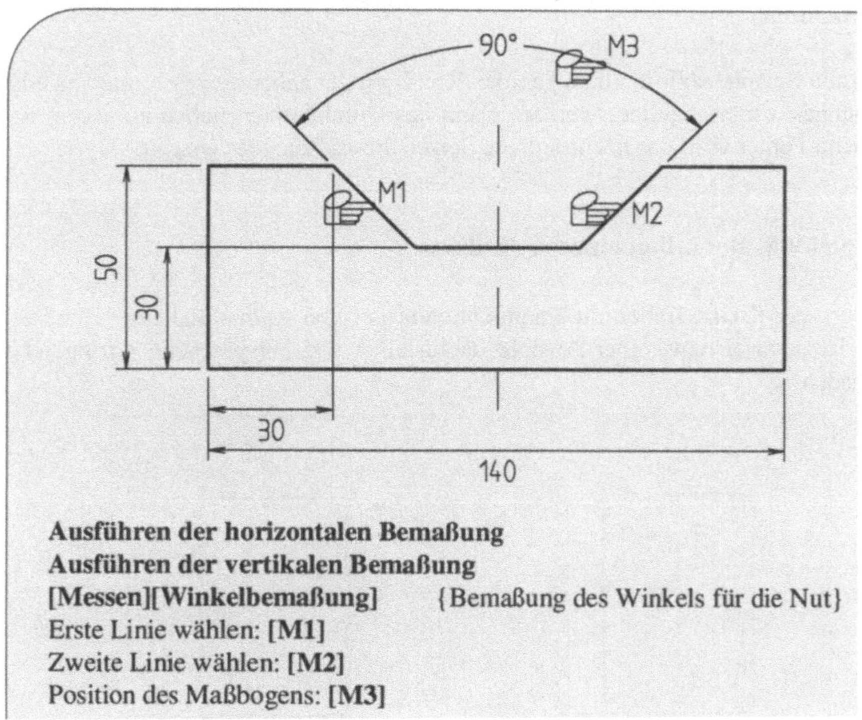

Ausführen der horizontalen Bemaßung
Ausführen der vertikalen Bemaßung
[Messen][Winkelbemaßung]   {Bemaßung des Winkels für die Nut}
Erste Linie wählen: [M1]
Zweite Linie wählen: [M2]
Position des Maßbogens: [M3]

◆ Aufgabe 9-3: Blech bemaßen

Die in der Datei BLECH3 gespeicherte Zeichnung ist entsprechend der Darstellung in Aufgabe 5-3 zu bemaßen und unter dem gleichen Namen zu sichern.

9.2 Durchmesser- und Radienbemaßungen

Bei einer normgerechten Bemaßung eines Durchmessers muß das Durchmesserzeichen immer dann vor der jeweiligen Maßzahl angegeben werden, wenn nicht beide Begrenzungspfeile der zugehörigen Maßlinie am Kreis stehen, d.h., wenn z.B. der Kreis als Gerade in der Ansicht erscheint. Für eine solche Durchmesserbemaßung existiert in AutoSketch kein spezieller Bemaßungsbefehl, mit dem das Durchmesserzeichen unter Berücksichtigung dieser Normvorgaben automatisch gesetzt wird. Man muß sich hier - im Gegensatz zu anderen CAD-Systemen - mit einer 'Hilfskonstruktion' behelfen, indem man beispielsweise folgendermaßen vorgeht:

- Ausführen einer Linearbemaßung für den Durchmesser und
- Schreiben des Durchmesserzeichens mit dem *Zeichnen*-Befehl *Text* vor die Maßzahl.

Im nächsten Beispiel soll für einen geraden Kreiszylinder anhand zweier unterschiedlicher Darstellungen veranschaulicht werden, wann das Durchmesserzeichen zu setzen ist und wann nicht. Ferner wird das nachträgliche Setzen dieses Zeichens gezeigt.

■ Beispiel 9-8: Bemaßen eines Zylinders

Ein gerader Kreiszylinder mit einem Durchmesser von 40 mm und einer Höhe von 60 mm ist in zwei bzw. einer Ansicht darzustellen und entsprechend normgerecht zu bemaßen.

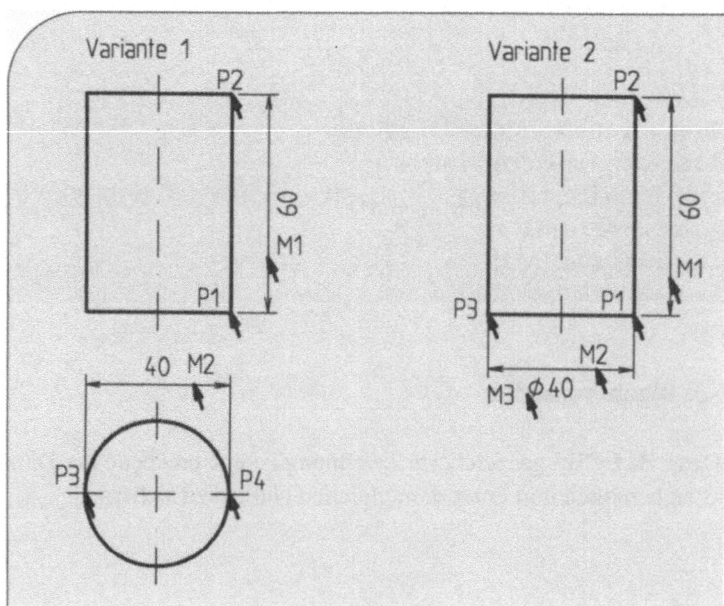

```
[Messen][Bem. vertikal]                    {Bemaßen für Variante 1}
Zu bemaßende Punkte: [P1]
Nach Punkt: [P2]
Position der Maßlinie: [M1]
[Messen][Bem. horizontal]
Zu bemaßende Punkte: [P3]
Nach Punkt: [P4]
Position der Maßlinie: [M2]
[Messen][Bem. vertikal]                    {Bemaßen für Variante 2}
Zu bemaßende Punkte: [P1]
Nach Punkt: [P2]
Position der Maßlinie: [M1]
[Messen][Bem. horizontal]
Zu bemaßende Punkte: [P3]
Nach Punkt: [P1]
Position der Maßlinie: [M2]
[Zeichnen][Textzeile]
Punkt eingeben: [M3]
Texteingabe: %%C <RETURN>
```

Erfolgt das Einfügen des Durchmesserzeichens nicht in der gewünschten Form, so kann man mit den bisher behandelten Befehlen diesen Fehler nur beheben, indem man wie folgt verfährt:

- Löschen des Zeichens mit dem *Ändern*-Befehl *Löschen* und
- Neueingabe wie oben mit dem *Zeichnen*-Befehl *Text*.

Einfacher läßt sich ein falsch gesetztes Durchmesserzeichen mit den noch zu behandelnden *Ändern*-Befehle *Drehen* und *Schieben* an die richtige Postion bringen.

☞ *Hinweis: Durchmesserzeichen mit beliebiger Neigung*

Ist die Maßlinie für eine Durchmesserbemaßung nicht horizontal, so muß man zunächst mit der Option *Winkel* des *Setzen*-Befehls *Text* die entsprechende Neigung vereinbaren und erst dann das Durchmesserzeichen ausgeben. Eine andere Vorgehensweise ermöglicht der *Ändern*-Befehl *Drehen*. Man schreibt hier das Zeichen zunächst mit der aktuellen Schriftneigung und dreht es dann parallel zur Maßlinie.

◆ Aufgabe 9-4: Kegelstumpf bemaßen

Ein gerader Kegelstumpf mit den beiden Durchmessern D von 60 und d von 30 und
einer Höhe von 100 ist analog zum Beispiel 9-8 in zwei Varianten zu zeichnen und zu
bemaßen. Man speichere die gesamte Zeichnung unter dem Namen KESTUMPF ab.

Wird ein Kreis mit seinem Radius bemaßt, so muß nach der Norm der Großbuchstabe R
vor der Maßzahl stehen. Die Maßlinie besitzt nur einen Begrenzungspfeil, und zwar am
Kreisbogen. Das Zentrum des Kreises kann durch den Zentrumspunkt oder durch Zentrums-
linien gekennzeichnet werden. Aus Platzgründen kann der Maßpfeil für einen Radius auch
von außen an den Kreisbogen gesetzt werden, wie z.B. bei der Bemaßung von Rundungsradien. Da eine normgerechte Radienbemaßung in AutoSketch nicht vorgesehen ist, muß
man hier - wie bei der Durchmesserbemaßung - geeignete Hilfskonstruktionen anwenden.
Dies soll exemplarisch für die Bemaßung eines Rundungsradius gezeigt werden.

■ Beispiel 9-9: Bemaßen eines abgerundeten Rechtecks

Die Ecken eines Rechtecks mit den Seitenlängen 120 und 80 sind mit einem Radius von
20 abgerundet. Man bemaße dieses Rechteck normgerecht. Dabei gehe man davon aus,
daß die Bezugsmodi *Mittelpunkt* und *Schnittpunkt* aktiviert sind.

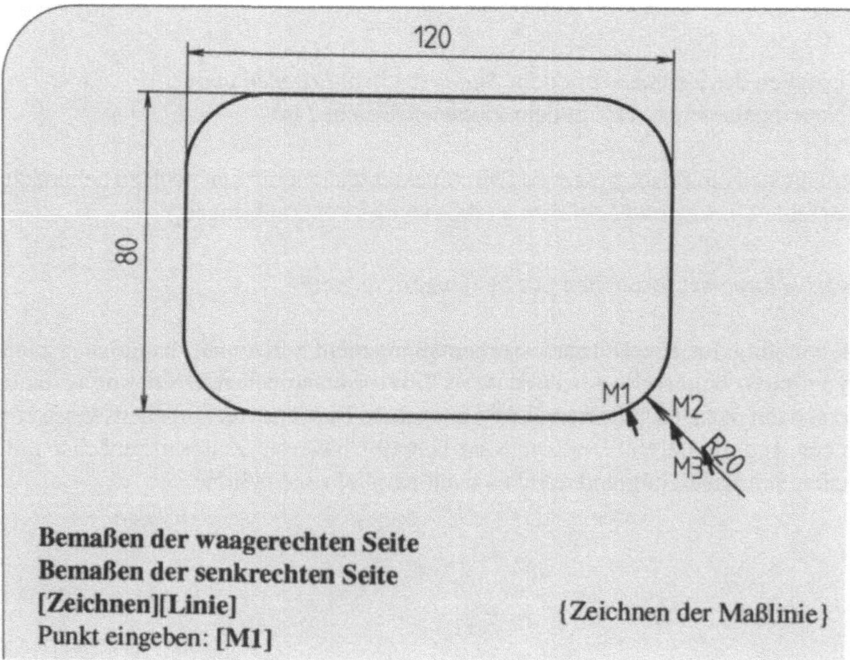

Nach Punkt: **p(40,-45) <RETURN>**
               {Zeichnen der Pfeilspitzen mit einem Innenwinkel von 15°}
Punkt eingeben: [M2]
Nach Punkt: **p(7.5,-37.5) <RETURN>**
Punkt eingeben: [M2]
Nach Punkt: **p(7.5,-52.5) <RETURN>**
[Setzen][Text]   {Festsetzen der Neigung für den Maßtext}
Winkel -45 <RETURN>
[OK]
[Hilfe]
[✔] Bezug
[OK]
[Zeichnen][Textzeile]   {Schreiben des Maßtextes}
Punkt eingeben: [M3]
Texteingabe: **R20 <RETURN>**

Diese Vorgehensweise ist relativ mühselig und kann noch vereinfacht werden, beispielsweise durch das Arbeiten mit Systemvariablen oder mit Makros. Zusätzlich ist es von Vorteil, diese Bemaßungen und auch die Standardbemaßungen in einer speziellen Zeichenebene - einem sogenannten Layer - darzustellen. Auf die genannten Verbesserungen wird später eingegangen.

◆ Aufgabe 9-5: Bügel bemaßen

Man bemaße den Bügel aus Aufgabe 7-1, indem man die zugehörige Zeichnung BUEGEL lädt, die Bemaßung ausführt und die ergänzte Zeichnung unter dem gleichen Namen sichert.

◆ Aufgabe 9-6: Blech mit Rundungen bemaßen

Entsprechend wie in der obigen Aufgabe gehe man für das Blech aus Aufgabe 7-2 mit der Zeichnungsdatei BLECH2 vor.

9.3 Das Ausmessen von Zeichnungen

Neben den bisher besprochenen Bemaßungsbefehlen werden im Menüpunkt *Messen* Befehle zum Ermitteln und Anzeigen von Zeichnungsdaten angeboten. Hiermit kann der Anwender Informationen zu einer Zeichnung erhalten, die er für weitere Konstruktionen benötigt. Dies könnte z.B. bei der Ausführung der im voraufgegangenen Abschnitt behandelten normgerechten Radienbemaßung erforderlich sein, um die Größe des Radius oder die Neigung der Pfeilspitzen zu erhalten. Prinzipiell erfolgt das Arbeiten mit diesen Befehlen in drei Schritten:

- Festlegen des auszumessenden Zeichnungsobjektes,
- Anzeigen des ermittelten Wertes in einem Fenster und
- Schließen des Fensters durch Anpicken des *OK*-Feldes.

Die ermittelten Werte werden zusätzlich in entsprechenden Systemvariablen gespeichert, so daß man zu einem späteren Zeitpunkt auf diese Werte zurückgreifen kann. Im weiteren sollen zunächst die einzelnen Anzeige-Befehle dargestellt und das Arbeiten mit ihnen an zwei Beispielen veranschaulicht werden.

Messen-Befehl *Winkel*: Ermitteln eines Winkels

Mit diesem Befehl wird ein Winkel ermittelt, der durch drei Punkte im Dialog:

```
Basispunkt:
Erste Richtung:
Zweite Richtung:
```

festgelegt wird. Der ermittelte Winkel liegt stets zwischen 0° und 180° und wird mit der mit dem *Setzen*-Befehl *Einheiten* vereinbarten Dezimalstellenzahl angezeigt.

Messen-Befehl *Fläche*: Ermitteln des Inhalts einer Fläche

Hiermit wird der Inhalt einer Fläche bestimmt, die durch ihre Randpunkte festgelegt wird. Im Dialog:

```
Erster Perimeterpunkt:
Nächster Punkt:
```

werden der erste Randpunkt und alle weiteren Randpunkte vereinbart, bis mit der erneuten Eingabe des ersten Punktes die Fläche vollständig beschrieben ist. Neben dem Inhalt der so vereinbarten Fläche wird auch ihr Umfang angezeigt.

☞ *Hinweis: Nichtgeradlinig begrenzte Fläche*

Der Befehl *Fläche* läßt sich auch auf nichtgeradlinig begrenzte Flächen anwenden, indem man den Rand der Fläche durch einen Polygonzug annähert. Das Ergebnis wird umso genauer, je mehr Randpunkte herangezogen werden.

Messen-Befehl *Abstand*: Ermitteln des Abstands zweier Punkte

Nach Aufruf dieses Befehls legt man im Dialog:

> Von Punkt:
> Nach Punkt:

zwei Zeichnungspunkte fest, deren Abstand ermittelt und angezeigt werden soll.

Messen-Befehl *Richtung*: Ermitteln der Richtung einer Geraden

Hiermit wird die Steigung einer Geraden bestimmt, deren Anfangs- und Endpunkt im Dialog:

> Basispunkt:
> Punkt eingeben:

eingegeben werden. Die Anzeige der ermittelten Richtung erfolgt wie bei der Winkelmessung in °.

Messen-Befehl *Punkt*: Ermitteln der Koordinaten eines Punktes

Nach Wahl dieses Befehls erscheint die Anzeige der aktuellen Cursorposition in der Form:

> Punkt: X-Koordinate, Y-Koordinate

Diese Anzeige ändert sich beim Bewegen des Cursors. Wird mit dem Zeigegerät ein beliebiger Punkt angeklickt, so erfolgt die Anzeige seiner Koordinaten - analog zu den voraufgegangenen Meßbefehlen - in einem Fenster.

■ Beispiel 9-10: Ausmessen eines Dreiecks

Ein unbemaßtes Dreieck mit den Eckpunkten P1, P2 und P3 ist auszumessen.

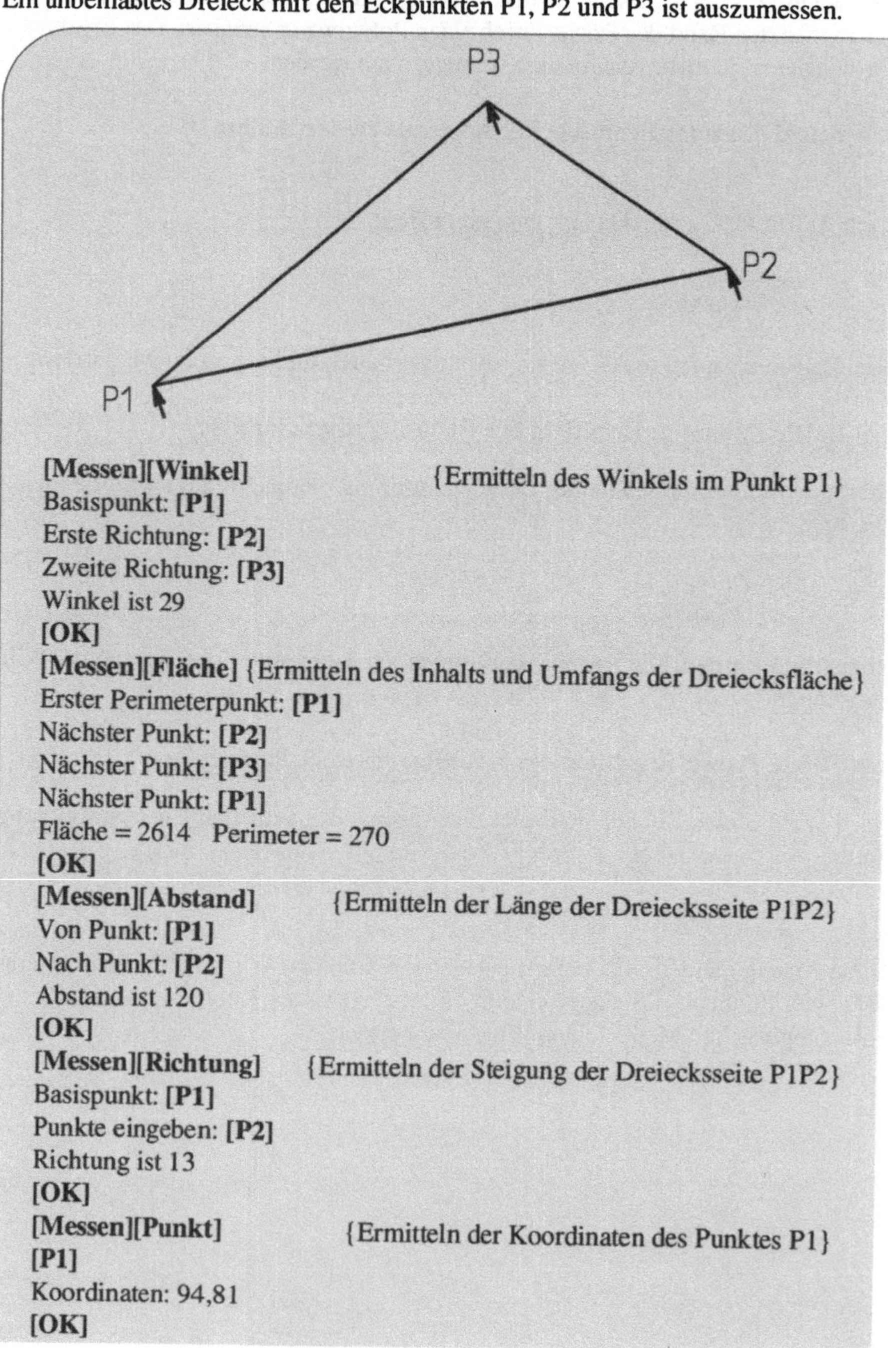

[Messen][Winkel] {Ermitteln des Winkels im Punkt P1}
Basispunkt: **[P1]**
Erste Richtung: **[P2]**
Zweite Richtung: **[P3]**
Winkel ist 29
[OK]
[Messen][Fläche] {Ermitteln des Inhalts und Umfangs der Dreiecksfläche}
Erster Perimeterpunkt: **[P1]**
Nächster Punkt: **[P2]**
Nächster Punkt: **[P3]**
Nächster Punkt: **[P1]**
Fläche = 2614   Perimeter = 270
[OK]
[Messen][Abstand] {Ermitteln der Länge der Dreiecksseite P1P2}
Von Punkt: **[P1]**
Nach Punkt: **[P2]**
Abstand ist 120
[OK]
[Messen][Richtung] {Ermitteln der Steigung der Dreiecksseite P1P2}
Basispunkt: **[P1]**
Punkte eingeben: **[P2]**
Richtung ist 13
[OK]
[Messen][Punkt] {Ermitteln der Koordinaten des Punktes P1}
[P1]
Koordinaten: 94,81
[OK]

Die mit den oben behandelten Befehlen ermittelten und in einem Fenster angezeigten Werte werden - wie bereits erwähnt - in Systemvariablen gespeichert. In AutoSketch werden folgende Systemvariable verwaltet:

- */langle*   für den zuletzt mit dem Befehl *Winkel* oder *Richtung* gemessenen Winkel,

- */larea*   für den zuletzt mit dem Befehl *Fläche* gemessenen Flächeninhalt,

- */ldist*   für den zuletzt mit dem Befehl *Abstand* oder beim Bemaßen gemessenenAbstand,

- */lpoint*   für die Koordinaten des zuletzt benutzten Punktes bzw. für die zuletzt mit dem Befehl *Punkt* gemessenen Koordinaten,

- */lx*   entsprechend nur für die X-Koordinate und

- */ly*   entsprechend nur für die Y-Koordinate.

Beim weiteren Arbeiten kann auf die so gespeicherten Werte zurückgegriffen werden. So kann man auf eine Punktanfrage die Variable */lpoint* eingeben, und der zuletzt benutzte Punkt wird als aktueller Punkt übernommen. Die übrigen Systemvariablen können bei der Eingabe von Werten in Dialogfenstern benutzt werden, d.h., man muß sich einen gemessenen Wert nicht unbedingt zahlenmäßig merken, sondern kann anstelle dieses Wertes die jeweilige Systemvariable eingeben.

■ Beispiel 9-11: Beschriften eines Maßpfeils

Ein Maßpfeil für eine normgerechte Radienbemaßung ist mit einem Maßtext zu beschriften. Hierbei ist davon auszugehen, daß der Maßpfeil bereits gezeichnet und seine Länge bekannt sind.

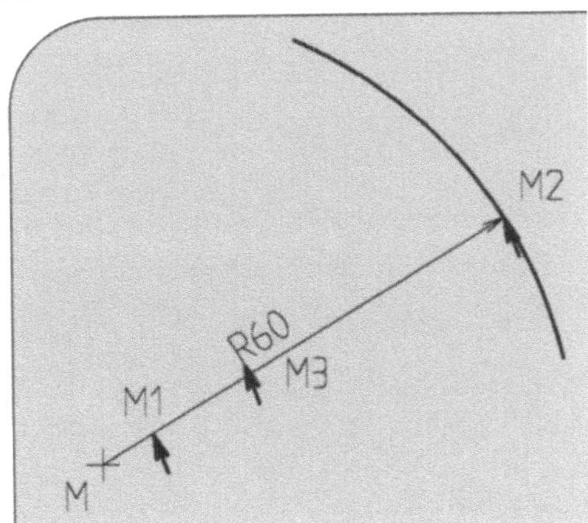

[Messen][Richtung]   {Ermitteln der Steigung des Maßpfeils}
Basispunkt: [M1]
Punkt eingeben: [M2]
Richtung ist 32
[OK]
[Setzen][Text]   {Festlegen der Neigung der Schrift}
Winkel /langle <RETURN>
[OK]
[Zeichnen][Textzeile]   {Schreiben des Maßtextes}
Punkt eingeben: [M3]
Texteingabe: R60 <RETURN>

◆ **Aufgabe 9-7: Führungsachse bemaßen**

Man bemaße die Führungsachse aus Aufgabe 7-3, indem man eventuell benötigte Werte in der Zeichnung FUEACHSE ausmißt und diese beim Bemaßen in geeigneter Weise verwendet. Die bemaßte Zeichnung ist unter dem gleichen Namen zu sichern.

10 Schraffieren von Zeichnungen

Ein wichtiges Gestaltungselement in technischen Zeichnungen ist die Schraffur. Diese wird bei der Darstellung von Schnitten durch hohle Bauteile angewandt. Dabei wird ein solches Bauteil in zwei Hälften zerlegt und die vordere Hälfte fortgenommen. Die Darstellung des dann sichtbaren inneren Teils des Bauteils nennt man Vollschnitt und stellt die Schnittfläche schraffiert da. Wird entsprechend nur die Hälfte des Bauteils geschnitten, so spricht man von einem Halbschnitt. Nach DIN 201 wird eine Schraffur mit schmalen Vollinien gezeichnet, die zueiander parallel sind und die Symmetrieachse oder die Hauptumrißlinien unter einem Winkel von 45° schneiden. Der konstante Abstand der Schraffurlinien voneinander ist passend zur Größe der darzustellenden Schnittfläche zu wählen.

In AutoSketch erfolgt das Schraffieren einer Fläche, indem man diese mit einem Muster ausfüllt, das der Anwender aus einer Liste von vorgegebenen Mustern auswählen kann. Es stehen insgesamt 44 Muster (siehe Anhang C) zur Verfügung, wie z.B.:

- BLANK   nicht gefüllte Fläche
- CRSSHTCH   waagerechte und senkrechte Linien
- SOLID   vollständig gefüllte Fläche
- ANSI31   ANSI Eisen, Ziegel, Mauerwerk
- ANSI32   ANSI Stahl

Bis auf die im System fest installierten Muster BLANK, CRSSHTCH und SOLID sind die übrigen Muster jeweils in einer Zeichnungsdatei mit dem Suffix .PAT, gespeichert, z.B. das Muster LINE in der Datei LINE.PAT. Um eine Fläche in einer Zeichnung mit einem Muster auszufüllen, d.h. zu schraffieren, geht man wie folgt vor:

- Festlegen der zu schraffierenden Fläche,
- Auswahl des Schraffurmusters und
- Festlegen der Form des Musters.

Man wendet hierzu den *Zeichnen*-Befehl *Fläche füllen* an. Nach Bestätigen der getroffenen Vereinbarungen wird die Fläche automatisch mit dem Muster ausgefüllt.

Zeichnen-Befehl _Fläche füllen_: Schraffieren einer Fläche

Nach dem Aufruf dieses Befehls oder dem Drücken der Tastenkombination <Ctrl+F9>
wird zunächst der Rand der zu schraffierenden Fläche festgelegt, der aus Linien- und
Bogenelementen bestehen kann. Ein Linienelement wird im Dialog vereinbart mit:

>   Erster Punkt:
>   Nach Punkt:

und ein Bogenelement mit:

>   Bogensegment Startpunkt:
>   Punkt am Bogen:
>   Bogensegment Endpunkt:

und zwar in Abhängigkeit davon, ob der Linien- bzw. Bogenmodus eingeschaltet ist.
Mit dem _Hilfe_-Befehl _Bogenmodus_ oder durch Drücken der Ctrl-Taste und der Funktionstaste F1 kann man von einem Modus zum anderen wechseln.

Unabhängig vom jeweiligen Modus wird der Endpunkt des zuletzt vereinbarten Elements als Anfangspunkt des nächsten Elements genommen. Die Eingabe des Randes
wird beendet, d.h. der Rand der Fläche geschlossen, indem man

- den letzten Punkt eines Elements zweimal eingibt oder
- den Endpunkt des Randes an dessen Startpunkt legt.

Fällt der zuletzt eingegebene Punkt nicht mit dem Startpunkt des Rands zusammen, so
wird der Rand geschlossen, indem der zuletzt eingegebene Punkt mit dem Startpunkt
durch eine Linie verbunden wird. Nach dem Schließen des Rands wird automatisch die
so festgelegte Fläche mit dem aktuellen Muster ausgefüllt. Der Anwender kann anschließend in einem Dialogfenster entscheiden, ob er diese Schraffur annehmen oder
ändern möchte. Im Falle einer gewünschten Änderung wird diese im Dialogfenster
Füllmodi durchgeführt.

Dialogfenster *Füllmodi*: Festlegen des Schraffurmusters

Die Anzeige dieses Dialogfensters erfolgt durch Wahl der Option *Ändern* beim Arbeiten mit dem *Zeichnen*-Befehl *Fläche füllen* bzw. durch Aufruf des *Ändern*-Befehls *Muster*. Hiermit können die Art und Form des Musters zum Ausfüllen der Fläche vereinbart werden. Über das Fenster:

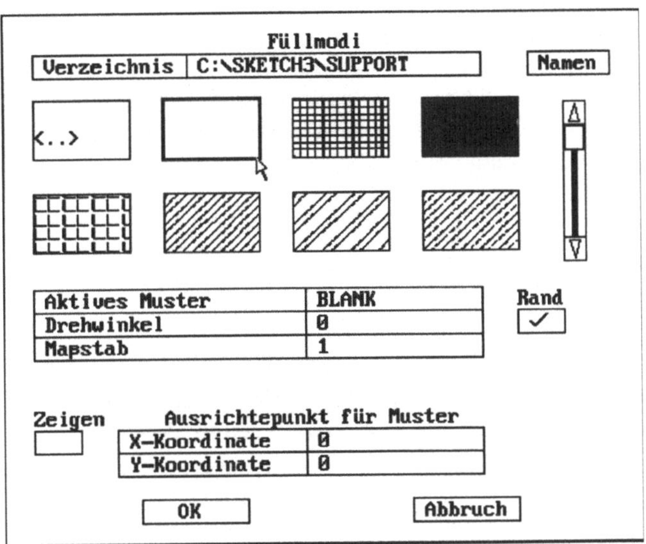

stehen folgende Optionen zur Verfügung:

- *Aktives Muster* zur Auswahl des Schraffurmusters,
- *Rand* zum Ein- und Ausschalten der Randdarstellung,
- *Drehwinkel* zum Festlegen der Drehung des Musters,
- *Maßstab* zum Festlegen des Abstands der Linien des Musters,
- *Zeigen* zum Ausrichten des Musters durch Zeigen auf den neuen Ausrichtepunkt,
- *X-Koordinate* zur Eingabe der X-Koordinate des neuen Ausrichtepunktes,
- *Y-Koordinate* zur Eingabe der Y-Koordinate des neuen Ausrichtepunktes,
- *OK* zum Bestätigen und Übernehmen der getroffenen Vereinbarungen und
- *Abbruch* zum Abbrechen ohne Übernahme.

Ist als aktuelles Muster CRSSHTCH gewählt, so werden anstelle der beiden Optionen *Drehwinkel* und *Maßstab* die Optionen *Schraffurwinkel, Linienabstand* und *Doppelt schraffieren* angezeigt. Mit den ersten beiden Optionen erfolgt wiederum das Festlegen der Drehung und des Abstands der Linien des Musters, wobei abweichend von oben der Abstand in Zeichnungseinheiten eingegeben wird. Mit der Option *Doppelt schraffieren* wird vereinbart, ob sowohl die waagerechten als auch die senkrechten Linien oder nur die waagerechten Linien des Musters gezeichnet werden.

☞ *Hinweis: Schraffuren im Maschinenbau*

Für Schraffuren in technischen Zeichnungen aus dem Maschinenbau sollte man das Muster ANSI31 mit geeignetem Maßstab oder das Muster CRSSHTCH mit ausgeschalteter Doppelschraffur, einem Drehwinkel von 45° und passendem Linienabstand benutzen.

■ Beispiel 10-1: Schraffieren eines Rechtecks

Ein vorgegebenes Rechteck ist zu schraffieren. Hierbei wird - wie auch bei den weiteren Beispielen in diesem Kapitel - vorausgesetzt, daß geeignete Bezugsmodi, wie z.B. die Modi *Endpunkt, Schnittpunkt* und *Mittelpunkt,* gesetzt sind.

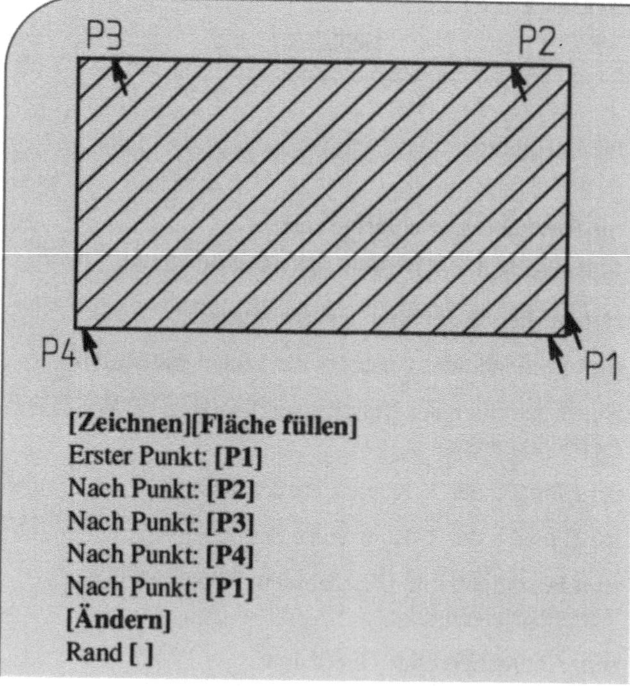

[Zeichnen][Fläche füllen]
Erster Punkt: **[P1]**
Nach Punkt: **[P2]**
Nach Punkt: **[P3]**
Nach Punkt: **[P4]**
Nach Punkt: **[P1]**
[Ändern]
Rand [ ]

> Schraffurwinkel 45 <RETURN>
> Linienabstand 4 <RETURN>
> Doppelt schraffieren [ ]
> [OK]
> [Annehmen]
> [Neuaufbau-Feld]

Durch das Ausschalten der Darstellung des Randes wird dieser und damit auch die Seiten des Rechtecks auf dem Bildschirm gelöscht. Die Rechteckseiten gehören aber weiterhin zur Zeichnung. Mit dem Neuaufbau der Zeichnung durch Betätigen des entsprechenden Feldes in der unteren rechten Ecke des AutoSketch-Bildschirms werden sie wieder sichtbar gemacht.

☞ *Hinweis: Standardeinstellungen*

Standardmäßig wird von AutoSketch das Muster CRSSHTCH mit Randdarstellung, Doppelschraffur, einem Schraffurwinkel von 0 und einem Linienabstand von 1 gewählt.

◆ Aufgabe 10-1: Bundbuchse im Schnitt darstellen

Man stelle eine Bundbuchse im Schnitt und mit Bemaßung dar. Die Zeichnung ist unter dem Namen BUNDBUCH zu sichern.

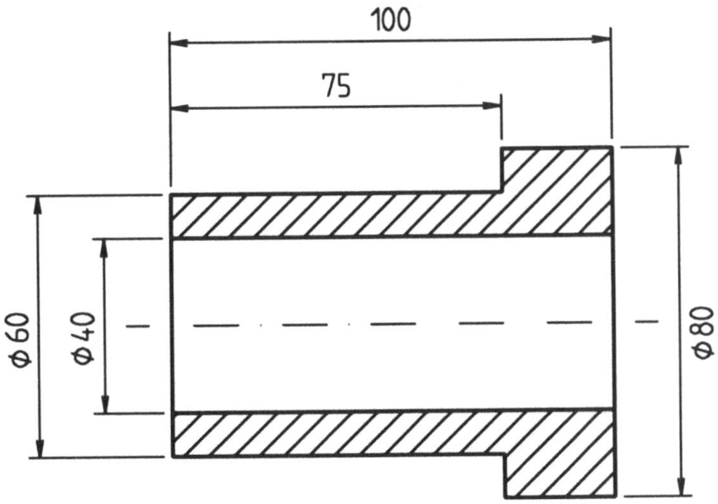

◆ Aufgabe 10-2: Halter zeichnen

Der abgebildete Halter ist in zwei Ansichten mit Schraffur und Bemaßung zu zeichnen
und unter dem Namen HALTER zu speichern.

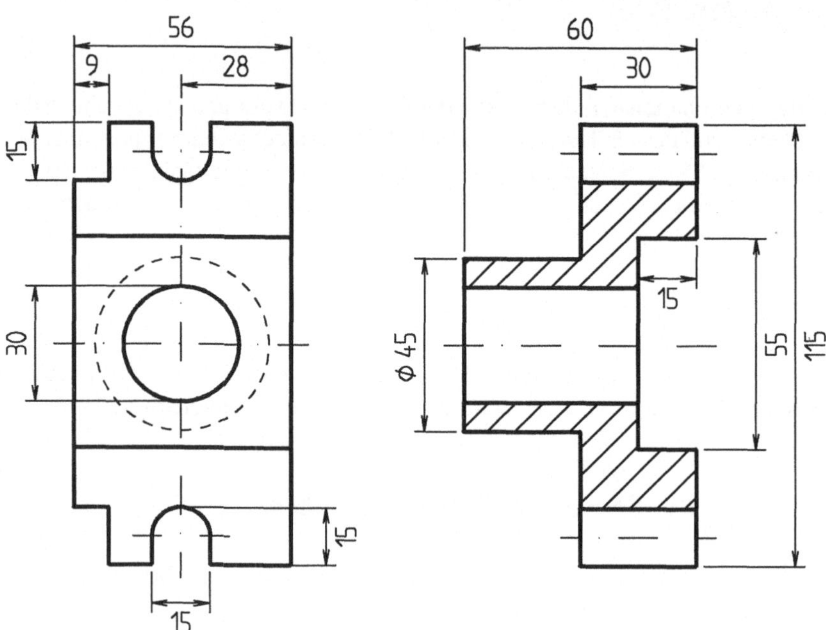

Im ersten Beispiel und den beiden Aufgabe setzen sich die Ränder der zu schraffierenden
Flächen nur aus Linienelementen zusammen, die sofort im Dialog festgelegt werden
können, wenn sich das Sytem nach dem Aufruf des Befehls *Fläche füllen* im Linienmodus
befindet. In der Regel sind Elemente verschiedenen Typs einzugeben, hierzu muß vom
Linien- zum Bogenmodus und zurückgewechselt werden können. Dies erfolgt mit dem
Hilfe-Befehl *Bogenmodus*, der als nächstes kurz angegeben werden soll.

Hilfe-Befehl *Bogenmodus*: Wechseln zwischen Linien- und Bogenmodus

Durch Anpicken des Befehls *Bogenmodus* im Menü *Hilfe* wird vom Linien- zum
Bogenmodus gewechselt. Der eingeschaltete Bogenmodus wird durch das Zeichen ✔
angezeigt, bei Nichtanzeige ist der Linienmodus aktiviert. Der Befehl *Bogenmodus* kann
auch durch Drücken der Tastenkombination <Ctrl+F1> aufgerufen werden.

■ Beispiel 10-2: Schraffieren zweier Halbkreisflächen

Zwei sich berührende Halbkreisflächen mit gleichem Durchmesser sind mit dem Muster ANSI31 unter verschiedenen Winkeln zu schraffieren, dabei sollen die Abstände zwischen den Schraffurlinien für beide Ausrichtungen gleich sein.

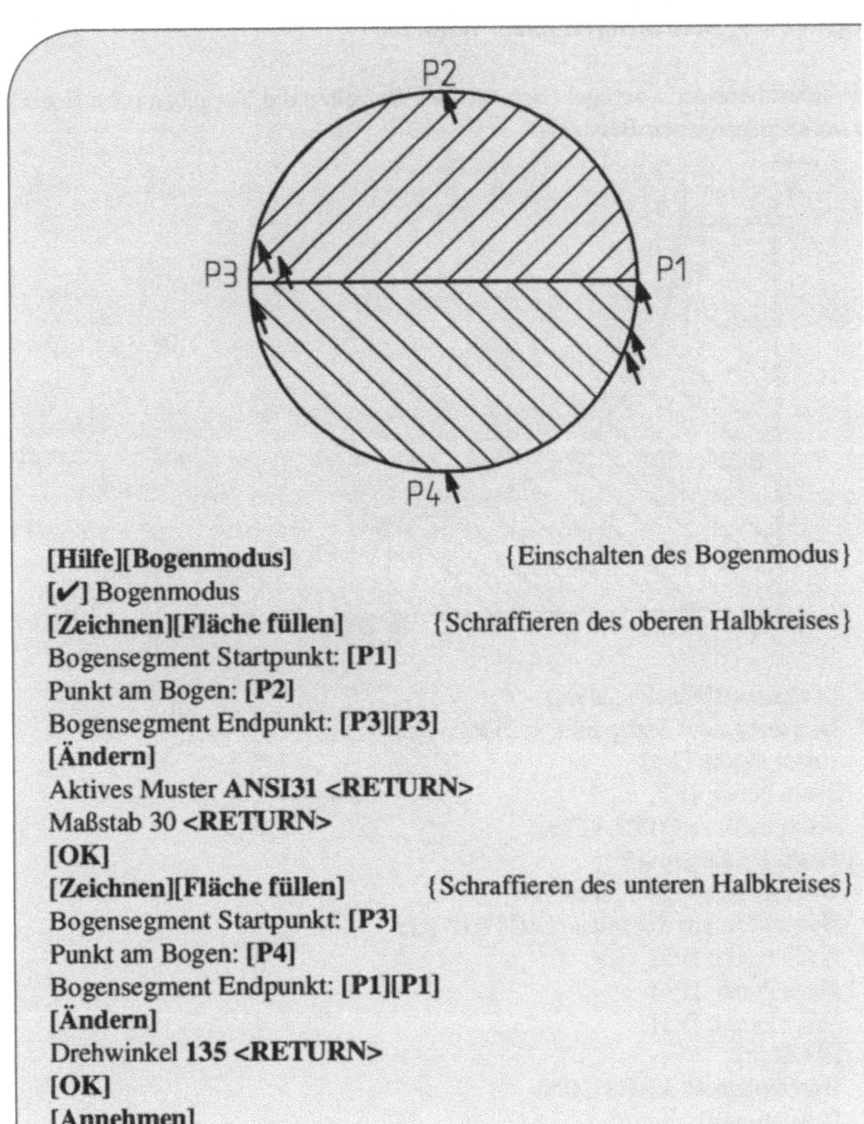

[Hilfe][Bogenmodus]	{Einschalten des Bogenmodus}
[✔] Bogenmodus	
[Zeichnen][Fläche füllen]	{Schraffieren des oberen Halbkreises}
Bogensegment Startpunkt: **[P1]**	
Punkt am Bogen: **[P2]**	
Bogensegment Endpunkt: **[P3][P3]**	
[Ändern]	
Aktives Muster **ANSI31 <RETURN>**	
Maßstab 30 **<RETURN>**	
[OK]	
[Zeichnen][Fläche füllen]	{Schraffieren des unteren Halbkreises}
Bogensegment Startpunkt: **[P3]**	
Punkt am Bogen: **[P4]**	
Bogensegment Endpunkt: **[P1][P1]**	
[Ändern]	
Drehwinkel **135 <RETURN>**	
[OK]	
[Annehmen]	

Prinzipiell setzt sich der Rand einer gefüllten Fläche aus mehreren Linien- und Bogenelementen zusammen, und zwar in beliebiger Reihenfolge. Das Festlegen eines solchen Rands entspricht dem Zeichnen einer geschlossenen Polylinie mit der Breite Null. Am Schraffieren eines Winkels im nächsten Beispiel soll dies veranschaulicht werden.

■ Beispiel 10-3: Schraffieren eines Winkels

Man schraffiere den vorgegebenen Winkel. Es gelten die Vorgaben nach Beendigung des voraufgegangenen Beispiels.

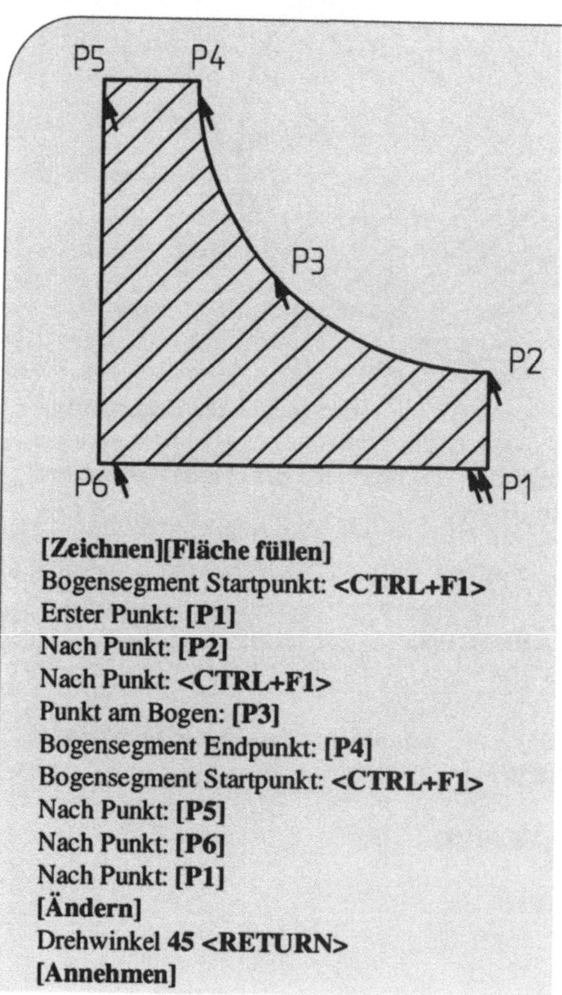

[Zeichnen][Fläche füllen]
Bogensegment Startpunkt: **<CTRL+F1>**
Erster Punkt: **[P1]**
Nach Punkt: **[P2]**
Nach Punkt: **<CTRL+F1>**
Punkt am Bogen: **[P3]**
Bogensegment Endpunkt: **[P4]**
Bogensegment Startpunkt: **<CTRL+F1>**
Nach Punkt: **[P5]**
Nach Punkt: **[P6]**
Nach Punkt: **[P1]**
[Ändern]
Drehwinkel **45 <RETURN>**
[Annehmen]

☞ *Hinweis: Maximale Anzahl von Randpunkten*

Eine auszufüllende Fläche kann durch maximal 200 Randpunkte festgelegt werden. Bei der Eingabe von mehr als 200 Randpunkten erfolgt eine entsprechende Fehlermeldung.

◆ Aufgabe 10-3: Ringe im Schnitt zeichnen

Man zeichne die abgebildeten Ringe mit Bemaßung und Schraffur und speichere sie in der Datei RINGE.

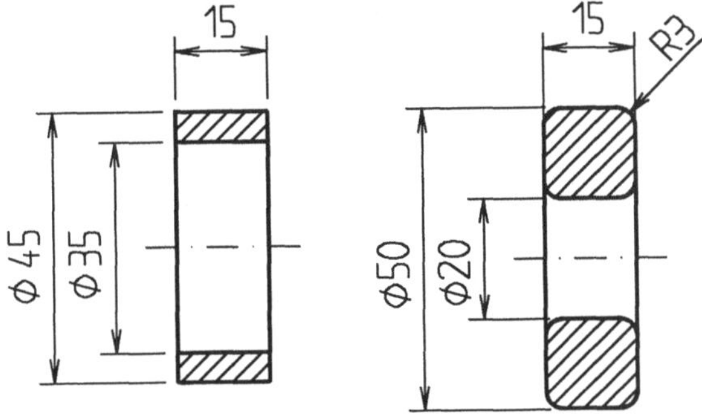

◆ Aufgabe 10-4: Gußform zeichnen

Von einer Gußform sind zwei Ansichten mit Schraffur und Bemaßung zu zeichnen und
unter dem Namen GUSSFORM zu sichern.

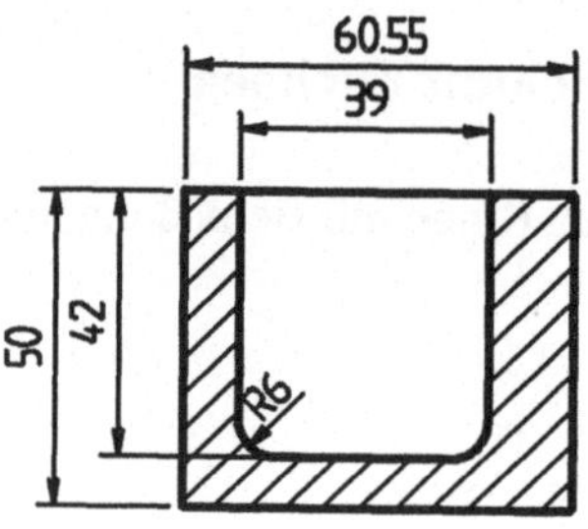

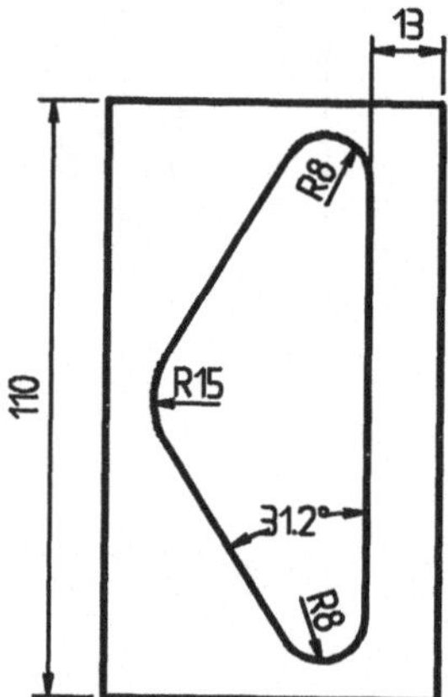

Die Möglichkeiten des Schraffierens mit dem *Zeichnen*-Befehl *Fläche füllen* sind relativ
beschränkt. Beispielsweise lassen sich ineinandergeschachtelte Flächen nicht so einfach wie
mit dem CAD-System AutoCAD schraffieren, bei dem Flächen dieser Art automatisch
abwechselnd schraffiert bzw. nicht schraffiert werden.

Mit dem folgenden einfachen Beispiel sollen zwei Möglichkeiten aufgezeigt werden, mit
denen man ineinandergeschachtelte Flächen auch in AutoSketch schraffieren kann.

■ Beispiel 10-4: Schraffieren eines Rechtecks mit Bohrung

Man schraffiere den Schnitt durch einen Rechteckkörper mit einer Bohrung, und zwar zunächst nach der Variante 1 durch:

- Schraffieren der oberen Rechteckfläche mit der halben Bohrung und anschließend Schraffieren der unteren Rechteckfläche mit der halben Bohrung.

und dann nach Variante 2 durch:

- Festlegen der zu schraffierenden Fläche unter gleichzeitiger Einbeziehung von Rechteck und Kreis über eine Verbindungslinie und Schraffieren der so festgelegten Fläche.

Dabei sei in beiden Fällen der Rand ausgeschaltet.

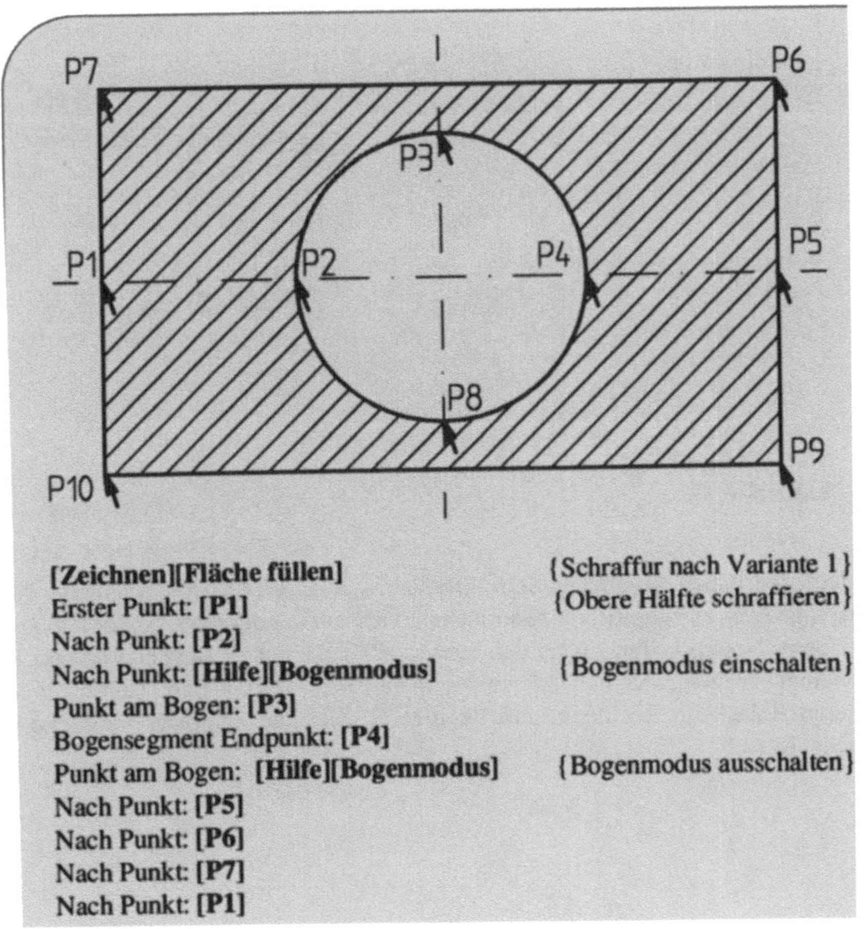

[Zeichnen][Fläche füllen]	{ Schraffur nach Variante 1 }
Erster Punkt: **[P1]**	{ Obere Hälfte schraffieren }
Nach Punkt: **[P2]**	
Nach Punkt: **[Hilfe][Bogenmodus]**	{ Bogenmodus einschalten }
Punkt am Bogen: **[P3]**	
Bogensegment Endpunkt: **[P4]**	
Punkt am Bogen: **[Hilfe][Bogenmodus]**	{ Bogenmodus ausschalten }
Nach Punkt: **[P5]**	
Nach Punkt: **[P6]**	
Nach Punkt: **[P7]**	
Nach Punkt: **[P1]**	

```
[Annehmen]
Erster Punkt: [P1]                              {Untere Hälfte schraffieren}
Nach Punkt: [P2]
Nach Punkt: [Hilfe][Bogenmodus]                 {Bogenmodus einschalten}
Punkt am Bogen: [P8]
Bogensegment Endpunkt: [P4]
Punkt am Bogen: [Hilfe][Bogenmodus]             {Bogenmodus ausschalten}
Nach Punkt: [P5]
Nach Punkt: [P9]
Nach Punkt: [P10]
Nach Punkt: [P1]
[Annehmen]
```

oder

```
[Zeichnen][Fläche füllen]                       {Schraffur nach Variante 2}
Erster Punkt: [P1]
Nach Punkt: [P10]
Nach Punkt: [P2]
Nach Punkt: <CTRL+F1>                            {Bogenmodus einschalten}
Punkt am Bogen: [P3]
Bogensegment Endpunkt: [P4]
Punkt am Bogen: [P8]
Bogensegment Endpunkt: [P2]
Punkt am Bogen: <CTRL+F1>                        {Bogenmodus ausschalten}
Nach Punkt: [P10]
Nach Punkt: [P9]
Nach Punkt: [P6]
Nach Punkt: [P7]
Nach Punkt: [P1]
[Annehmen]
```

Beide Methoden haben gegenüber dem Arbeiten mit AutoCAD den Nachteil, daß die
Vereinbarungen der zu schraffierenden Fläche relativ aufwendig sind. Außerdem können
sich u.U. kleine Unterbrechungen bei den Schraffurlinien ergeben. Bei der Variante 2 muß
man unbedingt beachten, daß man auf exakt dem gleichen Weg wie beim Hereingehen von
dem inneren Kreis zum Rechteck zurückkehrt, da sonst die Schraffur möglicherweise
unterbrochen wird.

◆ Aufgabe 10-5: Rechteckbehälter mit Versteifung

Der im Schnitt dargestellte Rechteckbehälter ist mit Bemaßung zu zeichnen und in der Dazei RECHBEHA zu speichern.

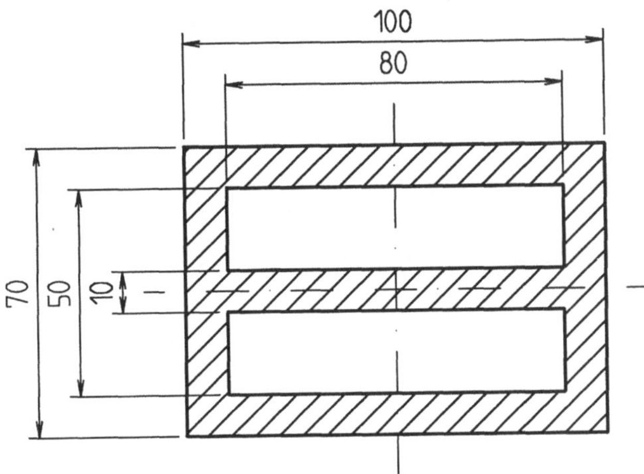

Beim Schraffieren von Flächen kann man bereits vor dem Aufruf des *Zeichnen*-Befehls *Fläche füllen* mit dem *Setzen*-Befehl *Muster* das gewünschte Schraffurmuster vereinbaren.

Setzen-Befehl *Muster*: Ändern der Art und Form des aktuellen Schraffurmusters

Nach dem Aufruf dieses Befehls können im Dialogfenster *Füllmodi* die Festlegungen für das aktuelle Schraffurmuster getroffen werden. Dies erfolgt ähnlich wie beim eigentlichen Schraffieren einer Fläche durch Wahl der Option *Ändern*. Im Gegensatz dazu werden beim *Setzen*-Befehl nur die Einstellungen für das Schraffur-Muster geändert. Ein Anpassen eventuell vorhandener Schraffuren in der geöffneten Zeichnung erfolgt nicht.

■ Beispiel 10-5: Festlegen einer Grundschraffur

Für die Prototypzeichnung PRODINA4 ist die für technische Zeichnungen im Maschinenbau übliche Grundschraffur zu vereinbaren. Dies kann mit dem folgenden Befehlsdialog realisiert werden:

```
[Datei][Öffnen]                    {Öffnen der Datei PRODINA4}
Dateiname: PRODINA4 <RETURN>
[OK]
```

> [Setzen][Muster]   {Festlegen der Grundschraffur}
> Aktives Muster **CHSSHTCH <RETURN>**
> Rand [ ]
> Schraffurwinkel **45 <RETURN>**
> Linienabstand **4 <RETURN>**
> Doppelt schraffieren [ ]
> **[OK]**
> **[Datei][Sichern]**   {Sichern der geänderten Datei}

◆ Aufgabe 10-6: Prototypzeichnung PRODINA3 ergänzen

Für die Prototypzeichnung PRODINA3 ist eine geeignete Grundschraffur mit dem Muster ANSI31 festzulegen.

☞ *Hinweis: Festlegen des Linienabstands*

Im Gegensatz zum Muster CRSSHTCH wird bei den übrigen Mustern der Abstand der Schraffurlinien nicht direkt, sondern über einen Maßstabs-Wert vereinbart.

Bei der Ausgabe einer Zeichnung auf dem Bildschirm und insbesondere über einen Drucker oder Plotter erfordert die Darstellung eventuell vorhandener Schraffuren einen relativ hohen Zeitaufwand. Mit dem *Hilfe*-Befehl *Füllen* kann die Ausgabe einer Schraffur unterdrückt werden, dies ist beispielsweise bei Kontrollausgaben von Zeichnungen von Vorteil.

Hilfe-Befehl *Füllen*: Steuern der Darstellung von Schraffuren

Mit dem Aufruf dieses Befehls können Schraffuren bei der Anzeige, dem Drucken oder dem Plotten einer Zeichnung ausgeblendet werden. Die interne Darstellung der Schraffur bleibt dabei unverändert erhalten. Nach dem Aufruf des *Hilfe*-Befehls *Füllen* erfolgt automatisch der entsprechende Neuaufbau der Zeichnung mit bzw. ohne Schraffur.

Beispielsweise könnte in der Zeichnung zum Beispiel 10-6 die geänderte Schraffur mit der Befehlsfolge:

> **[Hilfe][Füllen]**
> **[Hilfe][Füllen]**

zunächst ausgeblendet und dann wieder angezeigt werden.

11 Das Manipulieren von Zeichnungen

AutoSketch bietet - wie auch die meisten anderen CAD-Systeme - für das Ändern einer bestehenden Zeichnung eine Reihe von Befehlen, mit denen sich eine Zeichnung sehr viel einfacher als am Zeichenbrett ändern läßt. Beispielsweise lassen sich Änderungen folgender Art:

- Verschieben und Drehen von Zeichnungsobjekten,
- Duplizieren von Zeichnungsobjekten,
- Ändern der Abmessungen von Zeichnungsobjekten und
- Ändern der Eigenschaften von Zeichnungsobjekten

in AutoSketch mit den entsprechenden *Ändern*-Befehle mit einem geringen Zeit- und Arbeitsaufwand realisieren. So kann man symmetrische Bauteile unter Ausnutzung ihrer Symmetrieeigenschaften nur teilweise zeichnen und sie anschließend durch Spiegeln vervollständigen. Kreisförmig angeordnete Bohrungen für Befestigungsschrauben müssen nicht alle einzeln gezeichnet werden, sondern man zeichnet eine Bohrung und erzeugt die übrigen durch Kopieren in kreisförmiger Anordnung. Die für die oben angegebenen Änderungen in AutoSketch verfügbaren Befehle werden in den folgenden Unterkapiteln näher behandelt.

11.1 Verschieben und Drehen von Objekten

Beim Verschieben oder Drehen eines Zeichnungselementes wird dieses in eine neue Lage gebracht, wobei seine Form und Abmessungen nicht geändert werden. Es stehen hierfür die *Ändern*-Befehle *Schieben* und *Drehen* zur Verfügung.

Ändern-Befehl *Schieben*: Verschieben von Zeichnungselementen

Nach Aufruf dieses Befehls oder durch Drücken der Funktionstaste F5 werden im Dialog:

        Objekt(e) wählen:
        Von Punkt:
        Nach Punkt:

die zu verschiebenden Objekte ausgewählt und die Verschiebung durch einen Anfangs- und einen Endpunktpunkt festgelegt. Dabei muß der Anfangsspunkt nicht unbedingt ein

Objektpunkt sein, sondern kann außerhalb des Objektes liegen. Die beiden Punkte können

- durch Zeigen mit dem Zeigegerät oder
- durch Tastatureingabe ihrer Koordinaten

vereinbart werden. Sind die Richtung und der Abstand für eine Verschiebung bekannt, so ist es zweckmäßig, den zweiten Punkt über die entsprechenden Polarkoordinaten festzulegen. Beim Zeigen auf den zweiten Punkt werden die zu verschiebenden Objekte 'mitgezogen', d.h., entsprechend der jeweils aktuellen Lage des zweiten Punktes auf dem Bildschirm angezeigt.

■ Beispiel 11-1: Verschieben mit Auswahl durch Zeigen

Man verschiebe den Kreis um 30 Einheiten nach rechts und um 30 nach unten.

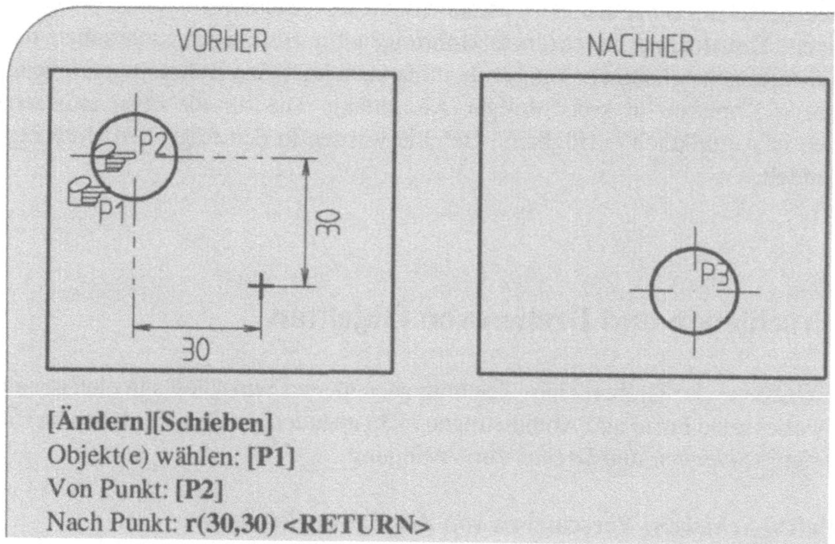

Wäre beim Verschieben ein Fehler aufgetreten, z.B. durch die Eingabe falscher Koordinaten für den zweiten Punkt, so kann die damit durchgeführte Verschiebung mit dem Aufruf des *Ändern*-Befehls *Zurück* rückgängig gemacht werden. Entsprechendes gilt ebenfalls für die übrigen Befehle zum Manipulieren einer Zeichnung. Man beachte hierzu den folgenden allgemeinen Hinweis.

☞ *Hinweis: Rückgängigmachen von Zeichnungsänderungen*

Durch Aufruf des *Ändern*-Befehls *Zurück* oder durch Drücken der Funktionstaste F1 lassen sich Änderungen in einer Zeichnung - wie bereits im Abschnitt 3.3 für *Zeichnen*-Befehle besprochen - rückgängig machen. Entsprechend können solche Löschungen mit dem *Ändern*-Befehl *ZLösch* oder über die Funktionstaste F2 zurückgesetzt werden.

■ Beispiel 11-2: Verschieben mit Auswahl durch Fenster

Der Drehmeißel ist an das zu fertigende Drehteil zu verschieben.

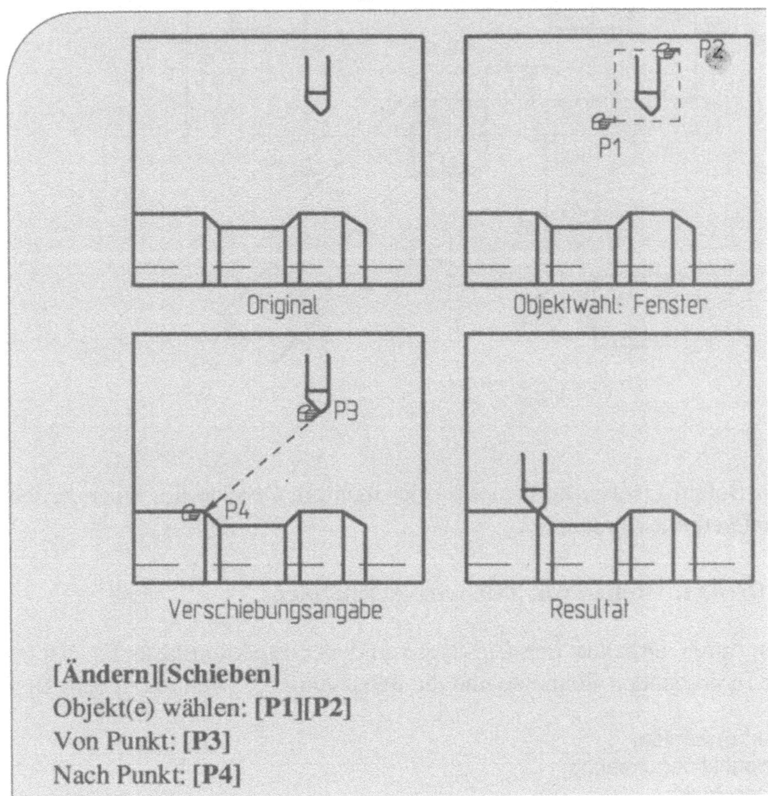

[Ändern][Schieben]
Objekt(e) wählen: **[P1][P2]**
Von Punkt: **[P3]**
Nach Punkt: **[P4]**

Im obigen Beispiel erfolgte die Auswahl des zu verschiebenden Drehmeißels mit einem Ganzfenster. Bei der Auswahl der Objekte ist prinzipiell darauf zu achten, ob man ein einzelnes Objekt oder in einem Fenster mehrere Objekte auswählt. Bei der Auswahl mit einem Fenster spielt ferner die Art des Fensters eine wichtige Rolle, welche Objekte letztlich verschoben werden.

◆ Aufgabe 11-1: Quadrat verschieben

Ein Quadrat mit der Kantenlänge 20 ist zunächst in der Mitte des Bildschirms zu zeichnen und dann wie unten angegeben in verschiedene Lagen zu verschieben. Zweckmäßigerweise verschiebe man das Quadrat vor einer weiteren Verschiebung wieder in seine Ursprungslage.

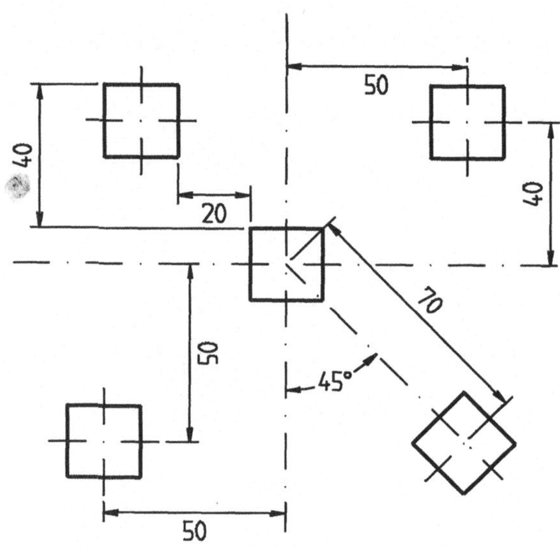

Mit dem *Ändern*-Befehl *Drehen* können ein oder mehrere Objekte um einen beliebigen Punkt und Winkel gedreht werden.

Ändern-Befehl *Drehen*: Drehen von Zeichnungselementen

Hiermit oder durch Drücken der Ctrl-Taste und der Funktionstaste F5 erfolgt die Auswahl der zu drehenden Elemente und die Festlegung der Drehung in dem Dialog:

```
Objekt(e) wählen:
Mittelpunkt der Drehung:
Zweiter Punkt:
```

Mit dem zweiten Punkt wird der Winkel für die Drehung vereinbart, und zwar durch den Winkel, den die Verbindungslinie vom Mittelpunkt zum zweiten Punkt mit der positiven X-Achse einschließt. Wird der zweite Punkt durch Zeigen festgelegt, so erfolgt die Anzeige des zugehörigen Drehwinkels in der Befehlszeile. Ferner werden die ausgewählten Objekte in der entsprechenden gedrehten Lage angezeigt. Ansonsten kann man die beiden Punkte auch durch die Tastatureingabe ihrer Koordinaten festlegen.

■ Beispiel 11-3: Drehen eines Objekts durch Zeigen

Ein vorgegebenes Rechteck mit Beschriftung und ausgerichteten Bemaßungen ist um
einen Punkt außerhalb des Rechtecks und um 90 zu drehen.

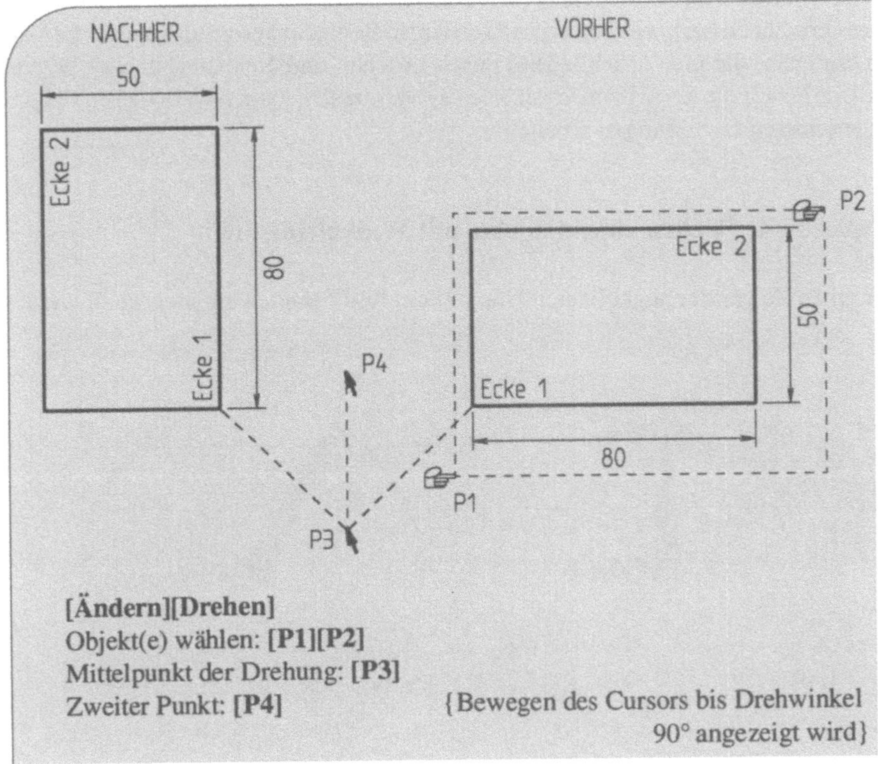

Beim Festlegen des Drehwinkels durch Zeigen auf den zweiten Punkt ist es zweckmäßig, den zweiten Punkt nicht zu nahe am Mittelpunkt zu vereinbaren. Bei einem
größeren Abstand der beiden Punkte voneinander bewirken Verschiebungen des Cursors nicht so große Winkeländerungen. Für den Anwender ergibt sich ein 'genaueres'
Arbeiten. Offensichtlich werden vorhandene ausgerichtete Bemaßungen vom System
beim Drehen automatisch angepaßt. Dies gilt entsprechend für Winkelbemaßungen. Bei
horizontalen und vertikalen Bemaßungen kann es hingegen zu Fehlern kommen, da die
Bemaßungsart beim Drehen erhalten bleibt. So würde z.B. die horizontale Bemaßung
einer waagerechten Linie nach einer Drehung um 90° die Maßzahl Null erhalten.

☞ *Hinweis: Assoziative Bemaßung*

Werden beim Ändern von Zeichnungsobjekten die zugehörigen Bemaßungen mit
ausgewählt, so werden diese nach dem Ändern der Objekte automatisch angepaßt. Man
spricht in diesem Zusammenhang von einer assoziativen Bemaßung. Hierbei kann es
unter Umständen bei horizontalen und vertikalen Bemaßungen zu unsinnigen Bemaßungen kommen, die man anschließend durch Löschen und Neubemaßung zu beseitigen
hat. Um Fehler dieser Art von vornherein zu vermeiden, kann man in diesen Fällen mit
ausgerichteten Bemaßungen arbeiten.

■ Beispiel 11-4: Drehen eines Objekts mit Winkeleingabe

Der große Zeiger der abgebildeten Uhr soll um fünf Minuten zurückgestellt werden.

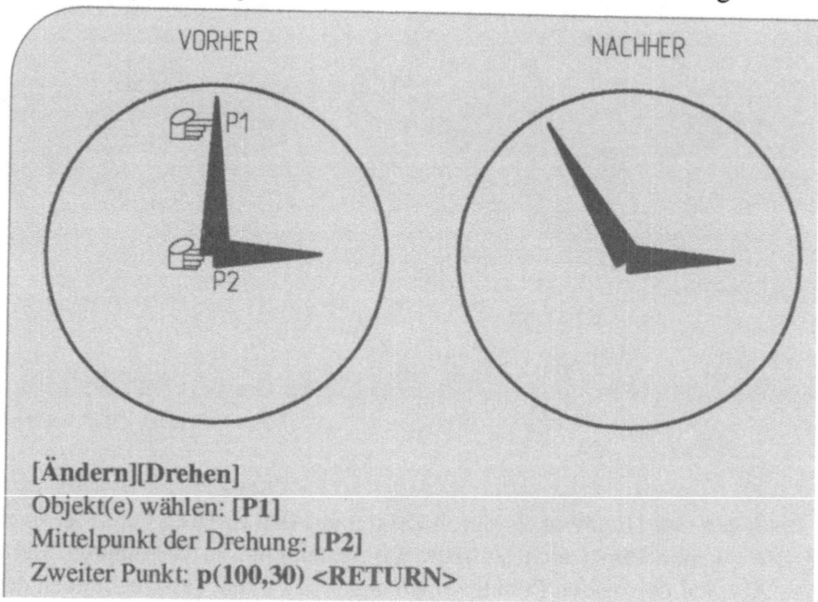

[Ändern][Drehen]

Objekt(e) wählen: [P1]

Mittelpunkt der Drehung: [P2]

Zweiter Punkt: p(100,30) <RETURN>

☞ *Hinweis: Tastatureingabe eines Drehwinkels*

Ein Drehwinkel kann durch die Eingabe der Polarkoordinaten des zweiten Punktes in
der Form:

Zweiter Punkt: p(beliebiger Abstand, Drehwinkel) <RETURN>

festgelegt werden. Dabei wird der Winkel im mathematisch positiven Drehsinn, d.h. im
Gegenuhrzeigersinn, abgetragen.

◆ Aufgabe 11-2: Hebel mit Durchbruch

Man zeichne den unten dargestellten Hebel mit Bemaßung und speichere die Zeichnung unter dem Namen HEBEL ab. Der quadratische Durchbruch ist dabei zunächst in orthogonaler Ausrichtung zu zeichnen und dann um 15° zu drehen.

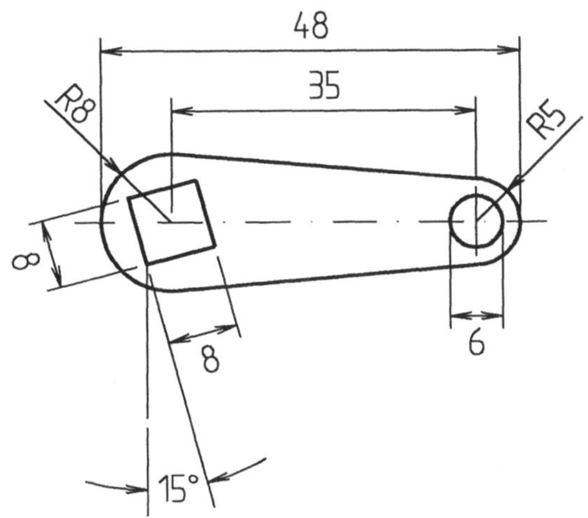

11.2 Duplizieren von Zeichnungselementen

Unter Duplizieren versteht man, daß zu einem Originalobjekt ein oder mehrere Kopien erstellt werden, wobei das Original in seiner ursprünglichen Form und Lage erhalten bleibt. Für das Kopieren eines oder mehrerer Objekte gibt es in AutoSketch die folgenden Möglichkeiten:

- einfaches Kopieren durch Verschieben,
- einfaches Kopieren durch Spiegeln,
- mehrfaches Kopieren in kreisfömiger Anordnung und
- mehrfaches Kopieren in rechtwinkliger Anordnung.

Hierfür können die *Ändern*-Befehle *Kopieren, Spiegeln, kreisf. Anordnung* bzw. *rechtw. Anordnung* benutzt werden. Nach dem Kopieren besteht zwischen Original und Kopien kein Zusammenhang. Die Kopien stellen neue Objekte in einer Zeichnung dar und können unabhängig vom Original bearbeitet werden.

Beim einfachen Kopieren mit dem Befehl *Kopieren* wird ein deckungsgleiches Abbild eines Originals in eine neue Lage verschoben und dort gezeichnet.

Ändern-Befehl *Kopieren*: Einfaches Kopieren von Zeichnungselementen

Die Auswahl der zu kopierenden Objekte und das Vereinbaren der Lage der Kopie erfolgt im Dialog:

```
Objekt(e) wählen:
Von Punkt:
Nach Punkt:
```

Dabei können die beiden Punkte durch Zeigen oder durch Tastatureingabe bestimmt werden. Wird der zweite Punkt durch Zeigen festgelegt, so wird die Kopie entsprechend 'nachgezogen' dargestellt. Der erste Punkt muß kein Objektpunkt sein. Der Befehl *Kopieren* kann auch durch Drücken der Funktionstaste F6 aufgerufen werden.

■ Beispiel 11-5: Kopieren eines Oberflächenzeichens

Ein vorhandenes Oberflächenzeichen soll an zwei Stellen durch Kopieren neu gezeichnet werden.

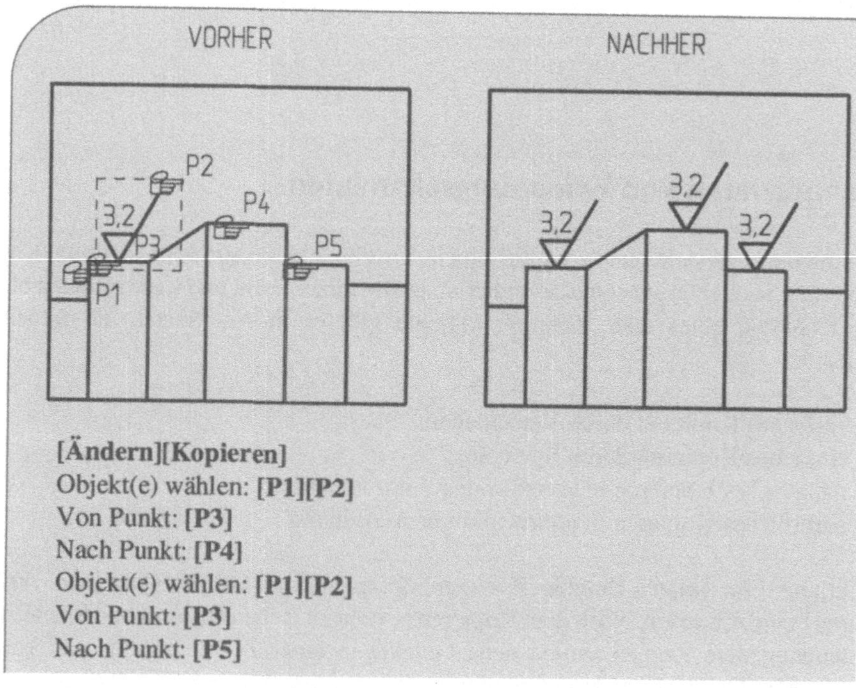


```
[Ändern][Kopieren]
Objekt(e) wählen: [P1][P2]
Von Punkt: [P3]
Nach Punkt: [P4]
Objekt(e) wählen: [P1][P2]
Von Punkt: [P3]
Nach Punkt: [P5]
```

Soll die Kopie eines Zeichnungselements in einer Zeichnung an anderer Stelle exakt eingepaßt werden, so ist mit geeigneten Bezugsmodi zu arbeiten. Im obigen Beispiel wäre es beispielsweise von Vorteil, die beiden Bezugsmodi *Schnittpunkt* und *Mittelpunkt* zu aktivieren, damit der Referenzpunkt P3 für die untere Ecke des Oberflächenzeichens bzw. die neuen Lagepunkte P4 und P5 in der jeweiligen Kantenmitte exakt definiert sind.

◆ Aufgabe 11-3: Platte mit Durchbrüchen

Man zeichne die abgebildete Platte mit Durchbrüchen und gehe hierbei schrittweise wie folgt vor:

- Zeichnen des Plattenrandes,
- Zeichnen des rechten oberen Durchbruchs,
- Zeichnen der übrigen Durchbrüche durch wiederholte Anwendung des Befehls *Kopieren*,
- Bemaßen und Beschriften der Zeichnung und
- Abspeichern der Zeichnung unter dem Namen D_Platte.

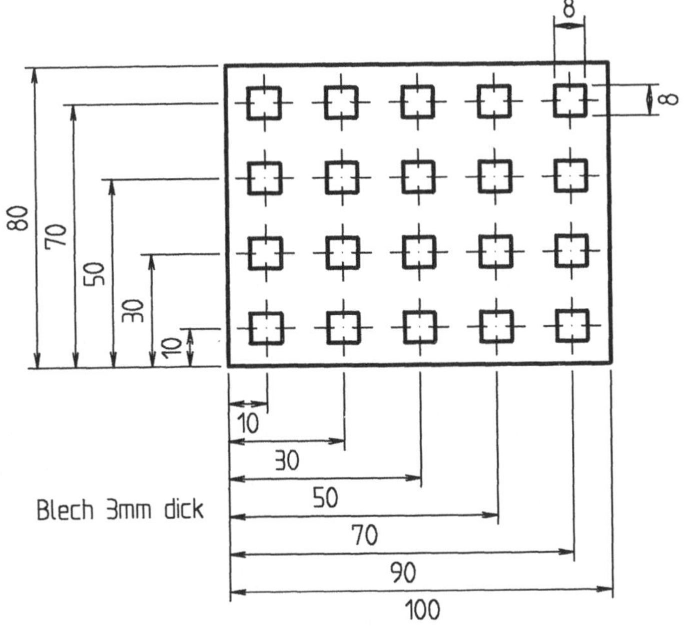

Mit dem *Ändern*-Befehl *Spiegeln* wird eine einfache Kopie eines oder mehrerer Objekte erzeugt, indem man das Original an einer beliebigen Geraden spiegelt.

Ändern-Befehl *Spiegeln*: Spiegeln eines Zeichnungselementes

Nach dem Aufruf des Befehls *Spiegeln* oder nach Drücken der Tastenkombination <Ctrl+F3> werden die zu spiegelnden Elemente und die sogenannte Spiegelachse im Dialog durch:

```
Objekt(e) wählen:
Basispunkt:
Zweiter Punkt:
```

festgelegt. Der Basispunkt und der zweite Punkt stellen den Anfangs- bzw. Endpunkt der Geraden dar, an der gespiegelt werden soll. Sie können wiederum durch Zeigen oder Tastatureingabe vereinbart werden. Beim Zeigen des zweiten Punktes werden die gespiegelten Objekte entsprechend der Lage der Spiegelgeraden angezeigt.

■ Beispiel 11-6: Spiegeln durch Zeigen der Spiegelachse

Ein vorgegebenes Rechteck mit Bemaßung und Beschriftung ist an einer durch Zeigen festzulegenden Linie zu spiegeln.

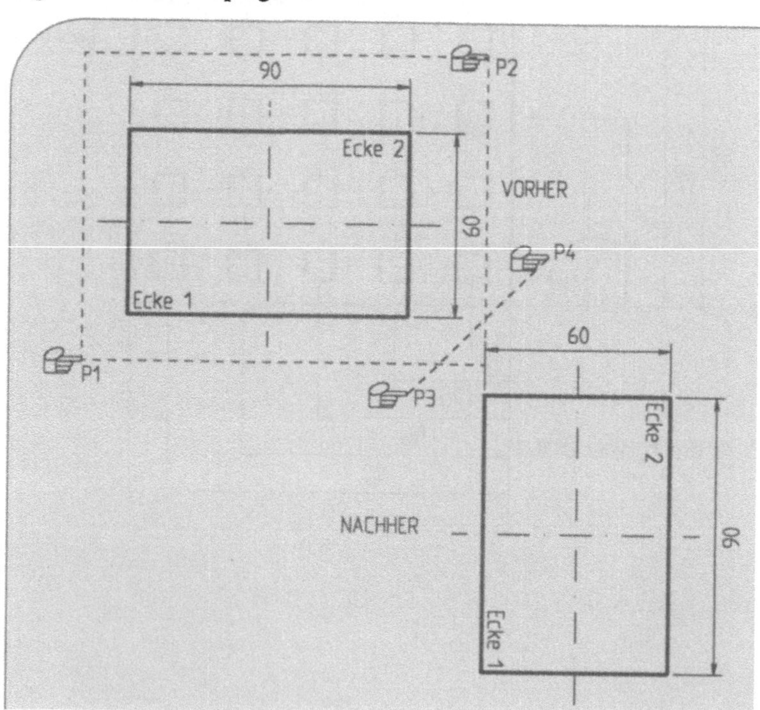

```
[Ändern][Spiegeln]
Objekt(e) wählen: [P1][P2]
Basispunkt: [P3]
Zweiter Punkt: [P4]
```

☞ *Hinweis: Spiegeln von Text*

Beim Spiegeln eines Textes werden die einzelnen Zeichen in diesem Text nicht gespiegelt, sondern nur der gesamte Text in seinen äußeren Abmessungen. So bleibt ein Text nach seiner Spiegelung weiterhin lesbar und erscheint nicht in Spiegelschrift.

Mit dem Befehl *Spiegeln* ergeben sich insbesondere beim Zeichnen von symmetrischen Bauteilen wesentliche Arbeitserleichterungen, indem man unter Ausnutzung der vorliegenden Symmetrieeigenschaften ein Bauteil nur teilweise zeichnet und durch Spiegeln an der Symmetrieachse vervollständigt. Im folgenden Beispiel soll dies exemplarisch gezeigt werden.

■ Beispiel 11-7: Erstellen eines symmetrischen Vollschnittes

Das unten abgebildete Drehteil ist unter Ausnutzung seiner Symmetrieeigenschaft zu zeichnen. Man arbeite hier mit dem Bezugsmodus *Endpunkt*, um die Mittellinie exakt als Spiegelachse zu vereinbaren.

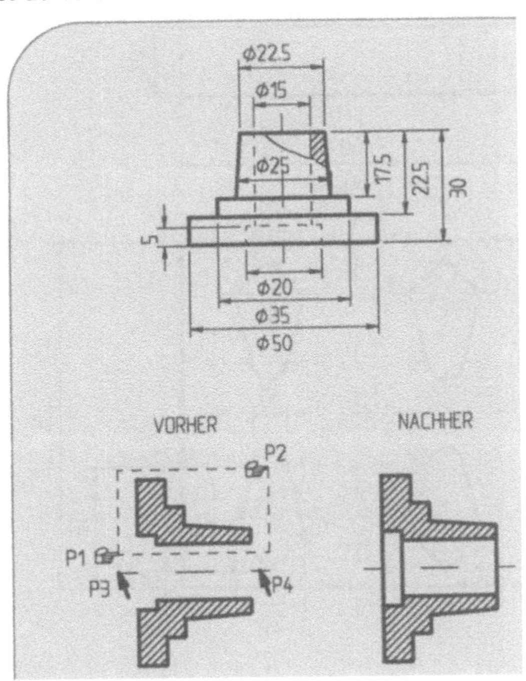

> Zeichnen der Mittellinie
> Zeichnen des Rands der Schnittfläche
> Schraffieren der Schnittfläche
> [Ändern][Spiegeln]   {Spiegeln der schraffierten Fläche}
> Objekt(e) wählen: [P1][P2]
> Basispunkt: [P3]
> Zweiter Punkt: [P4]
> Vervollständigen der Zeichnung

☞ *Hinweis: Spiegeln von Schraffuren*

Beim Spiegeln von Schraffuren bleiben deren Schraffurmuster - insbesondere der Schraffur- bzw. Drehwinkel - unverändert.

◆ **Aufgabe 11-4: Symmetrisches Werkstück zeichnen**

Die angegebenen Ansichten eines Werkstücks sind zu zeichnen und zu bemaßen. Beim Erstellen der Zeichnung sollen die vorhandenen Symmetrieeigenschaften sinnvoll zum Spiegeln benutzt werden. Die fertige Zeichnung ist unter dem Namen W_STUECK zu sichern.

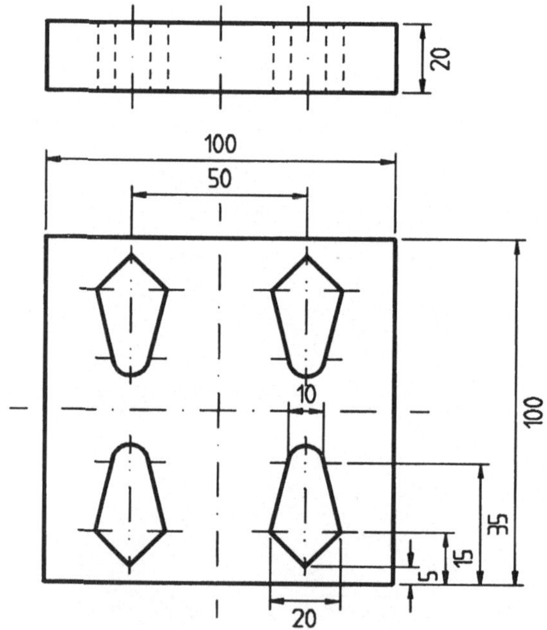

Vielfach ist es erforderlich, von einem Original mehrere Kopien zu erstellen, die zudem in einer bestimmten Form angeordnet sein sollen. Mit den *Ändern*-Befehlen *kreisf. Anordnung* und *rechtw. Anordnung* lassen sich solche mehrfachen Kopien in Kreis- bzw. Rechteckform erstellen. Mit den gleichnamigen *Setzen*-Befehlen können Parameter für diese Anordnungen festgelegt werden.

Ändern-Befehl *kreisf. Anordnung*: Mehrfaches Kopieren in kreisförmiger Anordnung

Mit dem Aufruf dieses Befehls oder Drücken der Tastenkombination <Ctrl+F4> werden im Dialog:

> Objekt(e) wählen:
> Mittelpunkt der Anordnung:

die zu kopierenden Objekte ausgewählt und der Mittelpunkt für die Kreisanordnung festgelegt. Das letztere kann durch Zeigen oder Tastatureingabe erfolgen. Anschließend werden die sich hiermit ergebenden Kopien angezeigt, und der Anwender kann in einem Dialogfenster entscheiden, ob diese Anordnung angenommen oder geändert werden soll. Bei gewählter Änderung erscheint das entsprechende Dialogfenster:

```
            Werte der kreisförmigen Anordnung

 Zeigen        Mittelpunkt der Anordnung
  [ ✓ ]      X-Koordinate            0
             Y-Koordinate            0

             Anzahl Objekte          4
             Eingeschlossener Winkel 360
             Grad zwischen den Objekten 90

             [  ]  Im Uhrzeigersinn zeichnen
             [✓]  Objekte während des Kopierens drehen
             [  ]  Drehpunkt

          [   OK   ]          [ Abbruch ]
```

Es bestehen hiermit folgende Möglichkeiten:

- *Zeigen*   zur Wahl, ob der Mittelpunkt durch Zeigen oder
                              Tastatureingabe vereinbart werden soll.

- *X-Koordinate*   zur Tastatureingabe der X-Koordinate des Mittelpunkts

- *Y-Koordinate*   zur Tastatureingabe der Y-Koordinate des Mittelpunkts

- *Anzahl Objekte*   zum Festlegen der Anzahl aller Objekte nach dem Kopieren

- *Eingeschlossener Winkel*
                              zum Festlegen des Kreisbogens, auf dem diese Objekte
                              angeordnet sein sollen.

- *Grad zwischen den Objekten*
                              zum Festlegen des Abstands in ° der Objekte voneinander, dabei
                              ergibt sich dieser Wert automatisch, falls die beiden vorauf-
                              gegangenen Größen bekannt sind. Dies gilt entsprechend auch
                              umgekehrt. Jeweils zwei Werte legen automatisch den dritten fest.

- *Im Uhrzeigersinn zeichnen*
                              zum Vereinbaren des Drehsinns der Anordnung

- *Objekte während des Kopierens drehen*
                              zum Vereinbaren des Drehens der Objekte beim Kopieren
                              bezogen auf den vereinbarten Mittelpunkt der Anordnung

- *Drehpunkt*   zum Festlegen eines speziellen Mittelpunkts durch Zeigen
                              für das Drehen der Objekte beim Kopieren. Die Wahl dieses
                              Punktes schaltet das Drehen um den Mittelpunkt der Anordnung aus.

- *OK*   zum Bestätigen und Übernehmen der festgelegten Vereinbarungen und

- *Abbruch*   zum Abbrechen ohne Übernahme.

■ Beispiel 11-8: Kreisförmige Anordnung eines Quadrats mit Drehung

Ein vorgegebenes Quadrat ist mit seinen Mittellinien mehrfach zu kopieren, so daß
anschließend insgesamt acht Quadrate auf einem Vollkreis angeordnet und entsprechend ihrer Lage gedreht sind.

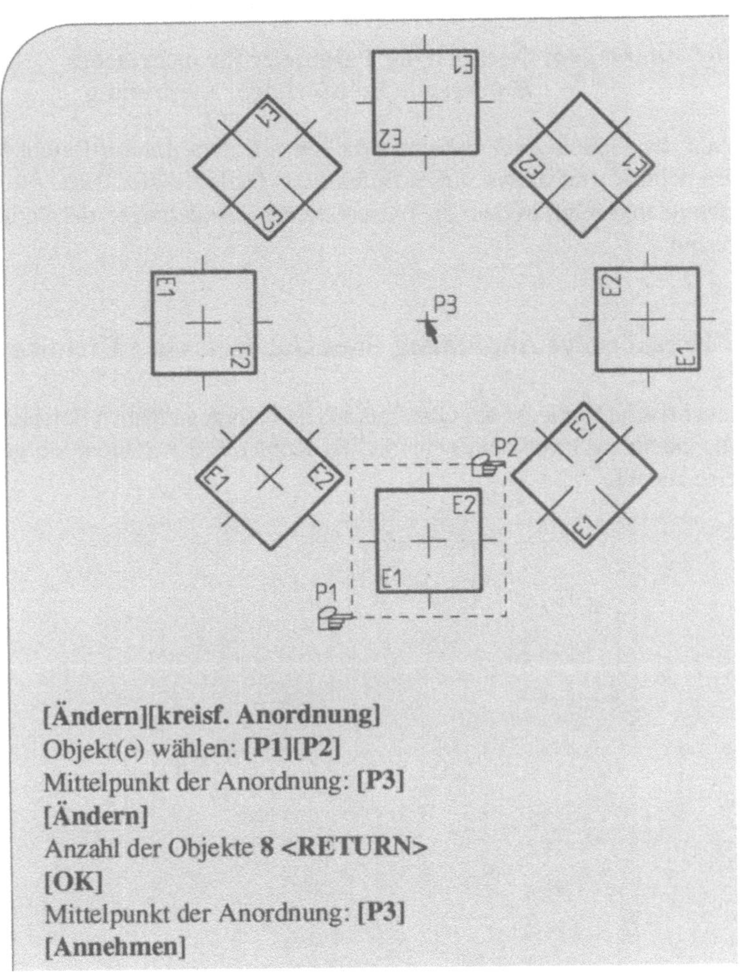

[Ändern][kreisf. Anordnung]
Objekt(e) wählen: **[P1][P2]**
Mittelpunkt der Anordnung: **[P3]**
[Ändern]
Anzahl der Objekte **8 <RETURN>**
[OK]
Mittelpunkt der Anordnung: **[P3]**
[Annehmen]

☞ *Hinweis: Standardwerte für kreisförmiges Kopieren*

Standardmäßig gelten für das mehrfache Kopieren mit kreisförmiger Anordnung die folgenden Vereinbarungen:

- Der Mittelpunkt der Anordnung wird durch Zeigen festgelegt.
- Einschließlich des Originals enthält die Anordnung vier Elemente.
- Diese verteilen sich gleichmäßig auf einem Vollkreis und haben untereinander einen Abstand von 90°.
- Die Elemente werden beim Kopieren gedreht.

Mit Hilfe des *Setzen*-Befehls *kreisf. Anordnung* können diese Standardvorgaben geändert werden.

***Setzen*-Befehl *kreisf. Anordnung*: Festlegen der Parameter für mehrfaches
Kopieren in kreisförmiger Anordnung**

Analog zur Wahl der Option *Ändern* beim Arbeiten mit dem *Ändern*-Befehl *kreisf.
Anordnung* wird beim Aufruf dieses *Setzen*-Befehls das Dialogfenster *Werte für kreisförmige Anordnung* angezeigt, in dem die entsprechenden Änderungen der Parameter
durchzuführen sind.

■ Beispiel 11-9: Kreisförmige Anordnung eines Quadrats ohne Drehung

Man führe das mehrfache Kopieren des Quadrats aus dem vorgegangenen Beispiel ohne
Drehung durch, indem man vor dem eigentlichen Kopieren die Standardvorgabe in
geeigneter Weise anpaßt.

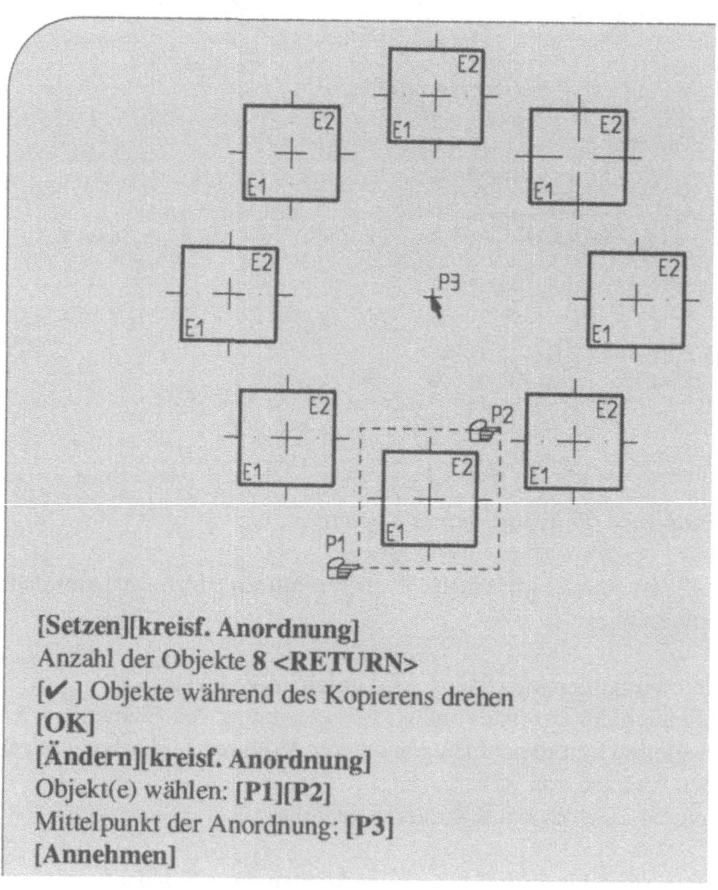

[Setzen][kreisf. Anordnung]
Anzahl der Objekte **8 <RETURN>**
[✔] Objekte während des Kopierens drehen
[OK]
[Ändern][kreisf. Anordnung]
Objekt(e) wählen: **[P1][P2]**
Mittelpunkt der Anordnung: **[P3]**
[Annehmen]

◆ Aufgabe 11-5: Bohrplatte

Die untenstehenden Bohrplatte ist mit Bemaßung zu zeichnen und unter dem Namen B_PLATTE zu speichern.

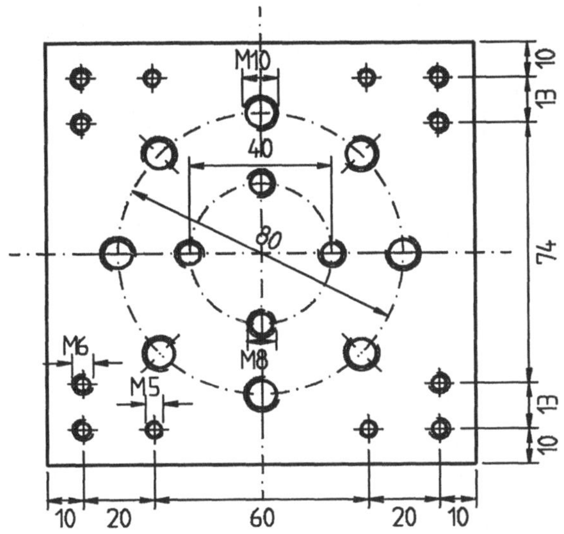

Neben der Möglichkeit, ein oder mehrere Objekte in kreisförmiger Anordnung zu kopieren, kann man in AutoSketch auch Kopien erzeugen, die in einem Zeilen- und Spaltenraster angeordnet sind, und zwar befindet sich jeweils eine Kopie am Schnittpunkt einer Zeile und Spalte. Mit dem *Ändern*-Befehl *rechtw. Anordnung* kann man ein Kopieren in dieser Form durchführen.

Ändern-Befehl *rechtw. Anordnung*: **Mehrfaches Kopieren in rechtwinkliger Anordnung**

Mit diesem Befehl, der auch durch Drücken der Tastenkombination <Ctrl+F2> aufgerufen werden kann, werden zunächst die zu kopierenden Elemente ausgewählt und dann die Abstände der Zeilen bzw. der Spalten voneinander festgelegt:

```
Objekt(e) wählen:
Spaltenabstand 1. Punkt:
Nach Punkt:
Zeilenabstand 1. Punkt:
Nach Punkt:
```

Aufgrund dieser Eingaben und den eingestellten Kopierparametern wird die rechtwinklige Anordnung der Kopien erstellt, die der Anwender annehmen oder ändern kann.

Bei Wahl der Opiton *Ändern* können die gewünschten Parameter in dem Dialogfenster:

```
                    Werte der rechtwinkligen Anordnung
        Zeigen
          [✓]     │ Abstand zwischen den Zeilen   │ 1 │
          [✓]     │ Abstand zwischen den Spalten  │ 1 │

        Einpassen
          [ ]     │ Zeilen (- - -)                │ 2 │
          [ ]     │ Spalten (¦¦¦)                 │ 2 │

                  │ Winkel der Grundlinie         │ 0 │

            ▌ OK ▐                         │ Abbruch │
```

neu vereinbart werden, und zwar mit den Möglichkeiten:

- *Zeigen (oben)*   zum Festlegen des Zeilenabstands durch Zeigen

- *Zeigen (unten)*   zum Festlegen des Spaltenabstands durch Zeigen

- *Abstand zwischen den Zeilen*
  für die Tastatureingabe des Zeilenabstands bei
  ausgeschaltetem Zeigen

- *Abstand zwischen den Spalten*
  für die Tastatureingabe des Spaltenabstands bei
  ausgeschaltetem Zeigen

- *Einpassen (oben)*   zum Einpassen der Zeilen in den oben vereinbarten
  Zeilenabstand, der hier als Gesamtausdehnung der
  Anordnung in der Senkrechten angenommen wird.

- *Einpassen (unten)*   zum Einpassen der Spalten in den oben vereinbarten
  Spaltenabstand, der hier als Gesamtausdehnung der
  Anordnung in der Waagerechten angenommen wird.

- *Zeilen (- - -)*   für die Tastatureingabe der Zeilenzahl

- *Spalten* (¦ ¦ ¦)   für die Tastatureingabe der Spaltenzahl

- *Winkel der Grundlinie*
  für die Neigung der Rechteckanordnung zur X-Achse

- *OK*   zum Bestätigen und Übernehmen der festgelegten Vereinbarungen

- *Abbruch*   zum Abbrechen ohne Übernahme

■ Beispiel 11-10: Erzeugen einer Rechteckanordnung durch Zeigen der Abstände

Ein Kreis ist wie unten angegeben, mehrfach zu kopieren, so daß sich eine Rechteckanordnung mit zwei Zeilen und fünf Spalten ergibt. Das Festlegen der Zeilen- und Spaltenabstände erfolge durch Zeigen.

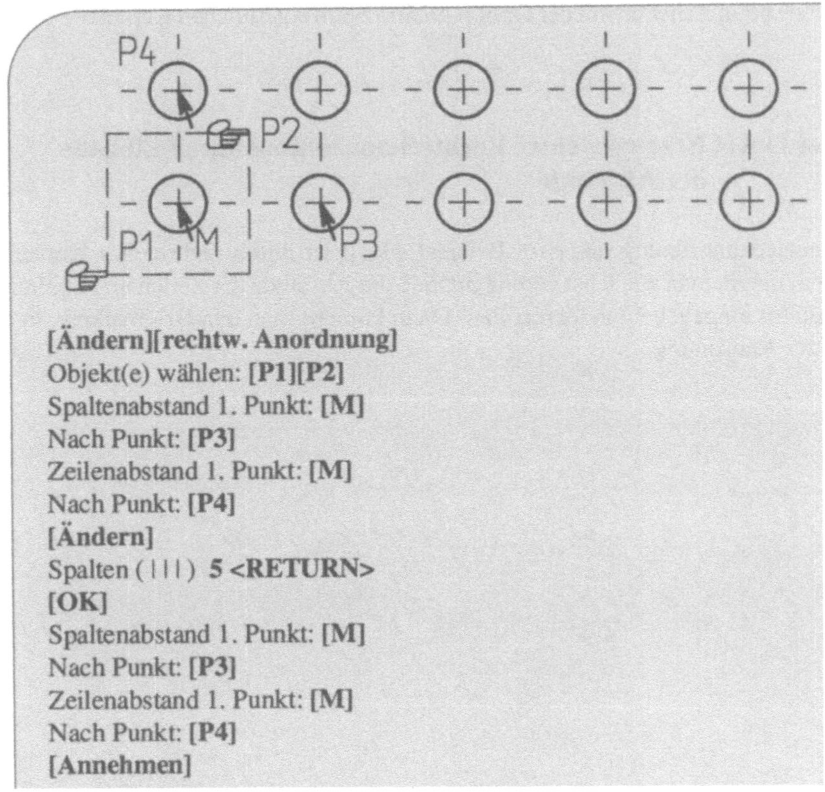

☞ *Hinweis: Standardwerte für Kopieren in Rechteckanordnung*

Werden keine speziellen Vereinbarungen für das rechtwinklige Kopieren getroffen, so gilt hierfür folgendes:

- Die Abstände zwischen den Zeilen bzw. Spalten werden durch Zeigen festgelegt.
- Es werden insgesamt vier Elemente gezeichnet, die in zwei Zeilen und zwei Spalten angeordnet sind.
- Die Grundlinie der rechteckigen Anordnung liegt waagerecht, d.h. parallel zur X-Achse.

Mit dem *Setzen*-Befehl *rechtw. Anordnung* lassen sich die obigen Standardwerte variieren.

***Setzen*-Befehl *rechtw. Anordnung*: Festlegen der Parameter für mehrfaches Kopieren in rechtwinkliger Anordnung**

Mit diesem Befehl wird das Dialogfenster *Werte der rechtwinkligen Anordnung* aufgerufen. Hierüber kann der Anwender die Parameter für das Kopieren in Rechteckanordnung - wie beim Arbeiten mit der Option *Ändern* beim eigentlichen Kopieren - festlegen.

■ Beispiel 11-11: Erzeugen einer Rechteckanordnung durch Eingabe der Abstände

Die Rechteckanordnung aus dem Beispiel 11-10 ist durch mehrfaches Kopieren zu erstellen, indem man zunächst vereinbart, daß die Abstände der Zeilen und Spalten über die Tastatur eingegeben werden sollen. Dann kopiere man den Originalkreis in rechtwinkliger Anordnung.

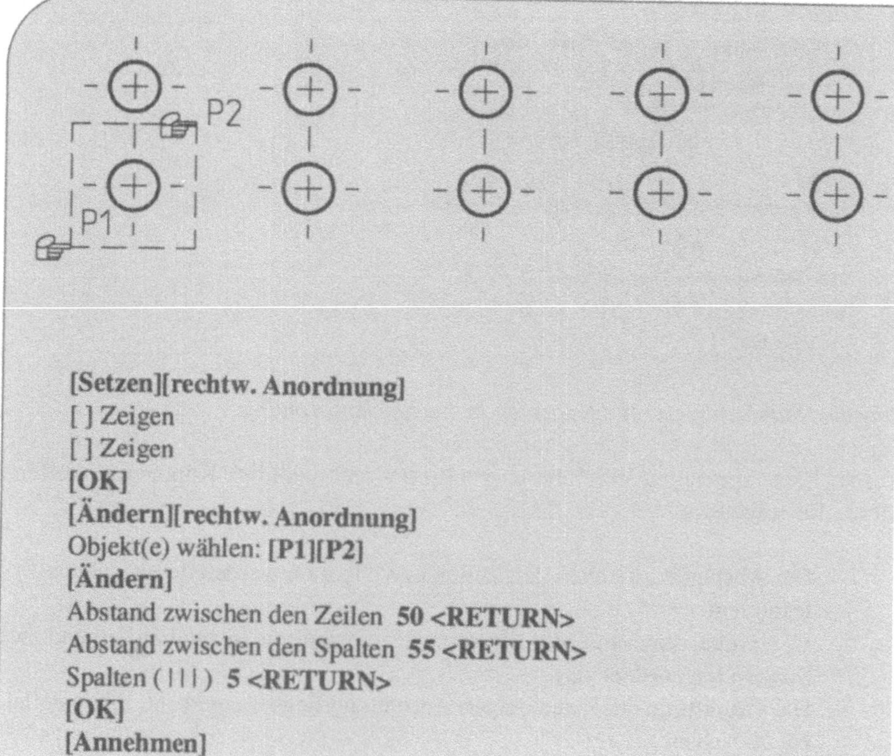

Im voraufgegangenen Beispiel sind beide Abstände positiv. In diesem Fall befindet das Original nach dem Kopieren in der linken unteren Ecke des erstellten Rechteckrasters. Durch eine geeignete Kombination von negativen Werten für den Zeilen- oder Spaltenabstand wird die rechtwinklige Anordnung beim Kopieren so erstellt, daß das Original in jede seiner vier Ecken gelegt werden kann. Dies kann man auch beim Zeigen der Abstände erreichen.

◆ **Aufgabe 11-6: Platte mit Durchbrüchen**

Die Zeichnung aus Aufgabe 11-3 ist mit dem Befehl rechtw. Anordnung zu erstellen.

11.3 Ändern der Abmessungen eines Zeichnungselementes

Für das Ändern der Abmessungen von Zeichnungsobjekten stehen in AutoSketch die *Ändern*-Befehle *Varia* und *Strecken* zur Verfügung, und zwar lassen sich hiermit

-   Abmessungen in X- und Y-Richtung mit einem konstanten Faktor variieren bzw.
-   Abmessungen in einer beliebigen Richtung vergrößern und verkleinern.

Beim Variieren der Größe eines oder mehrerer Elemente werden die entsprechenden Änderungen sowohl in X- als auch in Y-Richtung mit dem gleichen Faktor vorgenommen. Dieser Faktor wird durch die Vorgabe von zwei Punkten mit einer Genauigkeit von einer Dezimalstelle festgelegt. Hierbei gilt:

-   Faktor < 1.0 für Verkleinerungen,
-   Faktor = 1.0 für unveränderte Darstellung und
-   Faktor > 1.0 für Vergrößerungen.

Ändern-Befehl *Varia*: **Variieren der Größe eines Zeichnungselements**

Nach dem Aufruf des Befehls *Varia* oder dem Drücken der Tastenkombination <Ctrl+F6> ergibt sich folgender Dialog:

        Objekt(e) wählen:
        Basispunkt:
        Zweiter Punkt:

Hier sind zunächst die zu verändernden Objekte durch Zeigen oder mit einem Fenster auszuwählen. Der Basispunkt stellt einen Fixpunkt bei der Variation der Objektgröße dar und bleibt als solcher in seiner ursprünglichen Lage. Er kann an einer beliebigen Stelle der Zeichnung - auch außerhalb der gewählten Objekte - vereinbart werden. Mit der Wahl des zweiten Punktes wird der Skalierungsfaktor festgelegt. Dies erfolgt zweckmäßigerweise durch Zeigen, da hierbei für die jeweilige Lage dieses Punktes der zugehörige Faktor in der Befehlszeile angezeigt wird. Zusätzlich erfolgt die Anzeige der mit diesem Faktor geänderten Elemente.

■ Beispiel 11-12: Vergrößern eines Maulschlüssels

Die Schlüsselweite 10 des abgebildeten Maulschlüssels soll auf den Wert 17 vergrößert werden.

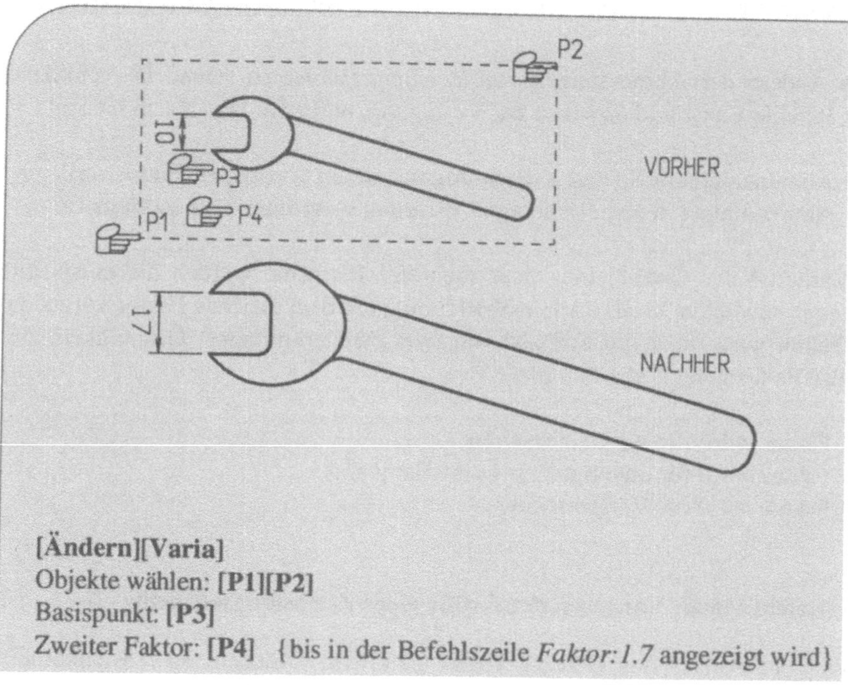

Offensichtlich werden - wie bei den bisher besprochenen *Ändern*-Befehle - die Bemaßungen automatisch angepaßt, falls sie bei der Auswahl der zu ändernden Objekte ebenfalls mit ausgewählt werden. Da die Änderungen beim Variieren jeweils in X- und Y-Richtung erfolgen, ergeben sich hier keine Probleme beim Anpassen von horizontalen bzw. vertikalen Bemaßungen.

■ Beispiel 11-13: Variieren eines Rechtecks

Ein vorgegebenes Rechteck ist zunächst auf das Vierfache zu vergrößern, dabei soll
seine linke untere Ecke in ihrer Ausgangslage bleiben. Anschließend ist das erhaltene
Rechteck auf die ursprüngliche Größe zu verkleinern, so daß sich wieder das Rechteck
in seiner Ausganglage ergibt.

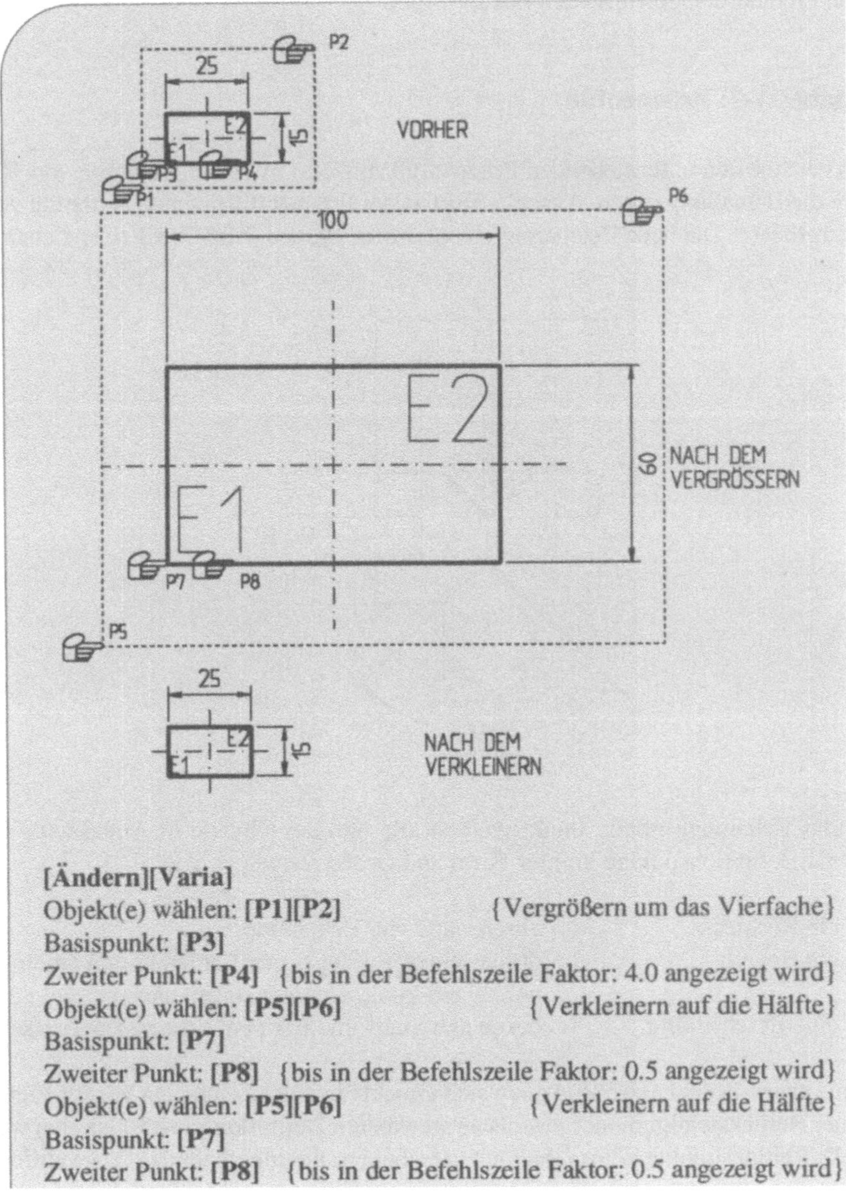

[Ändern][Varia]
Objekt(e) wählen: [P1][P2]   {Vergrößern um das Vierfache}
Basispunkt: [P3]
Zweiter Punkt: [P4]   {bis in der Befehlszeile Faktor: 4.0 angezeigt wird}
Objekt(e) wählen: [P5][P6]   {Verkleinern auf die Hälfte}
Basispunkt: [P7]
Zweiter Punkt: [P8]   {bis in der Befehlszeile Faktor: 0.5 angezeigt wird}
Objekt(e) wählen: [P5][P6]   {Verkleinern auf die Hälfte}
Basispunkt: [P7]
Zweiter Punkt: [P8]   {bis in der Befehlszeile Faktor: 0.5 angezeigt wird}

☞ *Hinweis: Variationsfaktor mit mehreren Nachkommastellen*

Ein Variationsfaktor mit mehr als einer Nachkommastelle kann nicht direkt durch Zeigen vereinbart werden, weil nur Änderungen von der Größe 0,1 möglich sind. Variationen mit Faktoren dieser Art lassen sich durchführen, indem man in zwei oder mehr Schritten vorgeht und jeweils Teiländerungen mit geeigneten Faktoren vornimmt, deren Produkt den gewünschten Faktor ergibt.

◆ Aufgabe 11-7: Prismenfuß

Man zeichne den untenstehenden Prismenfuß zunächst mit einer Nutbreite von 10 und führe die Bemaßung durch. Anschließend ist der Prismenfuß auf eine Nutbreite von 15 zu vergrößern. Die neue Zeichnung ist unter dem Namen PRISFUSS zu speichern.

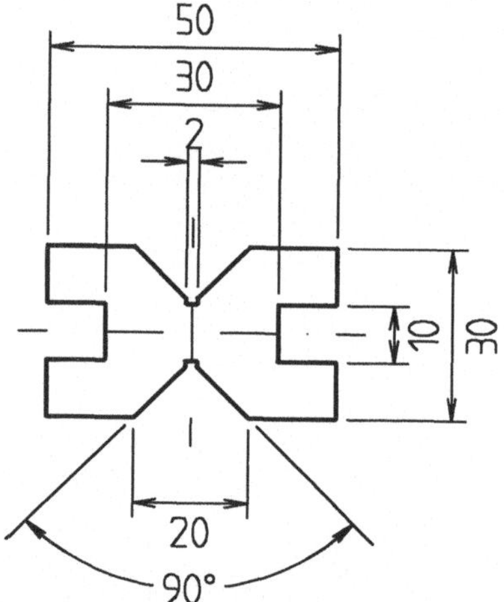

Bis auf das Zeichnungsobjekt Punkt werden alle übrigen Objekte in AutoSketch durch sogenannte Definitionspunkte in ihrer Form und Größe festgelegt, z.B.

– ein Rechteck	durch seine vier Eckpunkte,
– ein Bogen	durch seinen Anfangs- und Endpunkt und einem beliebigen Punkt auf dem Bogen und
– eine Beschriftung	durch den Start- und Endpunkt der ersten Textzeile.

Mit dem *Ändern*-Befehl *Strecken* lassen sich Objekte in einer Zeichnung verschieben, und zwar unter Berücksichtigung der jeweils ausgewählten Definitionspunkte. Hierbei werden nur die Definitionspunkte eines Objektes verschoben, die innerhalb des Auswahlfensters liegen. Die Verbindung dieser Punkte mit den Definitionspunkten außerhalb des Fensters bleiben beim Verschieben erhalten.

***Ändern*-Befehl *Strecken*: Verschieben und Strecken eines Zeichnungselementes**

Mit diesem Befehl oder über die Funktionstaste F7 erfolgt im Dialog:

>   Erste Ecke:
>   Zweite Ecke:
>   Streckbasis:
>   Strecken bis:

über die erste und zweite Ecke die Auswahl der zustreckenden Objekte mit den zugehörigen Definitionspunkten in einem Teilfenster. Der Abstand und die Richtung der Streckung werden durch die beiden Punkte vereinbart, die der Anwender durch Zeigen oder Koordinateneingabe vereinbart. Der auf die Anfrage *Streckbasis:* definierte Referenzpunkt muß kein Objektpunkt sein. Beim Zeigen auf den zweiten Punkt aufgrund der Anfrage *Strecken bis:* wird das gestreckte Objekt in seiner aktuellen Form angezeigt.

■ Beispiel 11-14: Strecken eines Rechtecks

Ein Rechteck mit den Seiten 80 und 40 ist in ein Trapez umzuwandeln, indem man man die beiden unteren Eckpunkte jeweils um 30 Einheiten nach links bzw. rechts verschiebt.

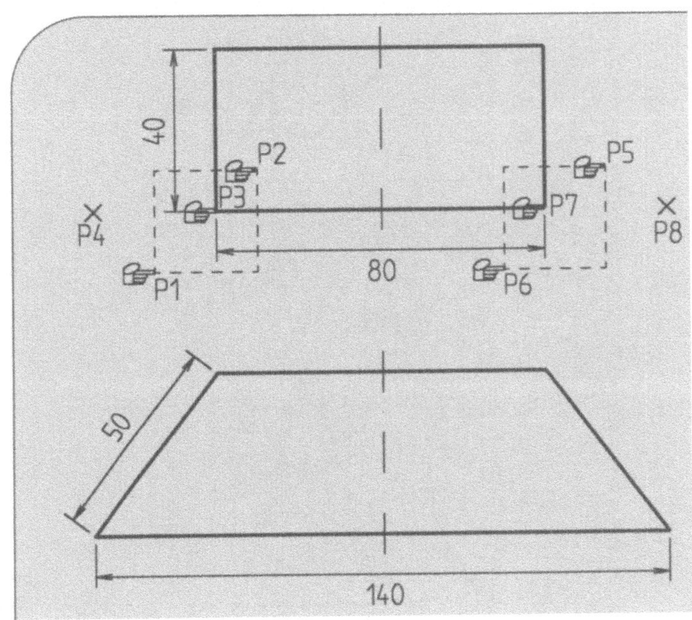

```
[Ändern][Strecken]
Erste Ecke: [P1]
Zweite Ecke: [P2]
Streckbasis: [P3]
Strecken bis: r(-30,0) <RETURN>
Erste Ecke: [P5]
Zweite Ecke: [P6]
Streckbasis: [P7]
Strecken bis: r(30,0) <RETURN>
```

Bemaßungen werden beim Strecken ebenfalls automatisch angepaßt, wenn sie durch das Teilefenster erfaßt sind. Hierbei kann es beim Anpassen von horizontalen oder vertikalen Bemaßungen zu kleineren Problemen kommen. So würde beispielsweise die verschobene linke Seite des Rechtecks im obigen Beispiel nicht automatisch von 40 auf 50 geändert, wenn die 40 als vertikale Bemaßung durchgeführt ist. In diesem Fall bliebe die Bemaßung unverändert.

■ Beispiel 11-15: Strecken unterschiedlicher Objekte

Um die Auswirkung des Strecken für unterschiedliche Objekte zu veranschaulichen, sind die die dargestellten Objekte nach unten zu strecken.

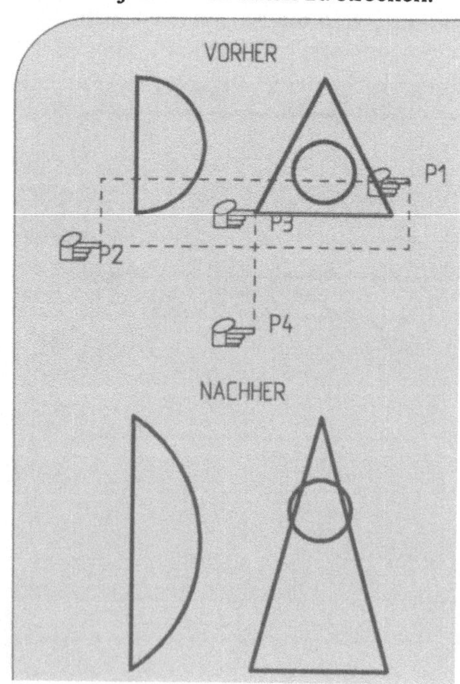

[Ändern][Strecken]
Erste Ecke: [P1]
Zweite Ecke: [P2]
Streckbasis: [P3]
Strecken bis: [P4]

Offensichtlich werden im obigen Beispiel der Halbkreis und das Dreieck gestreckt. Der Kreis bleibt in seiner Form unverändert und wird nur entsprechend verschoben, da er zu den nichtstreckbaren Objekten in AutoSketch gehört.

☞ *Hinweis: Streckbare und nichtstreckbare Objekte*

Bis auf die Objekte: Ellipse, Kreis, Plotfenster und Punkt können in AutoSketch alle übrigen Objekte: Bemaßung, Bogen, gefüllte Fläche, Kurve, Linie, Polylinie, Rechteck und Text mit dem *Ändern*-Befehl *Strecken* gestreckt werden. Für das Strecken der in diesem Buch nicht behandelten Gruppen gelten spezielle Vereinbarungen, auf die hier nicht weiter eingegangen werden soll.

Das Verschieben von Zeichnungselementen kann nicht nur mit dem *Ändern*-Befehl *Schieben* sondern auch mit dem *Ändern*-Befehl *Strecken* realisiert werden. Bei Anwendung des Befehls *Strecken* müssen dabei alle Definitionspunkte der zu verschiebenden Elemente innerhalb des Auswahlfensters liegen. Dies soll im nächsten Beispiel am Verschieben eines Rechtecks gezeigt werden.

■ Beispiel 11-16: Verschieben eines Rechtecks

Die Darstellung eines Rechtecks ist mit seinen Bemaßungen durch Anwendung des Befehls *Strecken* nach unten zu verschieben.

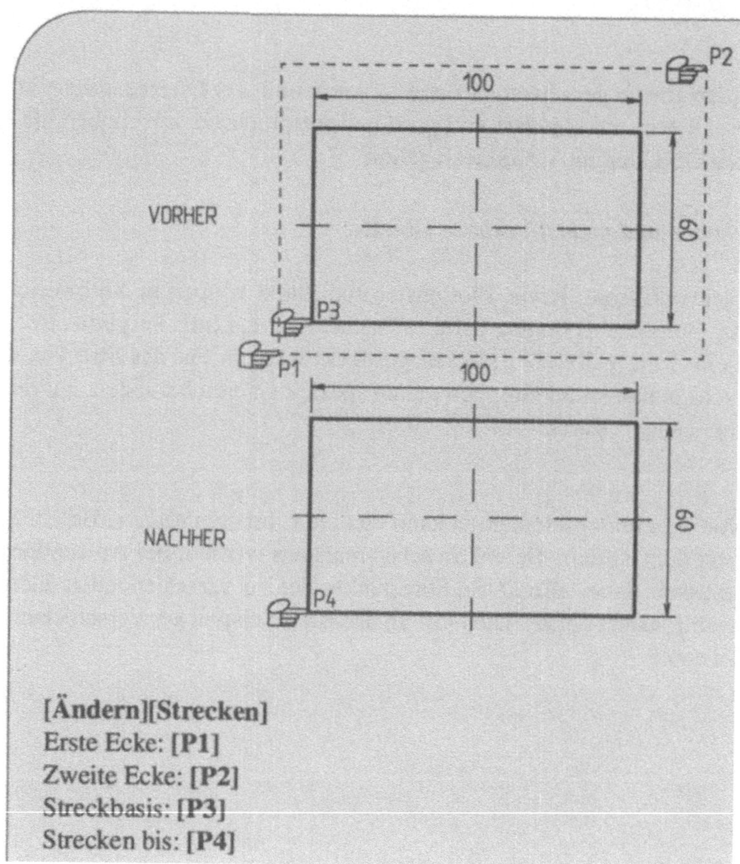

◆ Aufgabe 11-8: Bolzen

Es sind die beiden abgebildeten Bolzen mit Bemaßung zu zeichnen und gemeinsam unter dem Namen BOLZEN abzuspeichern. Man gehe dabei wie folgt vor:

- Zeichnen des oberen Bolzens mit Bemaßung und
- Ändern der Länge des rechten Zapfens von 20 auf 40.

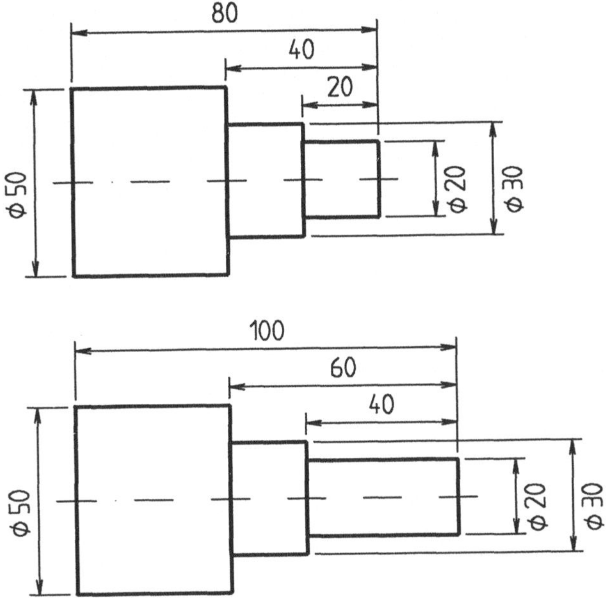

◆ Aufgabe 11-9: Druckbehälter

Man zeichne den Schnitt durch einen Druckbehälter mit einem Innendurchmesser von 100 und sichere die Zeichnung unter dem Namen BEHAELT1. Anschließend erstelle man eine entsprechende Zeichnung BEHAELT2 für einen Druckbehälter mit einem Innendurchmesser von 120.

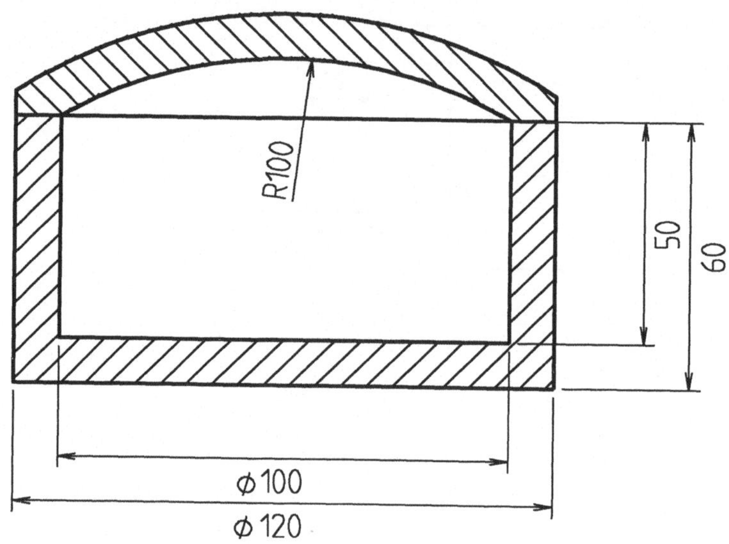

11.4 Ändern von Eigenschaften eines Zeichnungselementes

Prinzipiell wird in AutoSketch jedes Zeichnungselement intern durch bestimmte Größen beschrieben, die auch als Eigenschaften bezeichnet werden. Durch welche Eigenschaften ein Zeichnungsobjekt beschrieben wird, hängt von der Art des Objekts ab. Für die in diesem Buch behandelten Objekte gilt:

- Bemaßung   durch Maßpfeil, Einheiten,Genauigkeit und Schrift,

- Bogen   durch Linientyp, Mittelpunkt, Radius, Start- und Endwinkel,

- gefüllte Fläche   in Abhängigkeit vom gewählten Füllmuster für SOLID und BLANK durch den jeweiligen Namen, für CRSSHTCH durch diesen Namen, Schraffurwinkel, Linienabstand, doppelte Schraffur und Ausrichtepunkt, für übrige Muster durch den jeweiligen Namen, Drehwinkel, Maßstab und Ausrichtepunkt,

- Kreis   durch Linientyp, Mittelpunkt und Radius,

- Linie   durch Linientyp, Start- und Endpunkt,

- Plotfenster   durch Objekttyp Papier,

- Punkt   durch Koordinaten,

- Rechteck   durch Linientyp, erster Punkt, letzter Punkt und Umfang,

- Teilfenster   durch Objekttyp Papier und

- Text   durch Schrift, Anzahl der Zeilen, Texthöhe, Winkel, Weitenfaktor, Neigungswinkel und Ausrichtung.

Das Ändern der Eigenschaften eines bereits existierenden Objekts kann mit dem *Setzen*-Befehl *Eigenschaft* und dem *Ändern*-Befehl *Eigenschaft* durchgeführt werden, und zwar in der Regel in zwei Schritten:

- Festlegen der zu ändernden Eigenschaften mit dem *Setzen*-Befehl *Eigenschaft* und
- Auswahl der anzupassenden Objekte mit dem *Ändern*-Befehl *Eigenschaft*.

Setzen-Befehl _Eigenschaft_: Festlegen der zu ändernden Eigenschaften

Mit diesem Befehl wird in dem Dialogfenster:

Eigenschaften ändern

✓	Farbe
✓	Mappfeil
✓	Mapeinheiten
✓	Schrift
✓	Layer
✓	Linientyp
✓	Muster
✓	Polylinienbreite
✓	Text

OK   [Abbruch]

vereinbart, welche Eigenschaften geändert werden können.

Ändern-Befehl _Eigenschaft_: Ändern von Eigenschaften von Zeichnungsobjekten

Nach Aufruf dieses Befehl erfolgt auf die Anfrage:

> Objekt(e) wählen:

die Auswahl der zu ändernden Objekte durch Zeigen auf diese Objekte oder durch Setzen eines Teil- bzw. Ganzfensters. Die ausgewählten Objekte werden anschließend mit ihren neuen Eigenschaften angezeigt.

☞ _Hinweis: Rückgängigmachen der Änderung von Eigenschaften_

Führt die Änderung von Eigenschaften zu fehlerhaften Darstellungen, so kann man eine solche Änderung mit dem Aufruf des _Ändern_-Befehls _ZLösch_ rückgängigmachen.

Mit den oben angegebenen Befehlen lassen sich beispielsweise Schraffuren in einer Zeichnung auf folgende Weise ändern:

- Laden der zu ändernden Zeichnung mit dem _Datei_-Befehl _Öffnen_,
- Ändern des aktuellen Schraffurmusters mit dem _Setzen_-Befehl _Muster_,
- Festlegen der Möglichkeit zum Ändern von Schraffuren mit dem _Setzen_-Befehl _Eigenschaft_,
- Anpassen der Schraffur mit dem _Ändern_-Befehl _Eigenschaft_ und
- Sichern der geänderten Datei mit dem _Datei_-Befehl _Sichern_.

Das Laden der zu ändernden Zeichnung kann entfallen, wenn diese Zeichnung bereits geöffnet ist. Ebenso kann der Aufruf des *Setzen*-Befehls *Eigenschaft* nicht erforderlich sein, falls die Änderungsmöglichkeit für Muster bereits vereinbart worden ist.

■ Beispiel 11-17: Ändern einer Schraffur

In der bereits geöffneten Zeichnung des Winkels aus dem Beispiel 10-3 ist die vorhandene Grundschraffur durch eine Schraffur mit dem Muster LINE, dem Drehwinkel 90° und dem Maßstab 20 zu ersetzen.

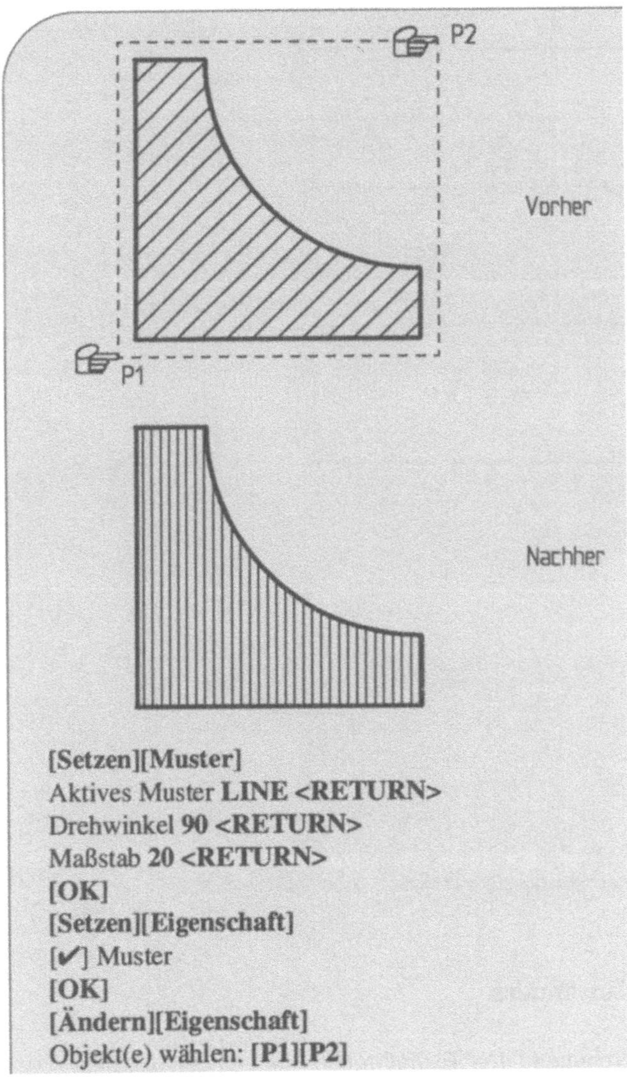

[Setzen][Muster]
Aktives Muster **LINE** **<RETURN>**
Drehwinkel **90** **<RETURN>**
Maßstab **20** **<RETURN>**
[OK]
[Setzen][Eigenschaft]
[✔] Muster
[OK]
[Ändern][Eigenschaft]
Objekt(e) wählen: [P1][P2]

Ganz analog zum Ändern einer Schraffur lassen sich auch andere Eigenschaften eines
Zeichnungselementes ändern, wie z.B. die Linienart und die Darstellung von Maßpfeilen
im nächsten Beispiel.

■ Beispiel 11-18: Ändern der Linienart und der Maßpfeilform

In der Darstellung einer Platte mit einer Bohrung sind die falsch gezeichneten Mittellinien zu verbessern und die geschlossenen Maßpfeile durch offene zu ersetzen.

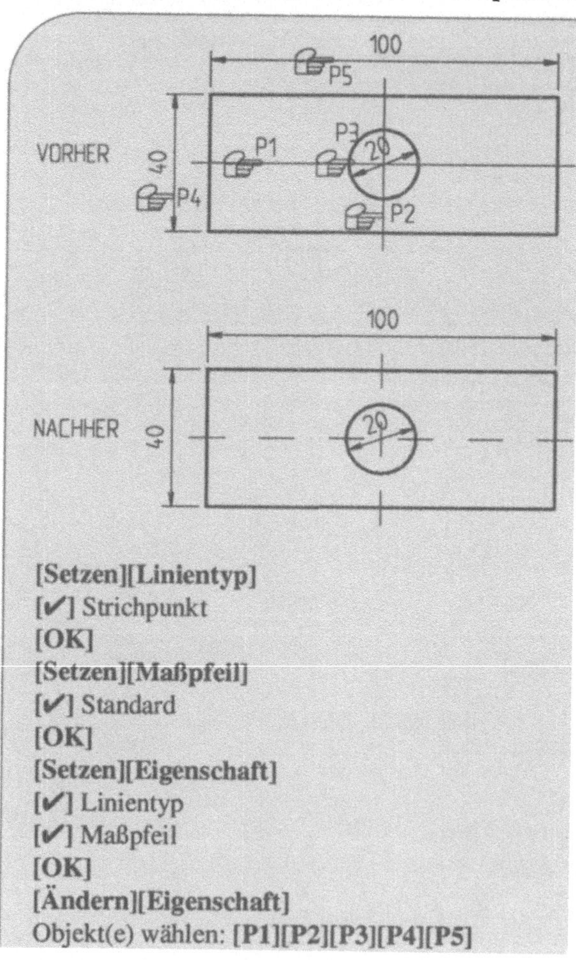

[Setzen][Linientyp]
[✔] Strichpunkt
[OK]
[Setzen][Maßpfeil]
[✔] Standard
[OK]
[Setzen][Eigenschaft]
[✔] Linientyp
[✔] Maßpfeil
[OK]
[Ändern][Eigenschaft]
Objekt(e) wählen: [P1][P2][P3][P4][P5]

◆ Aufgabe 11-10: Schraffur ändern

Die Schraffuren in der Zeichnung RINGE sind um 90° gedreht darzustellen.

12 Weitere Hilfen beim Zeichnen

Neben den bisher besprochenen Hilfen beim Erstellen einer Zeichnung mit einem CAD-System, wie beispielweise dem Spiegeln von Zeichnungselementen, gibt es eine Reihe weiterer Möglichkeiten, mit denen man sich die Zeichenarbeit erleichtern kann und die in dieser Form beim Arbeiten am Zeichenbrett nicht zur Verfügung stehen. Im wesentlichen kann ein Anwender hierfür folgende Hilfen benutzen:

- Arbeiten mit Bildausschnitten,
- Arbeiten mit Makros,
- Anwenden der Layertechnik und
- Arbeiten mit Teilzeichnungen.

Auf diese Möglichkeiten und ihre Anwendungen unter AutoSketch wird im weiteren - jeweils in einem eigenen Unterkapitel - näher eingegangen.

12.1 Arbeiten mit Bildausschnitten

Die in den voraufgegangenen Beispielen und Aufgaben erstellten Zeichnungen ließen sich ohne Einschränkungen und Verlust an Information vollständig auf dem Bildschirm darstellen. Dies gilt prinzipiell auch für jede andere Zeichnung, und sei sie noch so groß. So könnte man zum Beispiel eine Zusammenbauzeichnung gemeinsam mit den zugehörigen Einzelteilzeichnungen als eine Zeichnung auf dem Bildschirm anzeigen. Diese Darstellung liefert sicherlich eine gewisse Übersicht über die Anordnung der verschiedenen Teilzeichnungen. Sie ist aber im Hinblick auf die Darstellung von Details sehr unbefriedigend. Mit Hilfe der in diesem Abschnitt zu behandelnden Befehle kann ein Anwender durch die Wahl eines Ausschnittes der Zeichnung diese genauer auf dem Bildschirm darstellen, ohne daß sich an der eigentlichen Zeichnung etwas ändert. Dies gilt entsprechend für das Erstellen einer großen Zeichnung. Die hierfür erforderlichen Befehle werden unter AutoSketch im Menüpunkt *Ansicht* bereitgestellt.

AS-Menüpunkt *Ansicht*: Arbeiten mit Bildausschnitten

Die Hauptanwendung der Befehle dieses Menüpunktes sind:

- Verändern der Größe von Bildausschnitten,
- Verschieben von Bildausschnitten und
- Zurücksetzen von Bildausschnitten.

Hierfür existieren im einzelnen folgende Befehle:

- *Letztes Plotfenster*   Wahl des letzten Plotfensters als Ausschnitt,

- *Letzter Ausschnitt*   Zurücksetzen auf den voraufgegangenen Ausschnitt,

- *Zoom Fenster*   Festlegen eines Ausschnitts über ein Fenster,

- *Zoom voll*   Festlegen eines Ausschnitts, der sämtliche Elemente einer Zeichnung einschließt,

- *Zoom Limiten*   Festlegen eines Ausschnitts innerhalb der Zeichnungsgrenzen,

- *Zoom X*   Vergrößern oder Verkleinern eines Ausschnitts über einen positiven Faktor,

- *Pan*   Verschieben eines Ausschnitts auf dem Bildschirm und

- *Neuzeich*   Neuaufbau einer Zeichnung.

Ansicht-Befehl *Zoom X*: Festlegen eines Bildausschnitts über Zoom-Faktor

Nach Aufruf dieses Befehls erfolgt in dem Dialogfenster:

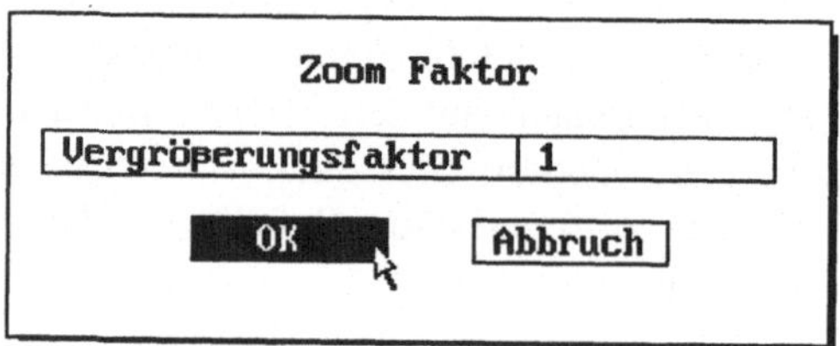

durch die Eingabe eines positiven Zahlenwerts die Festlegung, ob die Zeichnung vergrößert oder verkleinert werden soll. Wird für den Zoom-Faktor ein Wert größer als Eins eingegeben, wird die Zeichnung um diesen Faktor vergrößert. Hierbei bleibt der Mittelpunkt des bisherigen Bildausschnitts in seiner Lage unverändert. Entsprechend wird eine Zeichnung um einen Faktor verkleinert, wenn sein Wert zwischen Null und Eins liegt.

■ Beispiel 12-1: Vergrößern und Verkleinern einer Zeichnung

Die im Beispiel 2-2 in das Verzeichnis ASKURS kopierte Zeichnung GETRIEBE ist zu laden und auf das Doppelte zu vergrößern. Anschließend ist die Zeichnung in ihrer ursprünglichen Größe auf dem Bildschirm darzustellen.

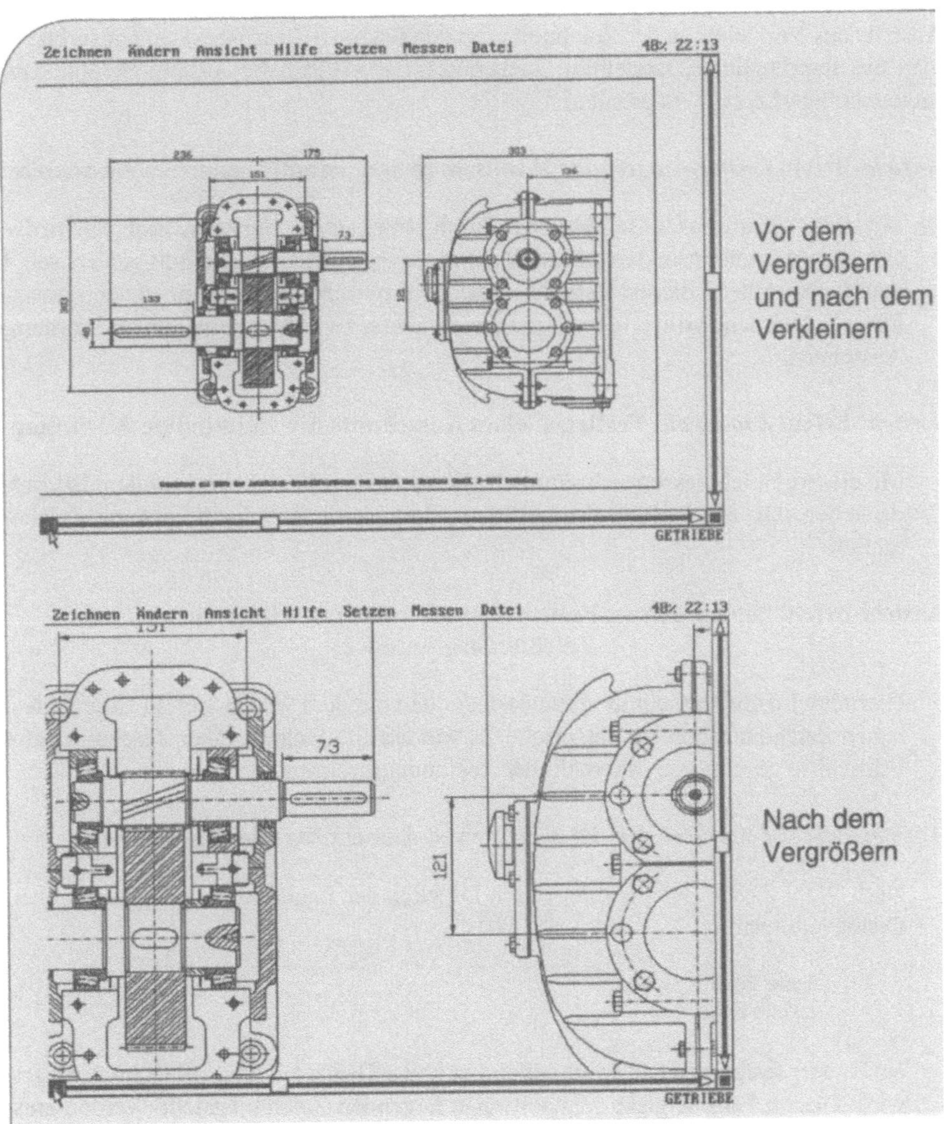

```
[Datei][Öffnen]
Datei  GETRIEBE <RETURN>
[OK]
[Ansicht][Zoom X]
Vergrößerungsfaktor 2 <RETURN>          {Vergrößern der Zeichnung}
[OK]
[Ansicht][Zoom X]
Vergrößerungsfaktor 0.5 <RETURN>        {Verkleinern der Zeichnung}
[OK]
```

Anstelle des Verkleinerns der.Zeichnung um den Faktor 0.5 auf ihre Ausgangsgröße hätte man die ursprüngliche Darstellung auch durch den Aufruf der *Ansicht*-Befehle *Letzter Ausschnitt* bzw. *Zoom voll* erhalten.

Ansicht-Befehl *Letzter Ausschnitt*: Wechseln in den voraufgegangenen Ausschnitt

Mit dem Aufruf dieses Befehls oder durch Drücken der Funktionstaste F9 wird vom aktuellen Ausschnitt in den unmittelbar voraufgegangenen Ausschnitt gewechselt. Der mehrfache Aufruf dieses Befehls, ohne daß zwischenzeitlich ein neuer Ausschnitt festgelegt wird, bewirkt einen mehrfachen Wechsel zwischen aktuellem und vorherigem Ausschnitt.

Ansicht-Befehl *Zoom voll*: Festlegen eines Ausschnitts für vollständige Zeichnung

Mit diesem Befehl lassen sich sämtliche Elemente einer Zeichnung auf dem Bildschirm darstellen, d.h., es wird hiermit ein Bildausschnitt vereinbart, der die gesamte Zeichnung umfaßt.

Ansicht-Befehl *Zoom Limiten*: Festlegen eines Ausschnitts über die Zeichnungsgrenzen

Hiermit wird ein Ausschnitt vereinbart, der den mit dem Setzen-Befehl Limiten festgelegten Zeichnungsbereich entspricht. Es werden alle Objekte einer Zeichnung auf dem Bildschirm gezeigt, die innerhalb der Zeichnungsgrenzen liegen.

Ansicht-Befehl *Zoom Fenster*: Festlegen eines Ausschnitts über ein Fenster

Nach Wahl dieses Befehls oder durch Drücken der Funktionstaste F10 wird über die Dialogvereinbarung:

    Erste Ecke:
    Zweite Ecke:

ein Fenster festgelegt, das anschließend in voller Größe auf dem Bildschirm dargestellt wird. Die im Fenster ganz oder teilweise liegenden Zeichnungsteile werden entsprechend vergrößert dargestellt, und zwar unabhängig davon, ob das Fenster aufgrund der unterschiedlichen Reihenfolge bei der Eingabe der Ecken als Teil- oder Ganzfenster vereinbart worden ist.

■ Beispiel 12-2: Vergrößern einer Zeichnung über ein Fenster

In der Ausgangszeichnung für das Getriebe im Beispiel sind nacheinander zwei Ausschnitt-Vergrößerungen vorzunehmen. Anschließend sind diese wieder rückgängig zu machen.

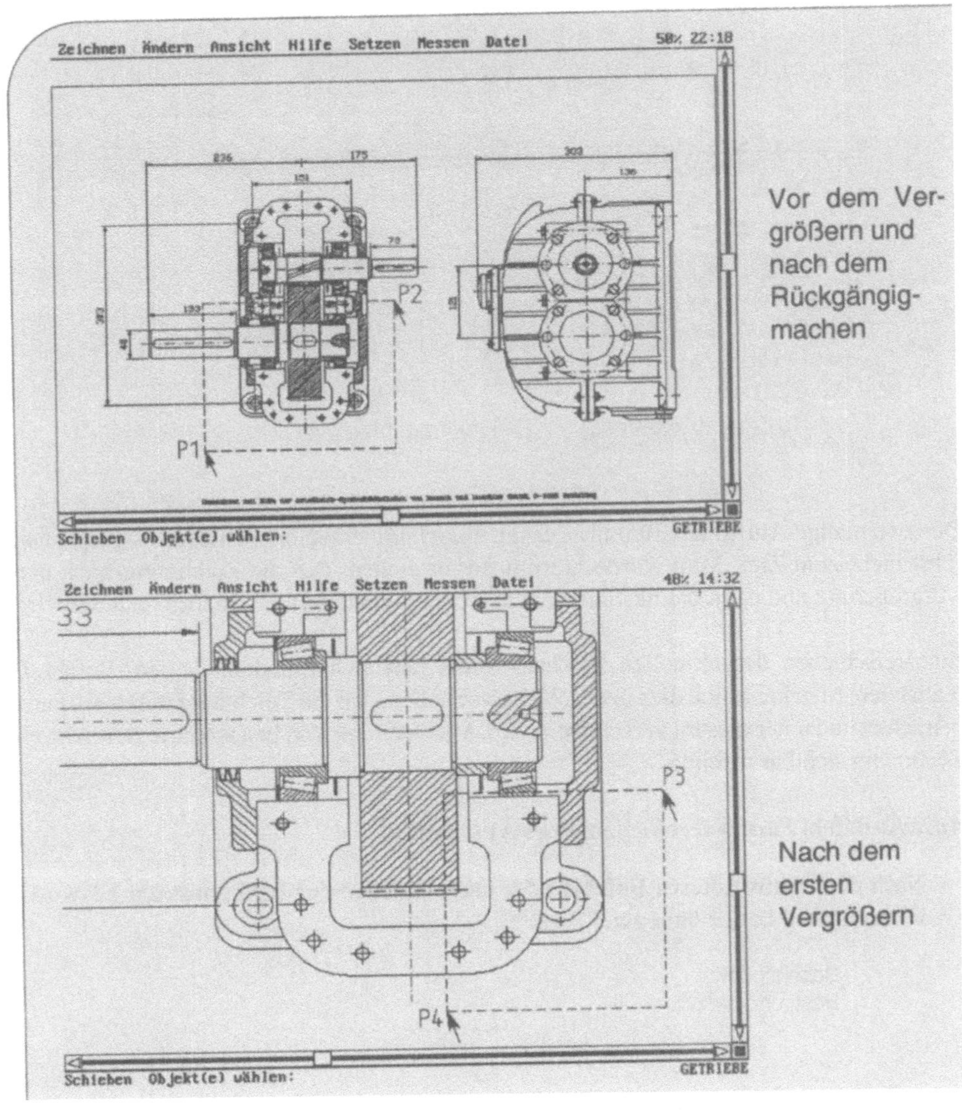

Vor dem Vergrößern und nach dem Rückgängigmachen

Nach dem ersten Vergrößern

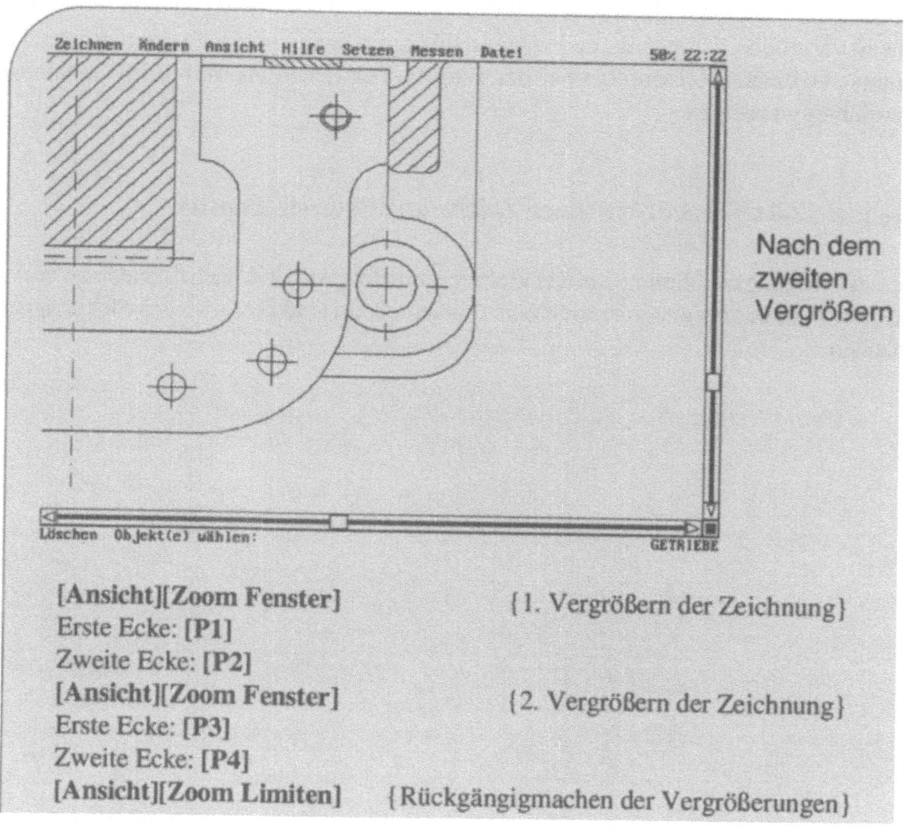

Nach dem
zweiten
Vergrößern

[Ansicht][Zoom Fenster]   { 1. Vergrößern der Zeichnung}
Erste Ecke: [P1]
Zweite Ecke: [P2]
[Ansicht][Zoom Fenster]   { 2. Vergrößern der Zeichnung}
Erste Ecke: [P3]
Zweite Ecke: [P4]
[Ansicht][Zoom Limiten]   { Rückgängigmachen der Vergrößerungen}

Der zweimalige Aufruf des Befehls *Letzter Ausschnitt* zum Erstellen der Ausgangsansicht
führt nicht zum Ziel. Man würde hiermit nur erreichen, daß die Zeichnung nach der 1.
Vergrößerung und dann die nach der 2. Vergrößerung auf dem Bildschirm erzeugt wird.

Ein Verschieben des aktuellen Bildausschnitts läßt sich mit dem *Ansicht*-Befehl *Pan*
realisieren. Man kann sich dies in der Weise vorstellen, daß die Zeichnung durch ein Fenster
betrachtet und unter diesem verschoben wird. Man kann hiermit benachbarte Bereiche einer
Zeichnung sichtbar machen.

Ansicht-Befehl *Pan*: Verschieben eines Ausschnitts

Nach dem Aufruf dieses Befehls oder nach Drücken der Funktionstaste F8 wird die
Richtung und Länge über zwei Punkte:

Bezugspunkt:
Bestimmungsort:

im Dialog festgelegt. Dies kann durch Zeigen oder Tastatureingabe ihrer Koordinaten erfolgen. Anschließend wird der neue Ausschnitt der Zeichnung gezeichnet, wobei der zuletzt vereinbarte Punkt die Lage des ersten Punkts einnimmt.

■ Beispiel 12-3: Verschieben eines Ausschnitts durch Zeigen

Die Zeichnung GETRIEBE sei in doppelter Größe auf dem Bildschirm dargestellt. Der Bildausschnitt ist in geeigneter Weise zu verschieben, so daß der linke untere Teil der Zeichnung sichtbar wird. Anschließend ist die Zeichnung in ihre Ausgangslage zu bringen.

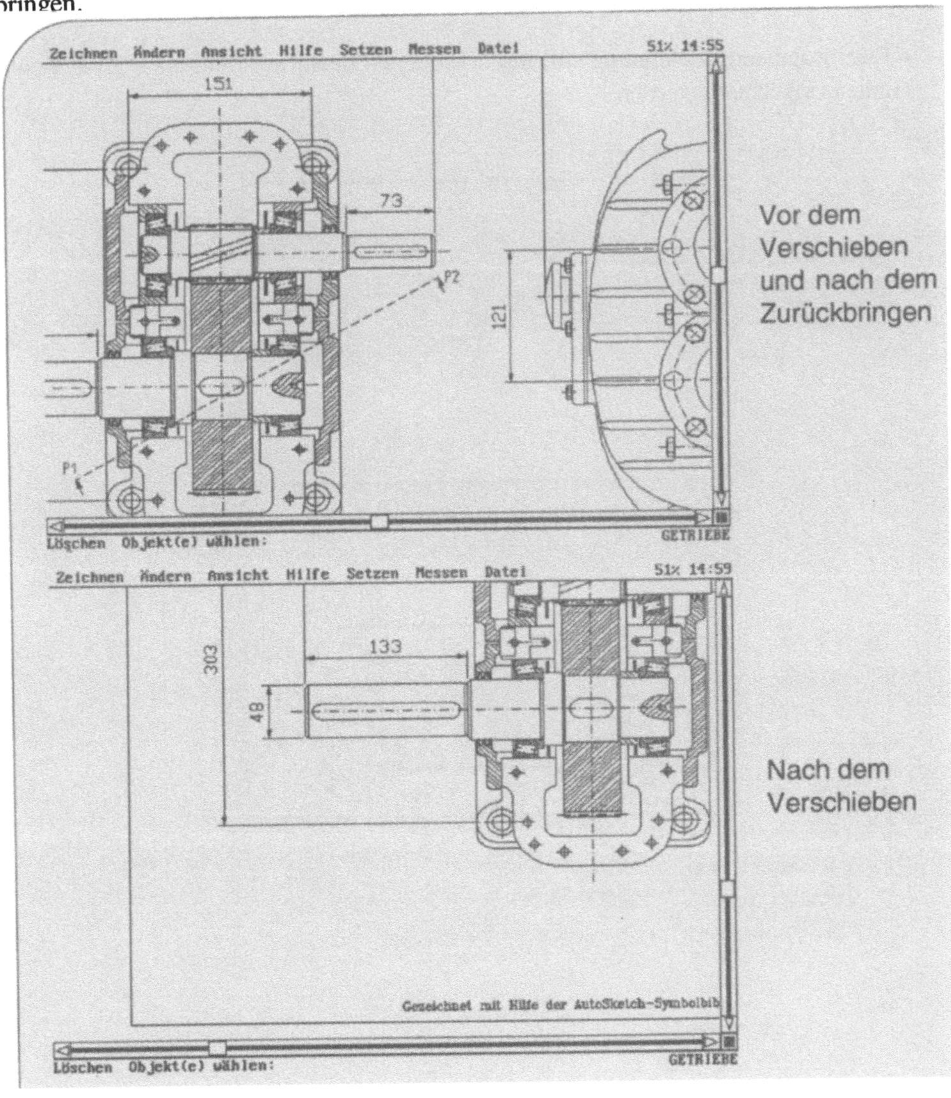

[Ansicht][Pan]
Bezugspunkt: [P1]
Bestimmungsort: [P2]
[Ansicht][Letzter Ausschnitt]

Entsprechend kann man sich die übrigen Zeichnungsteile in doppelter Größe ansehen.

■ Beispiel 12-4: Verschieben eines Ausschnitts über Tastatureingabe der Punkte

Eine bestehende Zeichnung soll um 5 Einheiten nach links und um 3 Einheiten nach unten verschoben werden.

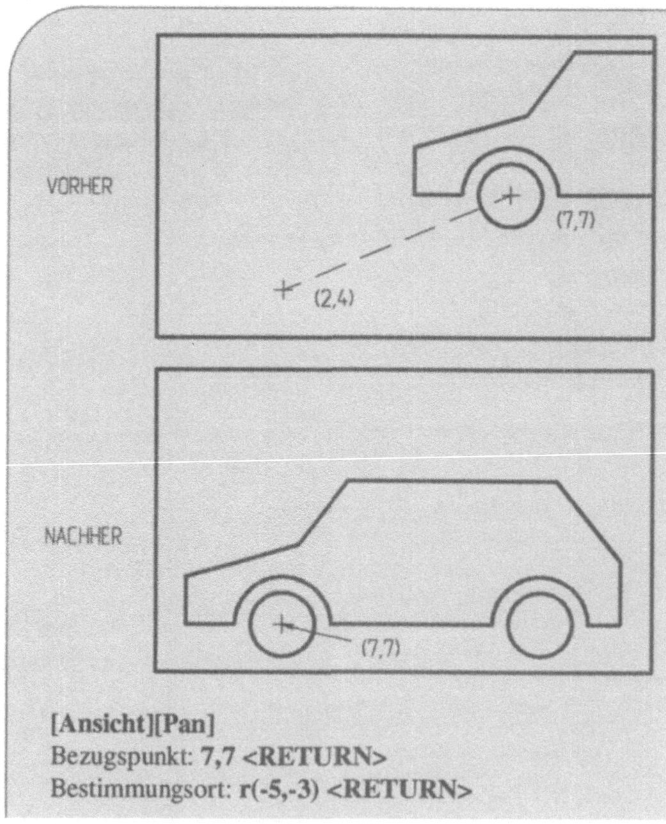

[Ansicht][Pan]
Bezugspunkt: 7,7 <RETURN>
Bestimmungsort: r(-5,-3) <RETURN>

◆ **Aufgabe 12-1: Beispielzeichnung ELEKTRO in vergrößerter Darstellung ansehen**

Die in der Aufgabe 2-1 in das Verzeichnis ASKURS kopierte Zeichnung ELEKTRO ist zu laden und auf dem Bildschirm in 2.5-facher Größe darzustellen. Anschließend sind nacheinander Zeichnungsteile, die außerhalb des Bildschirms liegen, durch Verschieben sichtbar zu machen.

Beim Erstellen von Zeichnungen kann es bei einigen AutoSketch-Befehlen, wie z.B. beim Löschen von Zeichnungselementen u.U. zu kleinen Darstellungsmängeln in der Zeichnung kommen. Beispielsweise können sich Unterbrechungen in Linien oder nicht mehr sichtbare Rasterpunkte ergeben. Diese kleinen Fehler werden bei einem Neuaufbau beseitigt. Ein solcher Neuaufbau kann vom Anwender durch

- Drücken des Feldes *Neuzeich* in der rechten unteren Bildschirmecke oder
- Aufruf des *Ansicht*-Befehls *Neuzeich*

aktiviert werden, und zwar auch während der Ausführung eines anderen Befehls. Die erste Möglichkeit des Neuaufbaus einer Zeichnung durch Drücken des Feldes *Neuzeich* ist nur dann möglich, wenn bei der Konfiguration von AutoSketch die Schieber eingeschaltet werden.

Ansicht-**Befehl** *Neuzeich*: **Neuaufbau einer Zeichnung**

Nach Aufruf dieses Befehls erfolgt der Neuaufbau einer Zeichnung. Dieser kann relativ viel Zeit in Anspruch nehmen und läßt sich durch Drücken der Tastenkombination <CTRL+C> abbrechen.

12.2 Das Arbeiten mit Makros

In AutoSketch lassen sich - wie in vielen anderen Softwaresystemen - Befehlsfolgen aufzeichnen und in sogenannten Makros abspeichern. So kann man mehrfach vorkommende Eingaben von Befehlen und Daten in Makros zusammenfassen und zu einem späteren Zeitpunkt mit dem Aufruf des jeweiligen Makros aktivieren. Auf diese Weise läßt sich der Arbeitsaufwand beim Erstellen einer Zeichnung erheblich verringern. Erkennt man beispielsweise beim Zeichnen, daß eine bestimmte Hilfkonstruktion mehrfach durchzuführen ist, so wird man diese bei ihrer ersten Ausführung in einem Makro aufzeichnen und die weiteren Male durch Aufruf dieses Makros realisieren. Eine weitere Anwendung von Makros ergibt sich beim Zeichnen von Norm- und Wiederholteilen, wie z.B. von Nieten und Schrauben. Die wesentlichen Möglichkeiten für das Arbeiten mit Makros unter AutoSketch sind:

- das Aufzeichnen einer Befehlsfolge in einem Makro und
- die Ausführung dieser Befehle durch Abspielen des Makros.

Für das Erstellen eines Makros stehen die *Hilfe*-Befehle *Makro aufzeichnen*, *Makro beenden* und *Bedienereingabe* zur Verfügung.

Hilfe-Befehl *Makro aufzeichnen*: Starten einer Makro-Aufzeichnung

Nach dem Aufruf dieses Befehls werden alle weiteren Eingaben des Benutzers aufgezeichnet. Dies erfolgt unabhängig davon, ob die jeweiligen Menüpunkte, Befehle und Werte über die Tastatur oder mit einem Zeigegerät festgelegt werden.

Hilfe-Befehl *Makro beenden*: Abschließen einer Makro-Aufzeichnung

Während des Aufzeichnens eines Makros, d.h. nach Aufruf des *Hilfe*-Befehls *Makro aufzeichnen*, wird anstelle dieses Befehls der Befehl *Makro beenden* zur Auswahl angeboten. Mit dem Aufruf des letzteren Befehls wird die Aufzeichnung beendet und die so erfaßte Befehlsfolge in der Standard-Makrodatei SKETCH.MCR abgespeichert.

■ Beispiel 12-5: Erstellen eines Makros mit einem festen Ablauf

Mit Hilfe eines Makros soll der folgende Ablauf realisiert werden:

- Öffnen der Prototypzeichnung PRODINA4,
- Umranden der Zeichnungsfläche mit einem Rechteck und
- Unterteilen dieses Rechtecks in vier gleich große Bereiche.

Man erhält das gewünschte Makro durch das Aufzeichnen der hierfür erforderlichen Befehle.

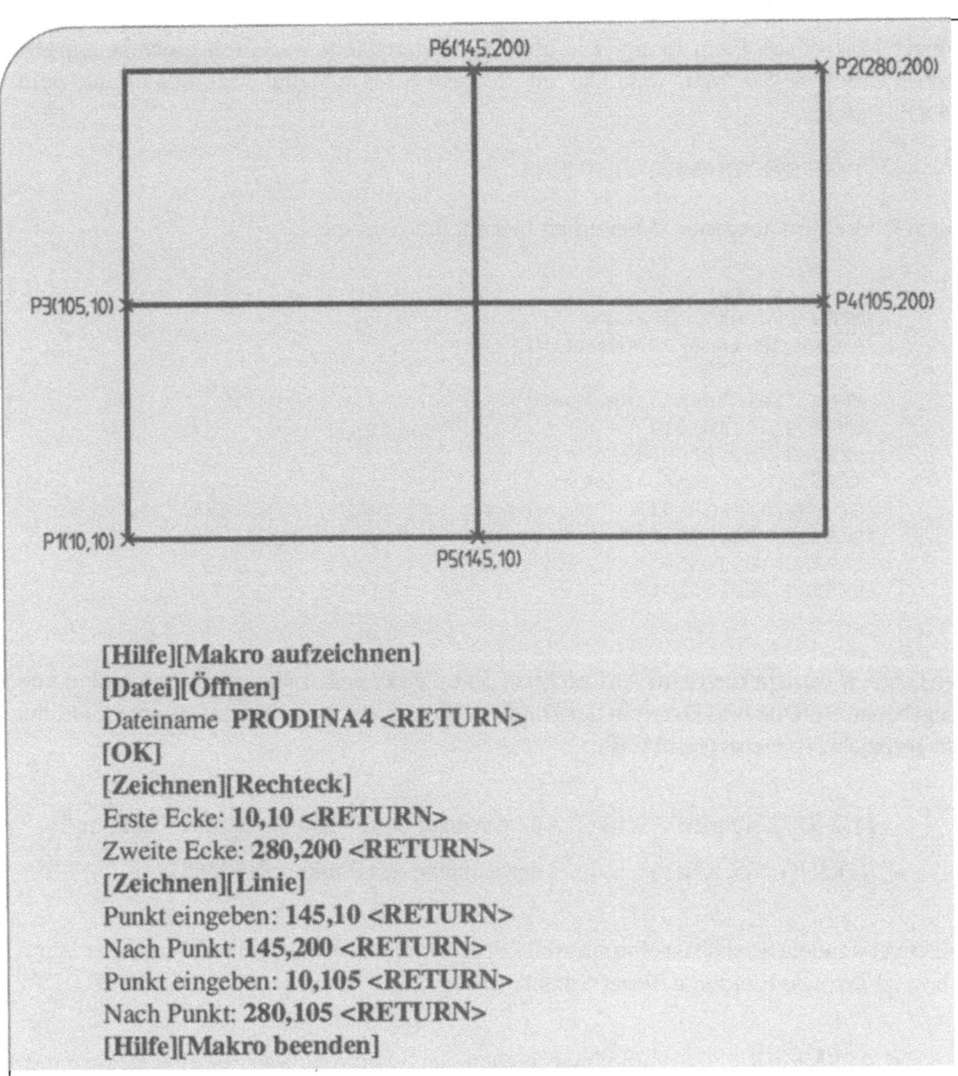

[Hilfe][Makro aufzeichnen]
[Datei][Öffnen]
Dateiname **PRODINA4 <RETURN>**
[OK]
[Zeichnen][Rechteck]
Erste Ecke: **10,10 <RETURN>**
Zweite Ecke: **280,200 <RETURN>**
[Zeichnen][Linie]
Punkt eingeben: **145,10 <RETURN>**
Nach Punkt: **145,200 <RETURN>**
Punkt eingeben: **10,105 <RETURN>**
Nach Punkt: **280,105 <RETURN>**
[Hilfe][Makro beenden]

☞ *Hinweis: Interne Darstellung von Makrodateien*

Die im obigen Beispiel erstellte Makrodatei SKETCH.MCR wird vom System als
Textdatei abgespeichert und kann mit jedem Textsystem, wie z.B. dem Texteditor von
AutoSketch, bearbeitet werden. Dies gilt entsprechend für beliebige Makrodateien, die
mit der Extension .MCR gekennzeichnet werden.

Mit einer Makrodatei kann man - wie oben bereits erwähnt - wie mit einer beliebigen Textdatei arbeiten. So kann man die im Beispiel 12-5 erstellte Makrodatei mit dem MS-DOS-Befehl:

```
TYPE SKETCH.MCR <RETURN>
```

auf dem Bildschirm ausgeben. Man erhält hiermit die Anzeige:

```
MENU "Datei","ÖFFNEN"
BTEXT 20 16 0 PRODINA4\013
STRING \013
MENU "Zeichnen","Rechteck"
STRING 10,10\013
STRING 280,200\013
MENU "Zeichnen","Linie"
STRING 135,10\013
STRING 135,200\013
STRING 10,105\013
STRING 280,105\013
```

Offensichtlich werden die beim Aufzeichnen eines Makros festgelegten Menüpunkte und eingegebenen Befehle und Daten in der Datei SKETCH.MCR in einer etwas abgeänderten Form gespeichert, so entspricht z.B.:

- MENU "Zeichnen","Linie"   dem Aufruf des Zeichnen-Befehls Linie und
- STRING 135,10\013   der Eingabe des Punktes P(135,10).

Die hier verwendete Spache ist eine spezielle Programmiersprache und wird als Makrosprache bezeichnet. Die Elemente dieser Sprache sind:

- ASK USER   zum Unterbrechen eines Makroablaufs für eine Benutzereinga
- BTEXT   für die Eingabe eines Textes in einem Dialogfeld,
- DELAY   zum Festlegen einer Pause in Millisekunden,
- MENU   für den Aufruf eines AS-Menüpunktes und Wahl eines Befeh
- PICK   für die Auswahl einer Position in einem Dialogfenster,
- POINT   für die Koordinaten eines durch Zeigen vereinbarten Punktes,
- REM   zum Formulieren einer Bemerkung in einem Makro,
- SCROLL   für die Bewegungen eines Schiebers und
- STRING   für die über die Tastatur eingegebenen Daten.

Die Speicherung von nichtdruckbaren Zeichen erfolgt mit ihrem zugehörigen ASCII-Wert, dem ein "\" (Rückwärtsschrägstrich oder Backslash) vorangestellt ist, wie z.B.:

- \008   für das Drücken der Backspace-Taste,
- \013   für das Drücken der Return-Taste und
- \211   für das Drücken der Del-Taste.

Da das Arbeiten mit der AS-Makrosprache relativ einfach ist, wird im weiteren auf die einzelnen Elemente dieser Sprache nicht näher eingegangen, sondern in einigen Beispielen ihre Anwendung veranschaulicht.

Wie Programme in anderen höheren Programmiersprachen sollte ein AS-Makroprogramm übersichtlich und gut lesbar sein. Dies ist für ein durch Aufzeichnen entstandenes Makro nicht immer der Fall. Man sollte ein solches Programm in dieser Hinsicht 'nachbessern'. Dies kann durch Editieren der zugehörigen Makrodatei mit einem beliebigen Textsystem im Programm-Modus oder einem Texteditor erfolgen. Ohne AutoSketch zu verlassen, kann hierfür mit dem *Zeichnen*-Befehl *Texteditor* der in AutoSketch installierte Texteditor benutzt werden.

■ Beispiel 12-6: Ändern einer Makrodatei mit dem AS-Texteditor

Die im voraufgegangenen Beispiel erstellte Datei SKETCH.MCR ist durch Einrückungen und Bemerkungen übersichtlicher und besser lesbar zu gestalten.

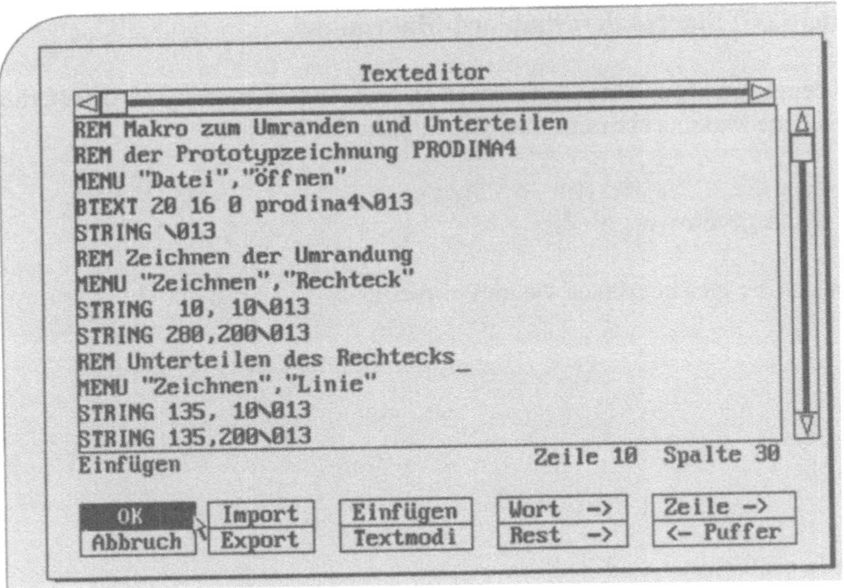

```
[Zeichnen][Texteditor]
Punkt eingeben: [beliebiger Punkt]
[Import]
Dateiname: SKETCH.MCR <RETURN>
[OK]
Ausführen der Verbesserungen und Ergänzungen
[Export]
Dateiname: SKETCH.MCR <RETURN>
[OK]
[Abbruch]
[Aufgeben]
```

Von seiner Wirkung unterscheidet sich das neue Makro von dem durch Aufzeichnen entstandenen Makro in keiner Weise. Prinzipiell kann man in gleicher Weise vorhandene Befehle ändern oder löschen bzw. neue Befehle in ein Makro einfügen.

Hilfe-Befehl *Makro abspielen*: Abspielen eines Makros

Hiermit wird ein Makro gestartet, d.h., die in der zugehörigen Makrodatei aufgezeichneten Befehle und Eingaben werden in der vorgegebenen Reihenfolge abgearbeitet. In der Regel handelt es sich hierbei um die Standarddatei SKETCH.MCR. Soll ein beliebiges Makro abgespielt werden, muß vorher seine Makrodatei mit dem *Datei*-Befehl *Makro öffnen* geladen werden.

■ Beispiel 12-7: Starten der Standard-Makrodatei

Nach dem Starten von AutoSketch ist das in der Standard-Makrodatei SKETCH.MCR gespeicherte Makro zu starten. Nach der Eingabe der Befehle:

```
C:\ASKURS\SKETCH3 <RETURN>
[Hilfe][Makro abspielen]
```

ergibt sich der gleiche Ablauf wie im Beispiel 12-5.

☞ *Hinweis: Aufruf eines Makros beim Start von AutoSketch*

Der Aufruf eines Makros kann direkt beim Start von AutoSketch in der Form:

- SKETCH3 -MSKETCH   für die Standard-Makrodatei bzw.
- SKETCH3 -MDateiname   für eine beliebige Makrodatei

erfolgen, dabei ist der Dateiname ohne die Extension .MCR anzugeben.

☞ *Hinweis: Probleme beim Abspielen eines Makros*

Beim Abspielen eines Makros kann es u.U. zu Problemen kommen, da Makros von dem jeweils verwendeten Bildschirm abhängen, d.h., ein beim Arbeiten an einem VGA-Bildschirm aufgezeichnetes Makro ist für einen anderen Bildschirmtyp nicht lauffähig, sondern führt zu einem Abbruch. Aus ähnlichen Gründen sollten Festlegungen in einem Dialogfenster, wie z.B. von Dateinamen, Schriftarten oder Füllmustern nicht durch Anklicken sondern durch die Tastureingabe des Namens erfolgen.

Mit den bisher besprochenen Befehlen können Makros nur in der Standarddatei SKETCH.MCR gespeichert werden, die mit jedem Aufzeichnen eines neuen Makros überschrieben wird. Damit man zu einem späteren Zeitpunkt auf ein zuvor gespeichertes Makro wieder zurückgreifen kann, läßt sich dieses mit dem *Datei*-Befehl *Makro sichern* unter einem beliebigen Namen in einer Makrodatei ablegen. Mit dem *Datei*-Befehl *Makro öffnen* kann eine solche beliebige Makrodatei in das System geladen werden. Der Start dieses Makros erfolgt wie bei der Standard-Makrodatei mit dem *Hilfe*-Befehl *Makro abspielen*.

Datei-Befehl *Makro sichern*: Sichern der Standard-Makrodatei unter einem beliebigem Namen

Mit diesem Befehl wird die aktuelle Standard-Makrodatei SKETCH.MCR unter einem beliebigen Namen als Makrodatei mit der Extension .MCR abgespeichert. Die Eingabe des jeweiligen Namens erfolgt über das Dialogfenster:

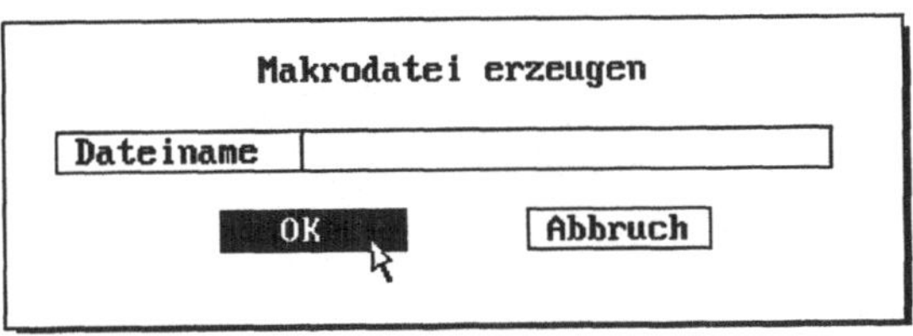

Dabei ist der Dateiname ohne die Extension .MCR einzugeben.

***Datei*-Befehl *Makro öffnen*: Laden einer beliebigen Makrodatei**

Nach Aufruf dieses Befehl wird im Dialog über das Dialogfenster Makrodatei wählen der Name der zu ladenden Makrodatei vereinbart. Anschließend wird diese Datei eingelesen und kann mit dem *Hilfe*-Befehl *Makro abspielen* gestartet werden.

■ Beispiel 12-8: Anlegen und Starten eines beliebigen Makros

Die im Beispiel 12-5 erstellte Standard-Makrodatei ist unter dem Namen 4FEN-STER.MCR zu sichern. Dies wird mit der Befehlsfolge:

```
[Datei][Makro sichern]
Dateiname: 4FENSTER <RETURN>
[OK]
```

realisiert. Unter der Annahme, daß zwischenzeitlich die Standard-Makrodatei mit einem neuen Makro überschrieben worden ist, soll das Makro 4FENSTER gestartet werden. Dies erfolgt mit:

```
[Datei][Makro öffnen]
Dateiname: 4FENSTER <RETURN>
[OK]
[Hilfe][Makro abspielen]
```

◆ Aufgabe 12-2: Erstellen eines festen Schriftfelds

In einer beliebigen DIN A4-Zeichnung sind - wie im Beispiel 8-5 für die Prototypzeichnung PRODINA4 - die Umrandung und das Schriftfeld mit Hilfe eines Makros zu zeichnen. Das Makro ist unter dem Namen SCHRFELD zu sichern.

Mit dem Makro 4FENSTER wird eine feste Befehlsfolge realisiert, die keinen flexiblen Ablauf durch eventuelle Anwendereingaben vorsieht. Dies grenzt den Einsatz eines Makros stark ein. Mit dem *Hilfe*-Befehl *Bedienereingabe* kann man beim Aufzeichnen eines Makros solche speziellen Eingaben vorsehen und so das spätere Arbeiten mit dem Makro wesentliche effektiver und flexibler gestalten.

***Hilfe*-Befehl *Bedienereingabe*: Festlegen einer Bedienereingabe**

Wird beim Aufzeichnen eines Makros dieser Befehl aufgerufen oder die Tastenkombination <Ctrl+F10> gedrückt, so wird beim Abspielen des Makros an dieser Stelle eine entsprechende Eingabe des Benutzers erwartet.

■ Beispiel 12-9: Erstellen eines Makros mit Bedienereingaben

Es soll ein Makro zum Zeichnen eines Grundsymbols für Oberflächenangaben auf der Grundlage der im Bild 12-1 vorgegebenen Darstellung entwickelt und unter dem Namen OBERFLZE.MCR gespeichert werden.

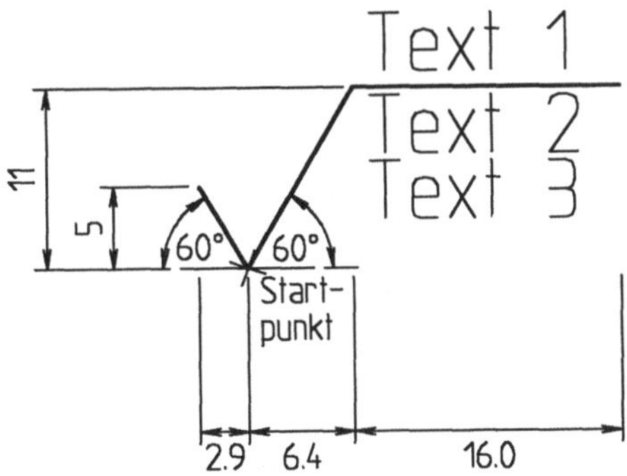

Bild 12-1: Oberflächenzeichen nach Norm

Ein Makro mit der geforderten Wirkung kann beispielsweise aufgezeichnet werden mit:

```
[Hilfe][Makro aufzeichnen]
[Zeichnen][Linie]
Punkt eingeben: [Hilfe][Bedienereingabe][Startpunkt]
Nach Punkt: r(-2.9,5) <RETURN>
Punkt eingeben: /lpoint <RETURN>
Nach Punkt: r(2.9,-5) <RETURN>
Punkt eingeben: /lpoint <RETURN>
Nach Punkt: r(6.4,11) <RETURN>
Punkt eingeben: /lpoint <RETURN>
Nach Punkt: r(16,0) <RETURN>
[Setzen][Text]
Höhe 3.5 <RETURN>
[OK]
```

```
[Zeichnen][Textzeile]
Punkteingabe r(-15,1) <RETURN>
Texteingabe: [Hilfe][Bedienereingabe] Text1 <RETURN>
Punkteingabe r(-15,1) <RETURN>
Texteingabe: [Hilfe][Bedienereingabe] Text2 <RETURN>
Punkteingabe r(-15,1) <RETURN>
Texteingabe: [Hilfe][Bedienereingabe] Text3 <RETURN>
[Setzen][Text]
Höhe 5 <RETURN>
[OK]
[Ändern][Drehen]
Objekte wählen:
r(-11.3,-3) <RETURN>
r(27.3,13) <RETURN>
Mittelpunkt der Drehung: r(-23.4,-12) <RETURN>
Zweiter Punkt: [Hilfe][Bedienereingabe] [Punkt mit Lage i.O.]
[Hilfe][Makro beenden]
[Datei][Makro sichern]
Dateiname OBERFLZE <RETURN>
[OK]
```

Nach dem Ergänzen des so erhaltenen Makros durch eine Reihe von Bemerkungen und
Einrückungen ergibt sich folgende Codierung in der Makrosprache:

```
REM Makro zum Zeichnen eines waagerechten Grundsymbols
REM für ein Oberflächenzeichen mit maximal drei Einträgen
REM ======================================================
REM Zeichnen des Symbols als Linienzug
REM ----------------------------------
MENU "Zeichnen","Linie"
ASK USER
STRING r(-2.9,5)\013
STRING /lpoint\013
STRING r(2.9,-5)\013
STRING /lpoint\013
STRING r(6.4,11)\013
STRING /lpoint\013
STRING r(18,0)\013
REM Festsetzen der Schriftgröße 3.5
REM ----------------------------------
MENU "Setzen","Text"
BTEXT 3 14 0 3.5\013
STRING \013
REM Eingabe von drei Erläuterungen
REM ----------------------------------
```

```
MENU "Zeichnen","Textzeile"
STRING r(-17,1)\013
ASK USER
STRING r(0,-5)\013
ASK USER
STRING r(0,-4)\013
ASK USER
REM Festsetzen der Schriftgröße 5
REM --------------------------
MENU "Setzen","Text"
BTEXT 3 14 0 5\013
STRING \013
```

Offensichtlich werden die vorgesehenen Benutzereingaben durch die Codierung mit ASK USER programmiert. Im nächsten Beispiel soll dieses Makro in einer bestehenden Zeichnung angewandt werden.

■ Beispiel 12-10: Anwenden eines Makros mit Bedienereingeben

In der vorgegebenen Darstellung eines Bauteils sind mit Hilfe des Makros OBERFLZE zwei Oberflächenzeichen einzutragen.

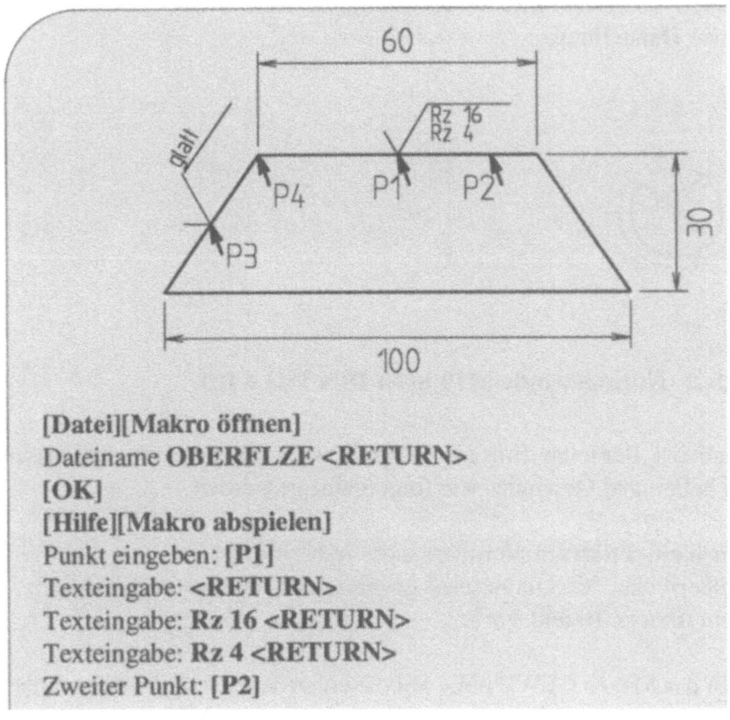

[Datei][Makro öffnen]
Dateiname OBERFLZE <RETURN>
[OK]
[Hilfe][Makro abspielen]
Punkt eingeben: **[P1]**
Texteingabe: **<RETURN>**
Texteingabe: **Rz 16 <RETURN>**
Texteingabe: **Rz 4 <RETURN>**
Zweiter Punkt: **[P2]**

```
[Hilfe][Makro abspielen]
Punkt eingeben: [P3]
Texteingabe: glatt <RETURN>
Texteingabe: <RETURN>
Texteingabe: <RETURN>
Zweiter Punkt: [P4]
```

Beim Erstellen eines Makros - ob durch Aufzeichnen oder Erzeugen mit einem Textsystem
- sollte man bemüht sein, daß das Makro möglichst flexibel einsetzbar ist und relativ wenige
Benutzereingaben erfordert. Beispielsweise sollten daher Festlegungen von Punkten über
relative oder Polarkoordinaten bezogen auf voraufgegangene Punkte ausgeführt werden. In
diesem Zusammenhang können hier auch Systemvariable, wie z.B. *lpoint* oder *langle*,
Verwendung finden, und zwar bei Eingaben über ein Dialogfenster. Die Systemvariable
lpoint kann auch bei beliebigen Eingaben verwendet werden.

◆ Aufgabe 12-3: Gewinde nach DIN ISO 6410 mit Makro zeichnen

Man entwickle ein Makro GEWINDE1 zur normgerechten Darstellung eines Gewindes
nach DIN ISO 6410, und zwar unter Berücksichtigung der im Bild 12-2 für ein Gewinde
M10 angegebenen Darstellung.

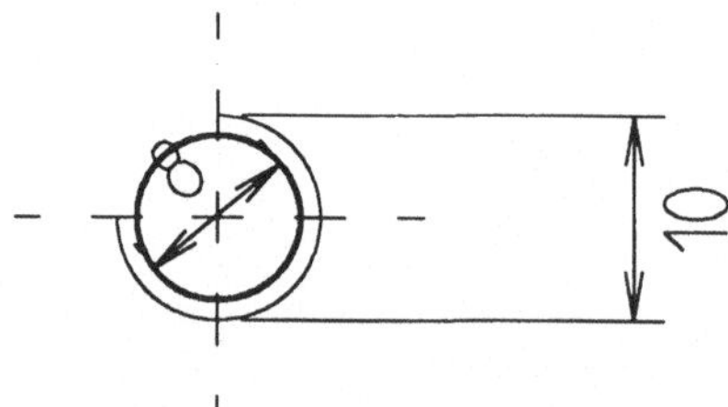

Bild 12-2: Normgewinde M10 nach DIN ISO 6410

Um einen möglichst flexiblen Einsatz dieses Makros zu gewährleisten, sollte das
Zeichnen eines beliebigen Gewindes wie folgt realisiert werden:

- Zeichnen eines fiktiven Normgewindes M10 und
- Vergrößern bzw. Verkleinern auf gewünschten Durchmesser
  mit dem *Ändern*-Befehl *Varia*.

Anschließend ist das Makro GEWINDE1 auf die untenstehende Zeichnung einer Platte
mit zwei Gewindebohrungen M8 und einer Gewindebohrung M12 anzuwenden.

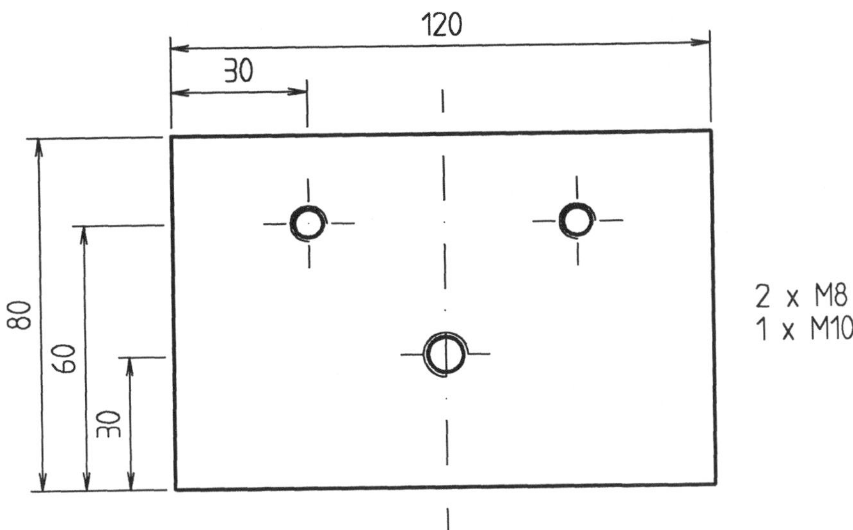

12.3 Layertechnik

Mit AutoSketch können in maximal zehn verschiedenen Ebenen Zeichnungen erstellt werden. Man nennt diese einzelnen Zeichnungsebenen auch Layer, die man über eine Nummer von 1 bis 10 ansprechen kann. Das Arbeiten mit Layern kann man sich wie das Zeichnen auf Klarsichtfolien vorstellen, auf der man jeweils mit einem bestimmten Linientyp und einer bestimmten Farbe zeichnen kann. Dabei liegen diese Folien deckungsgleich übereinander und lassen sich in der Zeichnung nach Bedarf ein- bzw. ausblenden. Die hier kurz beschriebene Arbeitsweise wird auch als Layer- oder Ebenentechnik bezeichnet. Sie stellt ein wichtiges Hilfsmittel beim Erstellen einer übersichtlichen Zeichnung dar und findet vielfältigen Einsatz im technischen Zeichnen. Mögliche Anwendungen sind z.B.:

- Erstellen von Hilfskonstruktionen in speziellen Layern, die anschließend in der eigentlichen Zeichnung ausgeblendet werden.
- Zeichnen der Kontur, der Mittellinien, der Schraffur und der Bemaßung in einer Werkstattzeichnung auf jeweils einem eigenen Layer.
- Entsprechend kann man in einer Zusammenbauzeichnung die Einzelteile in unterschiedlichen Layern darstellen.
- Bei der Ausgabe von Zeichnungen über einen Plotter oder Drucker können Plotfenster speziellen Layern zugeordnet werden.

Der wesentliche Befehl für das Arbeiten mit Layern ist in AutoSketch der *Setzen*-Befehl *Layer*, der im weiteren mit seinen Hauptanwendungen kurz behandelt werden soll.

Setzen-Befehl *Layer*: Festlegen eines Layers

Nach Aufruf dieses Befehls kann im Dialogfenster:

der jeweils aktuelle Layer und ferner die Layer festgelegt werden, die sichtbar sein sollen. Dies erfolgt durch Anklicken in der jeweiligen Spalte. Da immer nur ein Layer aktuell sein kann, wird bei Wahl eines neuen Layers dieser mit einem Haken gekennzeichnet und beim bisher aktuellen Layer dieser Haken gelöscht. Die Sichtbarkeit eines Layers wird ebenfalls durch einen Haken kenntlich gemacht. Das erneute Anklicken eines solchen Layers hebt die Sichtbarkeit auf und entfernt den Haken.

■ **Beispiel 12-11: Ausführen einer Hilfskonstruktion mit Layertechnik**

Das im Beispiel 5-6 durchgeführte Zeichnen eines Bogens, der durch Mittelpunkt, Startpunkt und Innenwinkel gegeben ist, soll wie folgt gezeichnet werden:

- Zeichnen der Hilfslinien auf dem Layer 2,
- Zeichnen des Bogens auf dem Layer 1 und
- Ausblenden des Layers 2.

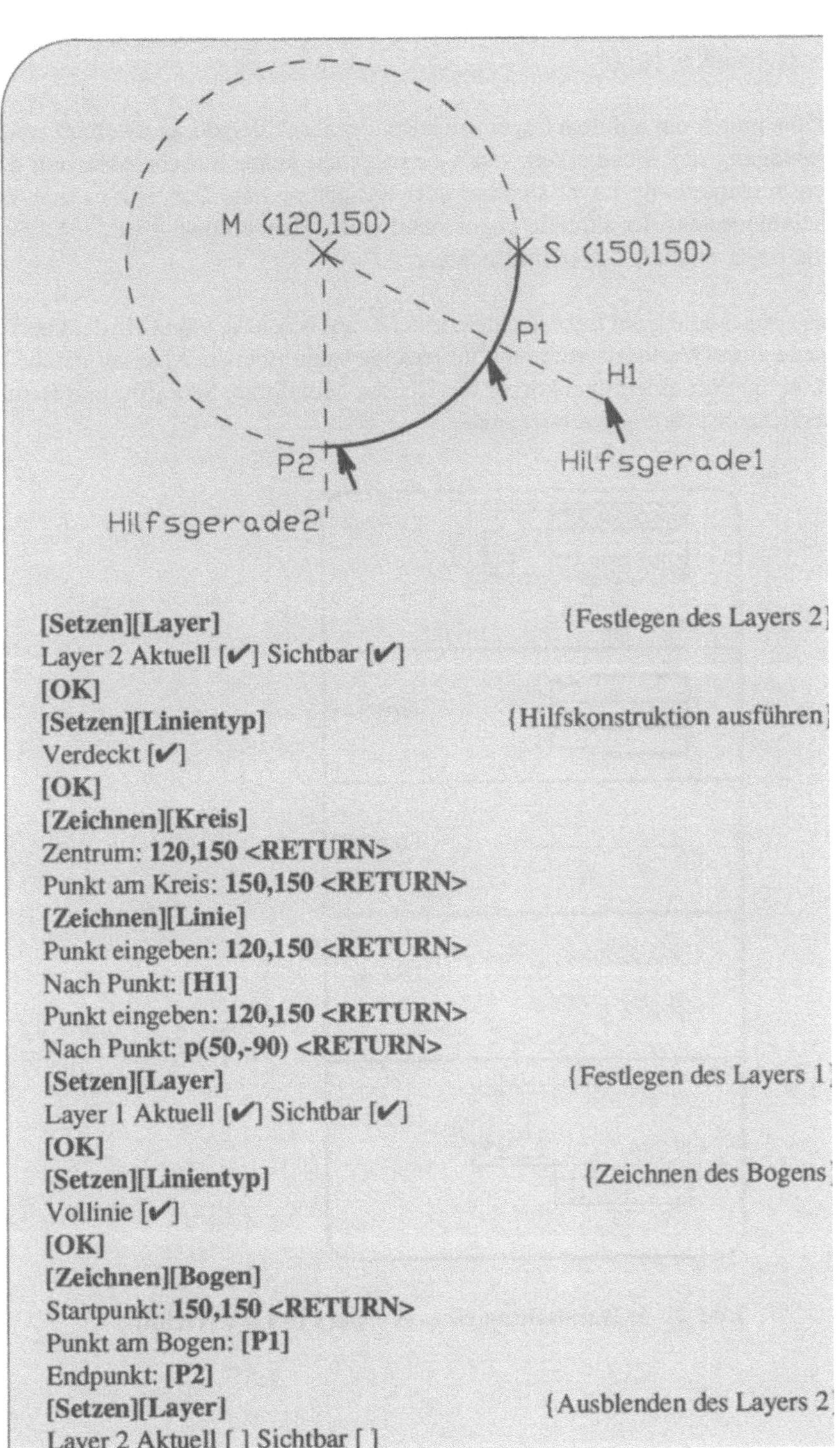

[Setzen][Layer]   {Festlegen des Layers 2}
Layer 2 Aktuell [✔] Sichtbar [✔]
[OK]
[Setzen][Linientyp]   {Hilfskonstruktion ausführen}
Verdeckt [✔]
[OK]
[Zeichnen][Kreis]
Zentrum: **120,150 <RETURN>**
Punkt am Kreis: **150,150 <RETURN>**
[Zeichnen][Linie]
Punkt eingeben: **120,150 <RETURN>**
Nach Punkt: **[H1]**
Punkt eingeben: **120,150 <RETURN>**
Nach Punkt: **p(50,-90) <RETURN>**
[Setzen][Layer]   {Festlegen des Layers 1}
Layer 1 Aktuell [✔] Sichtbar [✔]
[OK]
[Setzen][Linientyp]   {Zeichnen des Bogens}
Vollinie [✔]
[OK]
[Zeichnen][Bogen]
Startpunkt: **150,150 <RETURN>**
Punkt am Bogen: **[P1]**
Endpunkt: **[P2]**
[Setzen][Layer]   {Ausblenden des Layers 2}
Layer 2 Aktuell [ ] Sichtbar [ ]

☞ *Hinweis: Aktueller Layer*

Man kann immer nur auf dem Layer zeichnen, der als aktueller Layer vereinbart ist. Für die Festlegung der Sichtbarkeit von Layern gelten keine Einschränkungen, d.h., es können prinzipiell alle Layer sichtbar oder unsichtbar sein. Dabei ist es von Vorteil, wenn zumindestens der aktuelle Layer sichtbar ist. Standardmäßig ist der Layer 1 der aktuelle Layer und alle Layer sind sichtbar.

Eine weitere Anwendung der Layertechnik besteht - wie bereits erwähnt - in der Darstellung der Elemente einer Werkstattzeichnung in verschiedenen Ebenen. Man vergleiche hierzu Bild 12-3, in dem für einen Drehkörper die Kontur, Mittellinie, Schraffur und Bemaßung unterschiedlichen Layern gezeichnet sind.

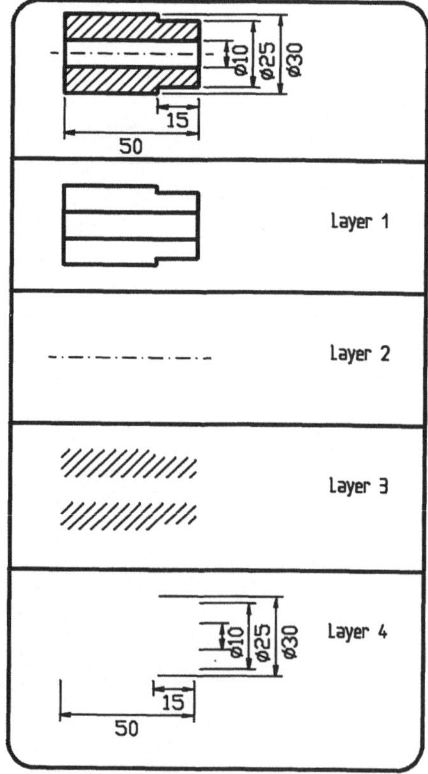

Bild 12-3: Darstellung eines Körpers in Layertechnik

■ Beispiel 12-12: Zeichnen in mehreren Layern

Der unten abgebildete Drehkörper ist in verschiedenen Layern darzustellen, und zwar in folgender Weise:

– Mittellinie	in Layer 1,
– Kontur	in Layer 2,
– Schraffur	in Layer 3 und
– Bemaßung	in Layer 4.

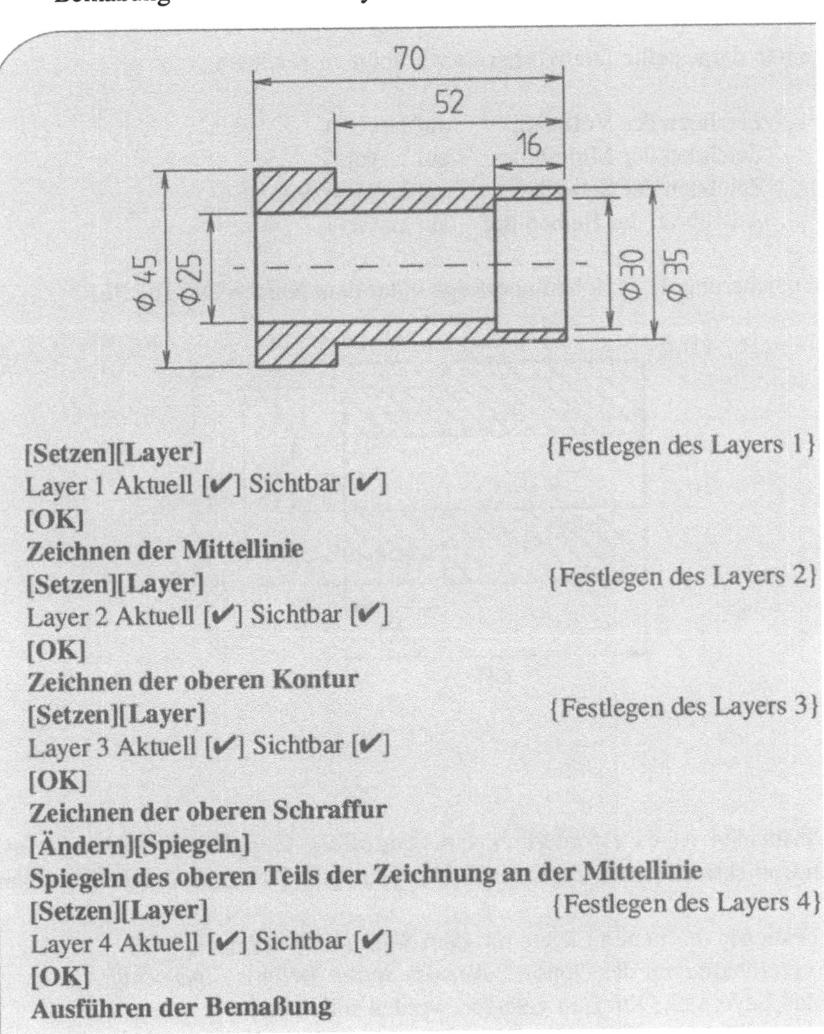

[Setzen][Layer]   {Festlegen des Layers 1}
Layer 1 Aktuell [✔] Sichtbar [✔]
[OK]
Zeichnen der Mittellinie
[Setzen][Layer]   {Festlegen des Layers 2}
Layer 2 Aktuell [✔] Sichtbar [✔]
[OK]
Zeichnen der oberen Kontur
[Setzen][Layer]   {Festlegen des Layers 3}
Layer 3 Aktuell [✔] Sichtbar [✔]
[OK]
Zeichnen der oberen Schraffur
[Ändern][Spiegeln]
Spiegeln des oberen Teils der Zeichnung an der Mittellinie
[Setzen][Layer]   {Festlegen des Layers 4}
Layer 4 Aktuell [✔] Sichtbar [✔]
[OK]
Ausführen der Bemaßung

☞ *Hinweis: Ändern einer Zeichnung auf mehreren Layern*

Unabhängig vom jeweils aktuellen Layer werden bei der Manipulation einer Zeichnung mit einem *Ändern*-Befehl alle Elemente auf den sichtbaren Layern entsprechend geändert. Durch Ausblenden eines Layers läßt sich erreichen, daß für die auf diesem Layer gezeichneten Objekte die Änderungen nicht ausgeführt werden.

◆ **Aufgabe 12-4: Drehkörper zeichnen**

Der unten dargestellte Drehkörper ist wie folgt zu zeichnen:

- Zeichnen der Vollinien   auf Layer 4,
- Zeichnen der Mittellinie   auf Layer 5,
- Zeichnen der Schraffur   auf Layer 6 und
- Ausführen der Bemaßung   auf Layer 7.

Die Speicherung der Zeichnung erfolge unter dem Namen DKOERPER.

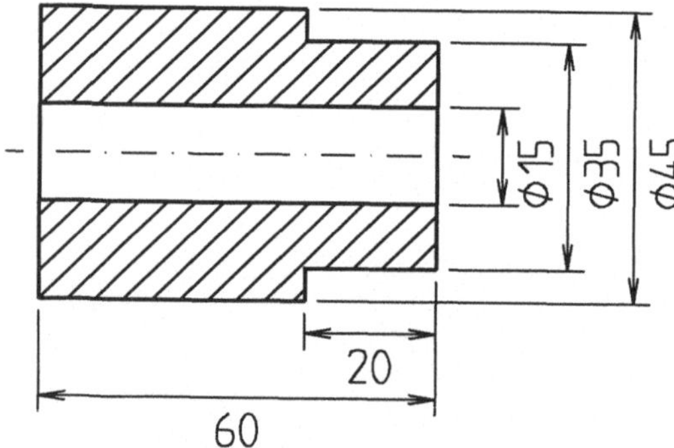

Unter Umständen ist es erforderlich, eine getroffene Zuordnung eines oder mehrerer Zeichnungsobjekte zu einem Layer zu ändern. Man geht hierzu i.a. folgendermaßen vor:

- Festlegen des neuen Layers mit dem *Setzen*-Befehl *Layer*,
- Vereinbaren mit der Option *Layer* des *Setzen*-Befehls *Eigenschaft*, daß Layer von Objekten geändert werden sollen und
- Auswahl der zu ändernden Objekte und Zuordnen des neuen Layers mit dem *Ändern*-Befehl *Eigenschaft*.

Diese Vorgehensweise soll exemplarisch mit dem nächsten Beispiel veranschaulicht werden, und zwar wird hier eine Zeichnung, die ohne Layerzuordnung erstellt ist, d.h., in der alle Zeichnungselemente standardmäßig dem Layer 1 zugeordnet sind, in geeigneter Form in verschiedenen Ebenen dargestellt werden.

■ Beispiel 12-13: Ändern der Layerzuordnung von Objekten

Die in der Aufgabe 10-3 erstellten Schnittdarstellungen von zwei Ringen sind so zu ändern, daß die Elemente der beiden Teilzeichnungen verschiedenen Layern zudordnet sind, und zwar in der Form:

- Layer 1 mit Mittellinie und Kontur für linken Ring,
- Layer 2 mit Schraffur und Bemaßung für linken Ring,
- Layer 3 mit Mittellinie und Kontur für rechten Ring und
- Layer 4 mit Schraffur und Bemaßung für rechten Ring.

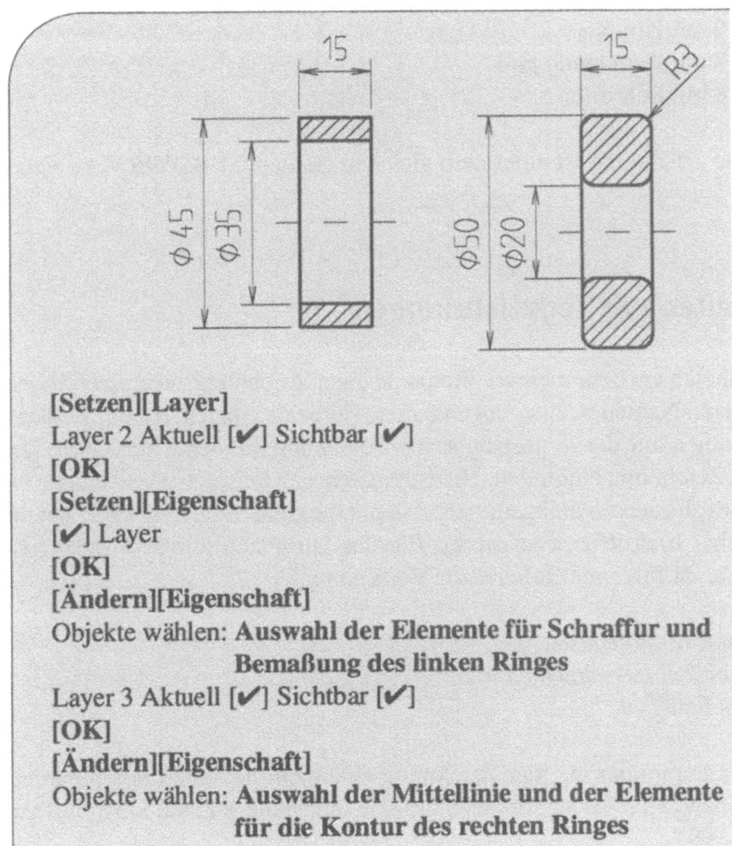

[Setzen][Layer]
Layer 2 Aktuell [✔] Sichtbar [✔]
[OK]
[Setzen][Eigenschaft]
[✔] Layer
[OK]
[Ändern][Eigenschaft]
Objekte wählen: **Auswahl der Elemente für Schraffur und Bemaßung des linken Ringes**
Layer 3 Aktuell [✔] Sichtbar [✔]
[OK]
[Ändern][Eigenschaft]
Objekte wählen: **Auswahl der Mittellinie und der Elemente für die Kontur des rechten Ringes**

> Layer 4 Aktuell [✔] Sichtbar [✔]
> [OK]
> [Ändern][Eigenschaft]
> Objekte wählen: **Auswahl der Elemente für Schraffur
> und Bemaßung des rechten Ringes**

Die im obigen Beispiel nicht in letzter Konsequenz umgesetzte Form der Darstellung, die Elemente von Teilzeichnungen in verschiedenen Ebenen darzustellen, findet beim Erstellen von Zusammenbauzeichnungen Anwendung. In AutoSketch ist dies aufgrund der geringen Anzahl von maximal 10 Layern nur sehr eingeschränkt möglich.

◆ **Aufgabe 12-5: Gußform in verschiedenen Layern darstellen**

Für die Elemente der in der Aufgabe 10-4 erstellten Zeichnung GUSSFORM ist die folgende Layerzuordnung zu treffen:

- Layer 6 mit Kontur,
- Layer 7 mit Bemaßung und
- Layer 8 mit Schraffur.

Die so geänderte Zeichnung ist unter dem gleichen Namen GUSSFORM zu sichern.

12.4 Das Arbeiten mit Teilzeichnungen

Man kann in AutoSketch ein oder mehrere Elemente einer Zeichnung zusammenfassen und unter einem geeigneten Namen in einer sogenannten Teiledatei speichern. Bei Bedarf kann man über diesen Namen auf die so gespeicherten Zeichnungselemente zurückgreifen und sie in einer anderen Zeichnung einbinden. Hiermit lassen sich beispielsweise eigene Norm- und Wiederholteil-Bibliotheken anlegen, deren Benutzung das Erstellen einer Zeichnung wesentlicher einfacher und effizienter macht. Für das Umsetzen dieser Vorgehensweise stehen unter AutoSketch folgende Befehle zur Verfügung:

- *Setzen*-Befehl *Einfügebasis,*
- *Datei*-Befehl *Teil ausschneiden* und
- *Zeichnen*-Befehl *Teil.*

Mit diesen Befehlen kann man in einer Zeichnung einen Einfügepunkt vereinbaren, eine Teiledatei erstellen bzw. eine solche Teilzeichnung in eine andere Zeichnung einfügen.

Setzen-Befehl *Einfügebasis*: Vereinbaren einer Einfügebasis

Mit diesem Befehl kann in einer Zeichnung oder für auszuschneidende Objekte ein sogenannter Einfügepunkt festgelegt werden, auf den beim Einfügen der Zeichnung bzw. der Objekte Bezug genommen wird. Die jeweiligen Vereinbarungen hierfür werden nach dem Aufruf des Befehls *Einfügebasis* im Dialogfenster *Basispunkt zum Einfügen von Teilen* getroffen. Die Optionen in diesem Fenster:

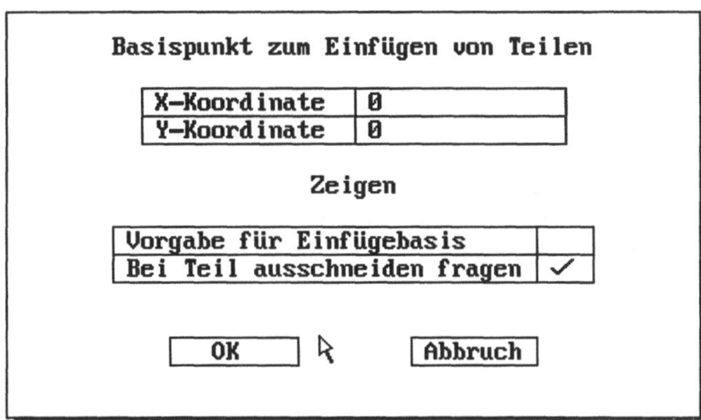

haben im einzelnen folgende Bedeutung:

- *X-Koordinate*   zur Eingabe der X-Koordinate des Einfügepunktes

- *Y-Koordinate*   zur Eingabe der Y-Koordinate des Einfügepunktes

- *Vorgabe für Einfügebasis*
  zum Festlegen des Einfügepunktes in der aktuellen Zeichnung durch Zeigen. Nach dem Zeigen werden die Koordinaten übernommen und bei der X- und Y-Koordinate eingetragen. Ferner wird die Option *Bei Teile ausschneiden anfragen* ausgeschaltet.

- *Bei Teil ausschneiden anfragen*
  zum Vereinbaren einer Benutzeraufforderung, den Einfügepunkt durch Zeigen festzulegen.

- *OK*   zum Bestätigen und Übernehmen der getroffenen Festlegungen und

- *Abbruch*   zum Abbrechen ohne Übernahme.

Die Optionen *Vorgabe für Einfügebasis* und *Bei Teil ausschneiden fragen* dürfen nicht aktiviert, d.h. nicht angekreuzt, sein, wenn die vorgegebenen Koordinaten für den Einfügepunkt übernommen werden sollen.

☞ *Hinweis: Standardvorgaben für Einfügebasis*

Standardmäßig werden im Dialogfenster *Basispunkt zum Einfügen von Teilen* folgende Vorgaben gemacht:

- Einfügepunkt ist der Punkt P(0,0) und
- die Option *Bei Teil ausschneiden anfragen* ist aktiviert.

Dies hat zur Folge, daß eine Zeichnung automatisch den Punkt P(0,0) als Einfügepunkt zugewiesen bekommt und daß beim Ausschneiden von Teilen die Aufforderung erfolgt, die Einfügebasis durch Zeigen festzulegen.

Datei-Befehl *Teil ausschneiden*: Erstellen einer Teiledatei

Durch diesen Befehl besteht die Möglichkeit, ein oder mehrere Elemente einer Zeichnung in einer sogenannten Teiledatei zu speichern. Dies erfolgt in der Regel in den Schritten:

- Eingabe des Namens der zu erstellenden Teiledatei,
- Festlegen des Einfügepunktes durch Zeigen und
- Auswahl der auszuschneidenden Objekte durch Zeigen.

Ausgewählte Objekte werden vom System punktiert angezeigt. Durch den Aufruf eines neuen Befehls wird die Auswahl der Objekte abgeschlossen und alle punktiert dargestellten Objekte in der vereinbarten Teiledatei gespeichert.

■ Beispiel 12-14: Erstellen einer Teiledatei durch Ausschneiden

Der in der untenstehenden Zeichnung abgebildete Verbindungsstift ist mit Mittellinie
in einer Teiledatei mit dem Namen STIFT zu speichern.

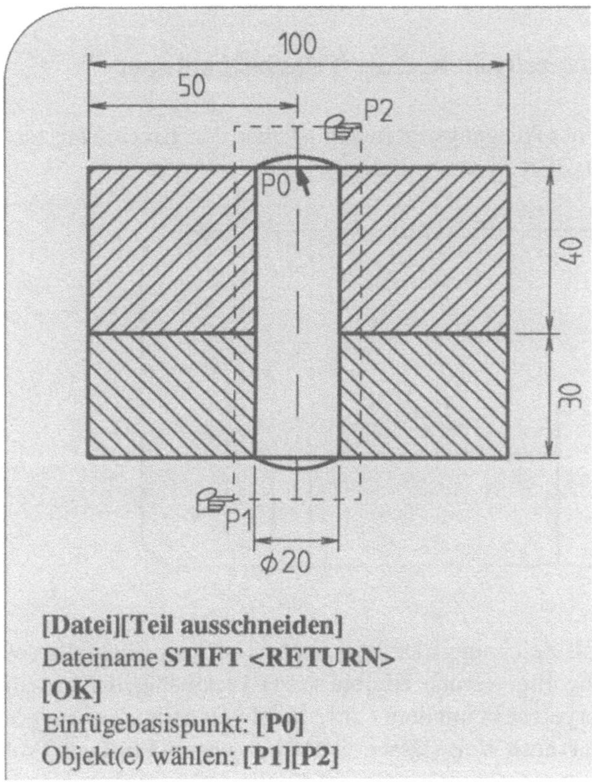

☞ *Hinweis: Interne Darstellung einer Teiledatei*

Eine Teiledatei hat den gleichen Aufbau wie eine beliebige Zeichnungsdatei und erhält
wie diese automatisch das Suffix .SKD beim Dateinamen. Mit Hilfe der MS-DOS-Um-
gebungsvariable ASPART läßt sich festlegen, daß alle Teiledateien in einem bestimmten Verzeichnis gespeichert bzw. von diesem geladen werden. Man muß hierzu der
Variablen ASPART den Namen des entsprechenden Verzeichnisses zuweisen.

Soll beispielsweise mit einer Norm- und Wiederholteil-Bibliothek gearbeitet werden, deren
zugehörige Teiledateien im Unterverzeichnis C:\ASKURS\AS_BIBLIO gespeichert sind,
so trifft man unter MS-DOS zweckmäßigerweise folgende Festsetzung:

SET ASPART = C:\ASKURS\AS_BIBLIO

Aufgrund dieser Vereinbarung wird beim Arbeiten mit dem Datei-Befehl *Teil ausschneiden* und dem *Zeichnen*-Befehl *Teil* automatisch auf dieses Verzeichnis zugegriffen.

■ Aufgabe 12-6: Oberflächenzeichen in einer Teiledatei ablegen

Das Oberflächenzeichen in der Ausgangszeichnung ist ohne den Text 3,2 auszuschneiden und in der Teiledatei O_ZEICH zu speichern.

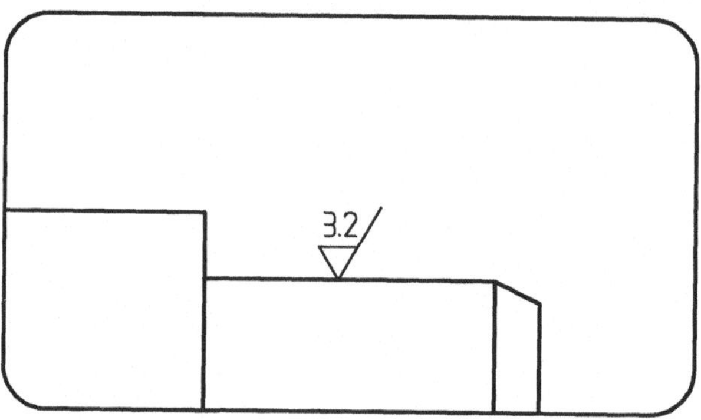

Eine beliebige Zeichnung, die als Zeichnungsdatei gespeichert ist, kann ebenfalls vollständig in eine andere Zeichnung eingefügt werden. Hierbei ist es zweckmäßig, daß man in einer solchen Zeichnung vor dem Abspeichern mit dem *Datei*-Befehl *Sichern als* einen geeigneten Einfügepunkt vereinbart. Auf diese Weise lassen sich beim späteren Einfügen Probleme vermeiden, die sich aufgrund einer ungünstig gewählten Einfügebasis ergeben, wie es u.U. für den Standardeinfügepunkt P(0,0) der Fall wäre.

■ Beispiel 12-15: Zeichnung als Teiledatei speichern

Für eine Sechskantschraube M20 ist eine Zeichnung erstellt worden, die für weitere Anwendungen als Normteil zur Verfügung stehen soll. Man vereinbare einen geeigneten Einfügepunkt und speichere die Zeichnung anschließend unter dem Namen SKS-M20 ab.

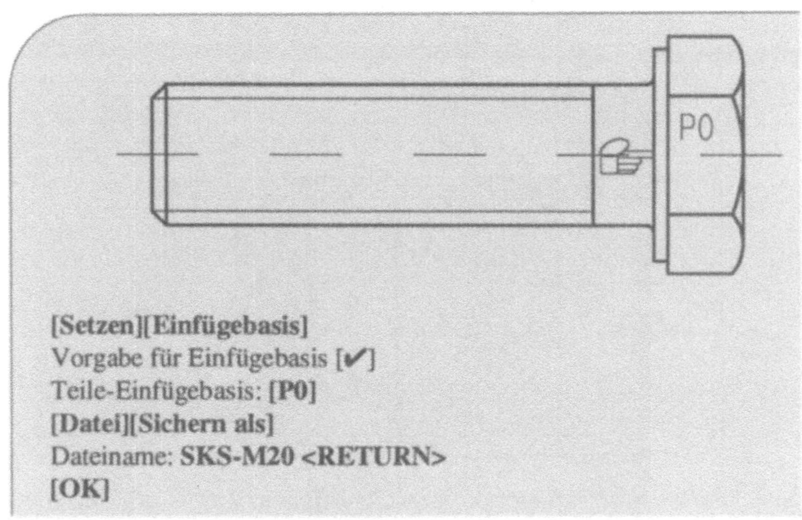

[Setzen][Einfügebasis]
Vorgabe für Einfügebasis [✔]
Teile-Einfügebasis: [P0]
[Datei][Sichern als]
Dateiname: SKS-M20 <RETURN>
[OK]

Die Koordinaten des als Einfügebasis vereinbarten Punktes werden gespeichert. Mit einem erneuten Aufruf des *Setzen*-Befehls *Einfügebasis* können sie kontrolliert werden.

Bei Bedarf kann in AutoSketch jede beliebige Zeichnung oder Teilezeichnung in die aktuelle Zeichnung eingefügt werden. Dies wird mit dem *Zeichnen*-Befehl *Teil* ausgeführt.

Zeichnen-Befehl *Teil*: Einfügen einer Zeichnung

Nach dem Aufruf dieses Befehls erfolgt - analog zum Öffnen einer Zeichnung - die Auswahl der einzufügenden Zeichnung über das Dialogfenster *Teiledatei wählen*. In diesem Dateiauswahlfenster werden die im aktuellen Verzeichnis existierenden Teile- und Zeichnungsdateien angezeigt. Nach dem Festlegen des Dateinamens wird der Umriß der einzufügenden Teile auf dem Bildschirm dargestellt, wobei der Einfügepunkt der Teile sich an der aktuellen Cursorposition befindet. Nach der Aufforderung:

    Nach Punkt:

lassen sich die Teile durch Verschieben des Cursors in die gewünschte Position bringen.

■ Beispiel 12-16: Einfügen eines Teils in eine Zeichnung

Die unten angegebene Zeichnung einer Plattenverbindung mit zwei Stiften soll mit Hilfe der im Beispiel 12-14 erstellten Teiledatei STIFT gezeichnet werden.

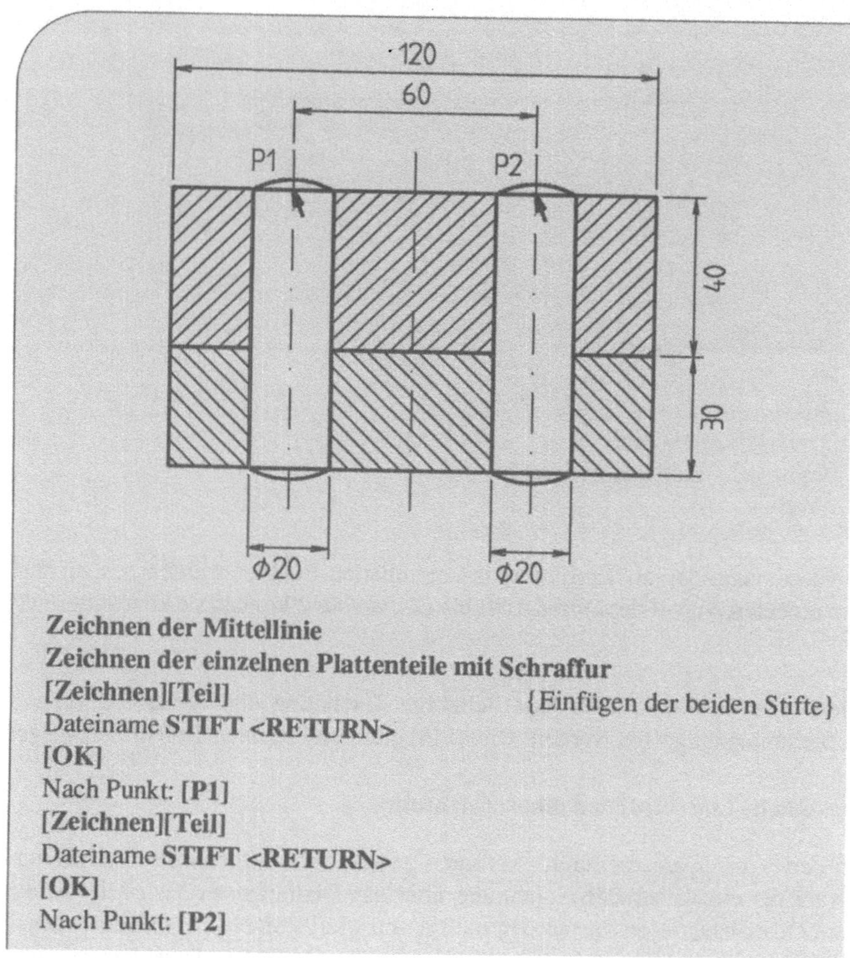

Zeichnen der Mittellinie
Zeichnen der einzelnen Plattenteile mit Schraffur
[Zeichnen][Teil]   {Einfügen der beiden Stifte}
Dateiname STIFT <RETURN>
[OK]
Nach Punkt: [P1]
[Zeichnen][Teil]
Dateiname STIFT <RETURN>
[OK]
Nach Punkt: [P2]

Bei schlecht gewählten Einfügepunkten kann es beim Einfügen zu Problemen der Art kommen, daß die einzufügenden Teile auf dem Bildschirm nicht sichtbar sind, d.h., sie befinden sich irgendwo außerhalb des sichtbaren Zeichnungsbereiches. In einem solchen Fall kann man beispielweise folgendermaßen vorgehen:

- Einfügen der Teile ohne Kenntnis ihrer Position,
- Sichtbarmachen der gesamten Zeichnung mit dem *Ansicht*-Befehl *Zoom*,
- Verschieben der Teile mit dem *Ändern*-Befehl *Schieben* in die gewünschte Position und
- Herstellen des letzten Bildausschnitts mit dem *Ansicht*-Befehl *Letzter Ausschnitt*.

Eine andere Möglichkeit besteht darin, in der Teiledatei den Einfügepunkt günstiger festzulegen.

◆ Aufgabe 12-7: Oberflächenzeichen einfügen

Das in der Aufgabe 12-6 als Normteil erstellte und in der Teiledatei O_ZEICH
gespeicherte Oberflächenzeichen ist in eine bestehende Zeichnung einzufügen und
anschließend mit den Texten 3,2 und 6,4 zu ergänzen.

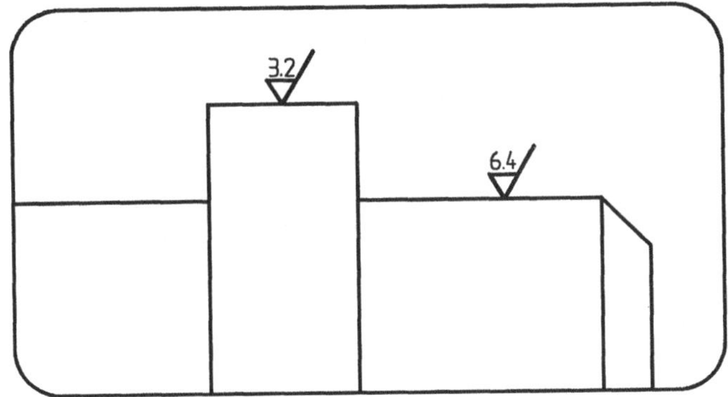

◆ Aufgabe 12-8: Verbindung zweier Platten zeichnen

Die auf der nächsten Seite dargestellte Plattenverbindung mit zwei Sechskantschrauben
M24x50 nach DIN 933 ist zu zeichnen. Man gehe dabei wie folgt vor:

- Zeichnen einer Sechskantschraube M24x50,
- Festlegen eines geeigneten Einfügepunktes,
- Speichern der Zeichnung unter dem Namen SKS-M24,
- Zeichnen der oberen Darstellung mit Bemaßung,
- Zeichnen der beiden Platten ohne Bemaßung,
- Einfügen der Schraube in das linke und rechte Gewinde und
- Sichern der Zeichnung unter dem Namen PLATTEN.

Das Zeichnen der beiden Platten für die untere Darstellung erfolge dabei unter Berücksichtigung der nach dem Einfügen der Schrauben nicht mehr sichtbaren Linien.

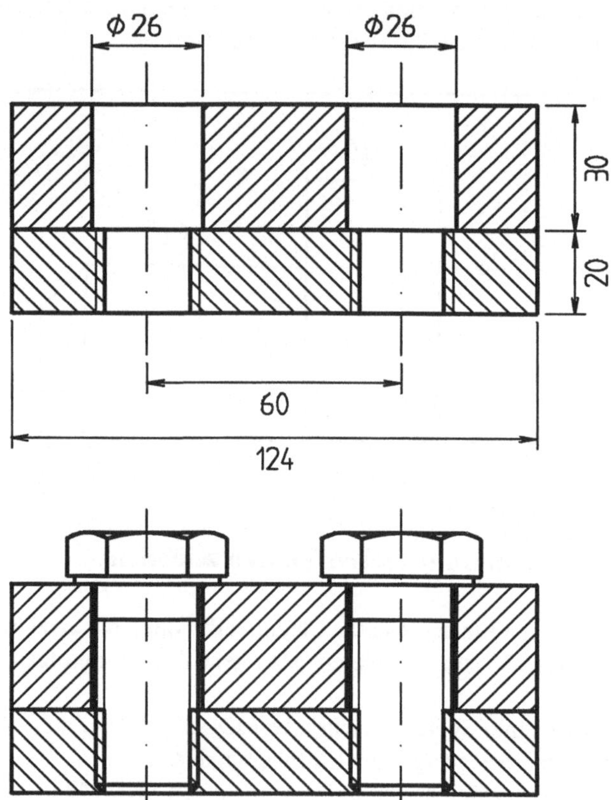

A   Lösungen

◆ **Aufgabe 2-1: Einstieg in AutoSketch**

C:\ **CD ASKurs**   {Wechseln in das Arbeitsverzeichnis}
C:\ASKURS\ **Sketch**   {Starten von AutoSketch}
[Datei][Information]   {Dateibefehl *Information* aufrufen}
[OK]
[Datei][Öffnen]   {Dateibefehl *Öffnen* aufrufen}
[DIR] über SKETCH3   {Wechseln ins Verzeichnis C:\SKETCH3}
[Bild] über Getriebe   {Zeichnung GETRIEBE auswählen}
[OK]
[Datei][Sichern als]   {Dateibefehl *Sichern als* aufrufen}
Dateiname: **C:\ASKURS\GETRIEBE <RETURN>**
[OK]
Analoges Kopieren der Zeichnungen HEIZUNG und ELEKTRO
[Datei][Öffnen]
[DIR] über ASKURS
[Bild] über Getriebe
[OK]
Ändern der Zeichnung
[Datei][Sichern]   {Datei unter dem gleichen Namen speichern}
[Datei][Ende]   {AutoSketch beenden}

◆ **Aufgabe 2-2: Prototypzeichnung für DIN A2 erstellen**

[Datei][Neu]   {Datei PRODINA2 anlegen}
[Setzen][Limiten]
Rechts **594 <RETURN>**
Oben **420 <RETURN>**
[OK]
[Setzen][Einheiten]
1 Stelle **[✔]**
Maßeinheit **mm <RETURN>**
[OK]
[Datei][Sichern als]
Dateiname: **PRODINA2 <RETURN>**
[OK]

```
[Datei][Sichern als]          {Zeichnung als Datei ZEIDINA2 speichern}
Dateiname: ZEIDINA2 <RETURN>
[OK]
```

◆ **Aufgabe 2-3: Musterzeichnung ELEKTRO drucken**

```
[Datei][Öffnen]
Dateiname: ELEKTRO <RETURN>
[OK]
[Datei][Druckbereich]
Ploteinheiten 2 <RETURN>
[OK]
[Annehmen]
[Datei][Drucken]
```

◆ **Aufgabe 2-4: Musterzeichnung ELEKTRO in Datei ausgeben**

Nach event. Neukonfiguration von AutoSketch analog zu Aufgabe 2-3 bis
```
[Annehmen]
[Datei][Druckname]
Dateiname: E_MUSTER <RETURN>
[OK]
[Datei][Drucken]
```

◆ **Aufgabe 3-1: Haus vom Nikolaus zeichnen**

```
[Setzen][Limiten]                    {DIN A4 Hochformat vereinbaren}
Rechts 210 <RETURN>
Oben 297 <RETURN>
[OK]
[Zeichnen][Linie]
Punkt eingeben: 140,140 <RETURN>                      {Start im Punkt P1}
Nach Punkt: 140,210 <RETURN>
Punkt eingeben: r(0,0) <RETURN>
Nach Punkt: p(61,125) <RETURN>
Punkt eingeben: r(0,0) <RETURN>
Nach Punkt: 70,210 <RETURN>
Punkt eingeben: r(0,0) <RETURN>
Nach Punkt: 70,140 <RETURN>
```

Punkt eingeben: **r(0,0) <RETURN>**
Nach Punkt: **140,210 <RETURN>**
Punkt eingeben: **r(0,0) <RETURN>**
Nach Punkt: **70,210 <RETURN>**
Punkt eingeben: **r(0,0) <RETURN>**
Nach Punkt: **140,140 <RETURN>**
Punkt eingeben: **r(0,0) <RETURN>**
Nach Punkt: **70,140 <RETURN>**

◆ Aufgabe 3-2: Haus vom Nikolaus durch Mittellinie ergänzen

Öffnen der Zeichnung aus Aufgabe 3-1
[Setzen][Linientyp]
Strichpunkt **[✔]**
[OK]
[Zeichnen][Linie]
Punkt eingeben: **105,130 <RETURN>**
Nach Punkt: **105,270 <RETURN>**

◆ Aufgabe 3-3: Rechteck mit Korrekturen zeichnen

Zeichnen der Seiten 1, 2, 3 und 4
[Ändern][Löschen]
Objekt(e) wählen: **Seite 3 anpicken**
Objekt(e) wählen: **Seite 4 anpicken**
[Zeichnen][Linie]
Zeichnen der Seiten 5 und 6

◆ Aufgabe 4-1: Grundriß eines Bleches zeichnen

[Hilfe][Ortho]   {Zeichnen der Linien durch Anklicken der Punkte unter}
[Zeichnen][Linie]   {Berücksichtigung ihres Abstandes voneinander}
Punkt eingeben: **Linke untere Ecke wählen**
Nach Punkt: **Punkt rechts davon im Abstand 60 anklicken**
Punkt eingeben: **Punkt noch einmal anklicken**
Nach Punkt: **Punkt darüber im Abstand 20 anklicken   usw.**
[Datei][Sichern als]
Dateiname: **BLECH1 <RETURN>**
[OK]

◆ **Aufgabe 4-2: Grundplatte in zwei Ansichten zeichnen**

    [Setzen][Raster]   {Einschalten und Festlegen des Fangrasters}
    X-Abstand **5 <RETURN>**
    Raster **[Ein]**
    [OK]
    [Hilfe][Ortho]   {Einschalten des Orthomodus}
    [Zeichnen][Linie]
    Zeichnen der beiden Ansichten der Grundplatte
    [Datei][Sichern als]
    Dateiname: **GRUNDPL1 <RETURN>**
    [OK]

◆ **Aufgabe 4-3: Grundplatte in zwei Ansichten zeichnen**

    [Setzen][Fang]   {Festlegen und Einschalten des Fangrasters]
    X-Abstand **5 <RETURN>**
    Fang **[Ein]**
    [OK]
    [Hilfe][Raster]
    Zeichnen der Grundplatte
    Abspeichern unter GRUNDPL2

◆ **Aufgabe 4-4: DIN A2-Prototypzeichnung aktualisieren**

    Öffnen der Zeichnung PRODINA2
    [Setzen][Fang]
    X-Abstand **10 <RETURN>**
    Fang **[Ein]**
    [OK]
    [Hilfe][Raster]
    [Hilfe][Koordinaten]
    [Datei][Sichern]

◆ Aufgabe 4-5: Werkstück zeichnen

Fangraster mit Abstand 5 setzen
Zeichnen der sichtbaren Körperkanten
[Setzen][Linientyp]   {Zeichnen der Mittellinie}
[✔] Strichpunkt
[OK]
[Setzen][Bezug]
Mittelpunkt **[Ein]**
Bezug **[Ein]**
Zeichnen der Mittellinie
[Setzen][Linientyp]   {Zeichnen der verdeckten Kanten}
[✔] Verdeckt
[Setzen][Bezug]
Schnittpunkt **[Ein]**
Zeichnen der verdeckten Kanten
Abspeichern der Zeichnung

◆ Aufgabe 5-1: Kreisförmige Bleche mit Bohrungen

{Blech 1 zeichnen}
Zeichnen der Mittellinien mit entsprechendem Linientyp
[Setzen][Linientyp]
[✔] Vollinie
Setzen und Einschalten der benötigten Bezugsmodi
[Zeichnen][Kreis]
Zentrum: **Zentrum des großen Kreises anpicken**
Punkt am Kreis: **r(30,0) <RETURN>**
Zentrum: **Zentrum des kleinen Kreises anpicken**
Punkt am Kreis: **r(7.5,0) <RETURN>**
{Blech 2 zeichnen}
Zeichnen der geraden Mittellinien mit entsprechendem Linientyp
Zeichnen des Teilkreises
Zeichnen der Bohrungsmittellinien
Wechseln des Linientyps
Zeichnen aller Kreise
Abspeichern der Zeichnung

◆ **Aufgabe 5-2: Keilriementrieb**

Setzen des Fangrasters mit Abstand 5
Zeichnen der Mittellinien
Zeichnen der Kreise
[Setzen][Bezug]   {Einschalten des Bezugsmodus Tangentialpunkt}
Tangentialpunkt [Ein]
Bezugsmodus [Ein]
[OK]
Zeichnen der zwei Tangenten

◆ **Aufgabe 5-3: Blech**

Zeichnen der 45 und 80 mm langen Körperkanten
Ermitteln des Bogenmittelpunktes durch Zeichnen einer Hilfslinie mit
einer Länge von 60 mm und unter einem Winkel von -30° zur
Waagerechten
Ermitteln des Bogenendpunktes durch Zeichnen einer Hilfslinie beginnend
am Bogenmittelpunkt mit einer Länge von 60 mm und unter einem Winkel
von 215° und Zeichnen eines Hilfskreises mit dem Radius 60 um den
Bogenmittelpunkt
Zeichnen des Bogens mit Hilfe entsprechender Bezugsmodi
Vervollständigen der Außenkontur mit entsprechenden Hilfslinien
Zeichnen der Mittellinien
Zeichnen des Durchbruchs
Löschen der Hilfslinien

◆ **Aufgabe 5-4: Gelenk**

Setzen der Fang- und Rasterwerte auf Abstand 5
Zeichnen der Mittellinien beider Ansichten
Zeichnen des Kreises mit einem Radius von 15 mm
Zeichnen eines Hilfskreises mit einem Radius von 25 mm
Zeichnen des Kreisbogens
Zeichnen der restlichen Körperkanten
Zeichnen der verdeckten Körperkanten mit entsprechendem Linientyp
Löschen der Hilfskreise

◆ Aufgabe 6-1: Mittelsenkrechte zeichnen

Zeichnen der Linie von P1 nach P2
[Zeichnen][Kreis]   {Zeichnen der Hilfskreise}
Zentrum: **[P1]**
Punkt am Kreis: **[P2]**
Zentrum: **[P2]**
Punkt am Kreis: **[P1]**
Zeichnen der Mittelsenkrechten
Löschen der Hilfskreise

◆ Aufgabe 6-2: Kreis durch drei Punkte legen

[Zeichnen][Bogen]   {Zeichnen eines Hilfsbogens}
Startpunkt: **130,130 <RETURN>**
Punkt am Bogen: **200,90 <RETURN>**
Endpunkt: **120,65 <RETURN>**
[Setzen][Bezug]
Zentrum **[Ein]**   {Bezugsmodus Zentrum einschalten}
Bezugsmodus **[Ein]**
[Zeichnen][Punkt]   {Mittelpunkt des Bogens ermitteln}
Bogen anpicken
Restliche Bezugsmodi einschalten
**Zeichnen eines Kreises um den Mittelpunkt des Bogens und durch einen
Punkt am Bogen**

◆ Aufgabe 7-1: Bügel

Einstellen der Raster- und Fangwerte auf Abstand 5
Zeichnen der rechteckigen Außenkonturen
[Setzen][Abrunden]
Rundungsradius **5 <RETURN>**
[Ändern][Abrunden]   {Abrunden der Ecken mit Radius 5}
Anpicken der beiden abzurundenden Konturen
Entsprechendes Abrunden der weiteren Ecken mit anderen Radien

◆ Aufgabe 7-2: Blech mit Rundungen

Zeichnen der Mittellinien
Zeichnen der Außenkonturen in eckiger Form
Zeichnen der Innenkonturen
Abrunden der entsprechenden Ecken mit Rundungsradius 10
Vor dem Abrunden können sich die betreffenden Ecken problemlos ein wenig
überschneiden

◆ Aufgabe 7-3: Führungsachse

Zeichnen der rechtwinkligen Außenkonturen
[Setzen][Fase]
Erster Fasenabstand **1 <RETURN>**
Zweiter Fasenabstand **2 <RETURN>**
[Ändern][Fase]
Anpicken der Objekte, die mit 1x45° angefast werden sollen
[Setzen][Fase]
Erster Fasenabstand **1.07 <RETURN>**
Zweiter Fasenabstand **4 <RETURN>**
[Ändern][Fase]
Anpicken der Objekte, die mit 4x15° angefast werden sollen
Abrunden der entsprechenden Ecken
Vervollständigen der Zeichnung

◆ Aufgabe 8-1: Blech-Beschriftung

Laden der Datei BLECH3
[Zeichnen][Textzeile]   {Beschriftung ausführen}
Punkt eingeben: **Position des Textes anpicken**
Texteingabe: **Blech 2 mm dick <RETURN>**
Zeichnung sichern

◆ Aufgabe 8-2: Stückliste erstellen

Öffnen der Prototypzeichnung PRODINA4
[Zeichnen][Textzeile]
Punkt eingeben: **Position des Textes anpicken**
Texteingabe: **Fräsvorrichtung <RETURN>**

Festlegen eines geeigneten Rasters
Zeichnen der entsprechenden Linien der Tabelle
Eingabe der Texte an den jeweiligen Positionen
Zeichnung sichern

◆ **Aufgabe 8-3: Blech beschriften**

Laden der Zeichnung BLECH3
[Ändern][Texteditor]
Objekt(e) wählen: **alten Text anpicken**
Text im Texteditor entsprechend ergänzen
[OK]
Zeichnung sichern

◆ **Aufgabe 9-1: Blech bemaßen**

Laden der Zeichnung BLECH1
[Messen][Bem. horizontal]
Bemaßen der horizontalen Linien
[Messen][Bem. vertikal]
Bemaßen der vertikalen Linien
Zeichnung sichern
Die dem Körper nächststehende Bemaßung (hier jeweils 20 mm) ist dabei
zuerst durchzuführen. Die gleichmäßigen Abstände der Maßlinien lassen sich
durch die Verwendung eines geeigneten Rasters realisieren.

◆ **Aufgabe 9-2: Grundplatte bemaßen**

Laden der Zeichnung GRUNDPL1
[Messen][Bem. horizontal]
Durchführen der horizontalen Bemaßung
[Messen][Bem. vertikal]
Durchführen der vertikalen Bemaßung
Zeichnung sichern
Wie in Aufgabe 9-1 ist auch hier darauf zu achten, daß mit der jeweils dem
Körper nächststehende Bemaßung begonnen wird.

◆ **Aufgabe 9-3: Blech bemaßen**

> **Laden der Zeichnung BLECH3**
> **[Messen][Bem. horizontal]**
> **Durchführen der horizontalen Bemaßungen**
> **[Messen][Bem. vertikal]**
> **Durchführen der vertikalen Bemaßung**
> **[Messen][Winkelbemaßung]**
> **Bemaßen der drei Winkel**
> **Sichern der Zeichnung**

◆ **Aufgabe 9-4: Kegelstumpf bemaßen**

> **Zeichnen der beiden Ansichten des Kegelstumpfes**
> **Durchführen der horizontalen und vertikalen Bemaßung**
> **[Zeichnen][Textzeile]**   {Durchmesserzeichen Ø für D erstellen}
> **Punkt eingeben: Position des Durchmesserzeichens für D anpicken**
> Texteingabe: **%%C <RETURN>**
> **[Zeichnen][Textzeile]**   {Durchmesserzeichen Ø für d erstellen}
> **Punkt eingeben: Position des Durchmesserzeichens für d anpicken**
> Texteingabe: **%%C <RETURN>**
> **Datei speichern**

◆ **Aufgabe 9-5: Bügel bemaßen**

> **Durchführen der horizontalen und vertikalen Bemaßung**
> **Bemaßen der Radien durch Zeichnen der Maßpfeile**
> **Schreiben der Maßzahlen unter Berücksichtigung der Einfügewinkel**
> (hier immer ein Vielfaches von 45)

◆ **Aufgabe 9-6: Blech mit Rundungen bemaßen**

> **Durchführen der horizontalen und vertikalen Bemaßung**
> **Bemaßen der Radien durch Zeichnen der Maßpfeile**
> **Schreiben der Maßzahlen unter Berücksichtigung der unterschiedlichen Einfügewinkel**

◆ Aufgabe 9-7: Führungsachse bemaßen

> Durchführen der horizontalen und vertikalen Bemaßung
> Durchführen der Winkelbemaßung
> Ergänzen der Durchmesserbemaßungen um das Durchmesserzeichen
> Bemaßen der Radien durch Zeichnen der Maßpfeile
> Schreiben der Maßzahlen unter Berücksichtigung der Einfügewinkel
> Zeichnen der Maßpfeile und -linien für die Fasen 1x45
> Beschriften der Fasen

◆ Aufgabe 10-1: Bundbuchse im Schnitt darstellen

> Setzen geeigneter Raster- und Fangwerte
> Zeichnen der Mittellinie
> Zeichnen der Konturen
> Durchführen der horizontalen und vertikalen Bemaßung
> Ergänzen der Durchmessermaße um das Durchmesserzeichen
> [Setzen][Muster]   {Festlegen des Schraffurmusters}
> Aktives Muster ANSI31 <RETURN>
> Maßstab 30 <RETURN>
> [OK]
> [Zeichnen][Fläche füllen]   {Ausführen der Schraffuren}
> Erste zu schraffierende Fläche durch Abgehen der Kontur auswählen
> [Annehmen]
> Zweite zu schraffierende Fläche durch Abgehen der Kontur auswählen
> [Annehmen]

◆ Aufgabe 10-2: Halter zeichnen

> Zeichnen der Mittellinien
> Zeichnen der Konturen beider Ansichten
> Zeichnen der verdeckten Kanten
> Durchführen der Bemaßung
> Setzen eines geeigneten Musters
> Flächen durch Abgehen der entsprechenden Konturen schraffieren
> Das Finden der Eckpunkte wird durch das Arbeiten mit dem Bezugsmodus
> Schnittpunkt wesentlich erleichtert.

◆ Aufgabe 10-3: Ringe im Schnitt darstellen

Zeichnen der Konturen mit geeignetem Raster   {Ring 1 zeichnen}
Zeichnen der Mittellinie
Bemaßen des Rings
Schraffieren der entsprechenden Flächen
Zeichnen der Mittellinie   {Ring 2 zeichnen}
Zeichnen der beiden Quader 15x15 mit *Zeichnen*-**Befehl** *Rechteck*
Abrunden der Ecken mit *Ändern*-**Befehl** *Abrunden*
Zeichnen der Verbindungslinien
Bemaßen des Rings
Schraffieren der Flächen
Das Nachziehen der abgerundeten Ecken erfolgt mit Hilfe geeigneter
Bezugsmodi und unter Verwendung der *Hilfe*-Option *Bogenmodus*.

◆ Aufgabe 10-4: Gußform zeichnen

Zeichnen der Vorderansicht   {Erstellen der Vorderansicht}
Abrunden der Innenkontur
Schraffieren der Vorderansicht
Ausführen der Bemaßung für Vorderansicht
Zeichnen der Draufsicht mit   {Erstellen der Draufsicht}
geradliniger Innenkontur
Abrunden der Innenkontur
Ausführen der Bemaßung für Draufsicht

◆ Aufgabe 10-5:

Zeichnen der Konturen mit dem *Zeichnen*-**Befehl** *Rechteck*
Zeichnen der Mittellinien
Erstellen der Schraffurflächen durch Nachziehen der Konturen und
gleichzeitigem Aussparen der Durchbrüche
Beim Aussparen der inneren Konturen ist darauf zu achten, daß z.B. von der
linken oberen Ecke der Außenkontur auf die linke obere Ecke der oberen
Aussparung gegangen wird, die Aussparung dann nachgezogen wird und von
der linken oberen Ecke der Aussparung wieder zurück zur linken oberen Ecke
der Außenkontur gegangen wird. Entsprechend ist bei der zweiten Aussparung
vorzugehen.

◆ Aufgabe 10-6: Prototypzeichnung PRODINA3 ergänzen

Öffnen der Prototyp-Zeichnung PRODINA3
[Setzen][Muster]
Aktives Muster **ANSI31 <RETURN>**
Maßstab **50 <RETURN>**
[OK]
[Datei][Sichern]

◆ Aufgabe 11-1: Quadrat verschieben

Zeichnen des Quadrats
[Ändern][Schieben]   {Verschieben nach rechts oben}
Objekt(e) wählen: **Quadrat einfangen**
Von Punkt: **Mittelpunkt des Quadrats wählen**
Nach Punkt: **r(50,40) <RETURN>**
Objekt(e) wählen: **Quadrat einfangen** {Zurückschieben in Ausganglage}
Von Punkt: **Mittelpunkt des Quadrats wählen**
Nach Punkt: **r(-50,-40) <RETURN>**
Analoges Vorgehen für Verschiebung nach links oben
Analoges Vorgehen für Verschiebung nach links unten
Objekt(e) wählen: **Quadrat einfangen**   {Verschieben zum Drehen}
Von Punkt: **Mittelpunkt des Quadrats wählen**
Nach Punkt: **p(70,-45) <RETURN>**
[Ändern][Drehen]   {Quadrat drehen}
Objekt(e) wählen: **Quadrat einfangen**
Mittelpunkt der Drehung: **Mittelpunkt des Quadrats wählen**
Zweiter Punkt: **p(10,45) <RETURN>**{Die 10 ist ein willkürlicher Wert.}

◆ Aufgabe 11-2: Hebel mit Durchbruch

Zeichnen der äußeren Konturen des Hebels
Zeichnen der Bohrung
Zeichnen des Quadrats
[Ändern][Drehen]   {Drehen des Quadrats}
Objekt(e) wählen: **Quadrat einfangen**
Mittelpunkt der Drehung: **Mittelpunkt des Quadrats wählen**
Zweiter Punkt: **p(5,15) <RETURN>**   {Die 5 ist ein willkürlicher Wert.}
Zeichnen der Mittellinie
Bemaßen der Zeichnung

◆ **Aufgabe 11-3: Platte mit Durchbrüchen**

Zeichnen der Außenkontur
Zeichnen des rechten oberen Durchbruchs 8x8 mit Mittellinie
[Ändern][Kopieren]   {Erstellen des Durchbruch links daneben}
Objekt(e) wählen: **Quadrat mit Mittellinie einfangen**
Von Punkt: **Mittelpunkt des Quadrats wählen**
Nach Punkt: **r(-20,0) <RETURN>**
Kopieren der restlichen Durchbrüche
Bemaßen und Beschriften der Zeichnung
Schneller geht es, wenn man z.B. erst die obere Reihe wie oben beschrieben mit
Durchbrüchen versieht und dann die gesamte obere Reihe nach unten kopiert.

◆ **Aufgabe 11-4: Symmetrisches Werkstück zeichnen**

{Vorderansicht zeichnen}
Zeichnen des Werkstücks bis zur Spiegelachse (Mittelachse)
[Ändern][Spiegeln]
Objekt(e) wählen: **Einfangen der bisher gezeichneten Teile**
Basispunkt: **Punkt an der Spiegelachse wählen**
Zweiter Punkt: **Beliebigen Punkt wählen, so daß die Teilzeichnung nach**
                    rechts gespiegelt wird
Zeichnen der oberen linken Kontur des Werkstücks {Draufsicht zeichnen}
Zeichnen des oberen linken Durchbruchs
[Ändern][Spiegeln]
Objekt(e) wählen: **Einfangen der bisher gezeichneten Teile**
Basispunkt: **Punkt an der rechten Spiegelachse wählen**
Zweiter Punkt: **Beliebigen Punkt wählen, so daß die Teilzeichnung nach**
                    rechts gespiegelt wird
[Ändern][Spiegeln]
Objekt(e) wählen: **Einfangen der oberen Hälfte**
Basispunkt: **Punkt an der unteren Spiegelachse wählen**
Zweiter Punkt: **Beliebigen Punkt wählen, so daß die Teilzeichnung nach**
                    unten gespiegelt wird
Zeichnen der Mittellinien

◆ **Aufgabe 11-5: Bohrplatte**

> **Zeichnen der Außenkontur**
> **Zeichnen des Mittellinien-Kreuzes**
> **Zeichnen jeweils einer Gewindebohrung M5 und M6 oben links**
> [Ändern][Kopieren]   {Kopieren der Gewindebohrung M6}
> Objekt(e) wählen: **Gewindebohrung einfangen**
> Von Punkt: **Mittelpunkt der Gewindebohrung wählen**
> Nach Punkt: **r(0,-13) <RETURN>**
> **Spiegeln der drei Gewinde nach rechts und nach unten**
> **Zeichnen der Mittellinienkreise**
> **Zeichnen einer Gewindebohrung M8**
> **[Ändern][kreisf.Anordnung]**
> Objekt(e) wählen: **Gewindebohrung M8 einfangen**
> Mittelpunkt der Anordnung: **Mittelpunkt der Platte wählen**
> **[Annehmen]**

Gemäß den Standard-Einstellungen von AutoSketch müßte das Gewinde
viermal in der Zeichnung erscheinen. Sollte dies nicht der Fall sein, so muß
man anstelle von *Annehmen* das Feld *Ändern* anpicken und folgende
Änderungen im Dialogfenster *Werte der kreisförmigen Anordnung* durchführen:

> Anzahl der Objekte: **4 <RETURN>**
> [✔] Objekte während des Kopierens drehen
> [OK]
> **Zeichnen einer Gewindebohrung M10**
> **Analoges Kopieren wie Gewinde M8 mit geänderten Einstellungen**
> **Bemaßen der Bohrplatte**

◆ **Aufgabe 11-6: Platte mit Durchbrüchen**

> **Zeichnen der Platte**
> **Zeichnen des oberen rechten Quadrats 8x8 mit Mittellinien**
> [Ändern][rechtw.Anordnung]   {Mehrfaches Kopieren des Quadrats}
> Objekt(e) wählen: **Quadrat mit Mittellinien einfangen**
> Spaltenabstand 1. Punkt: **Mittelpunkt des Quadrats wählen**
> Nach Punkt: **r(-20,0) <RETURN>**
> Zeilenabstand 1. Punkt: **Mittelpunkt des Quadrats wählen**
> Nach Punkt: **r(0,-20) <RETURN>**

[Ändern]
Spalten(|||) 5 <RETURN>
Zeilen(---) 4 <RETURN>
[OK]
Spaltenabstand 1. Punkt: **Mittelpunkt des Quadrats wählen**
Nach Punkt: **r(-20,0) <RETURN>**
Zeilenabstand 1. Punkt: **Mittelpunkt des Quadrats wählen**
Nach Punkt: **r(0,-20) <RETURN>**
[Annehmen]
Bemaßen und Beschriften der Platte

◆ **Aufgabe 11-7: Prismenfuß**

Zeichnen des Prismenfußes mit den angegebenen Maßen
[Ändern][Varia]   {Vergrößern der Zeichnung}
Objekt(e) wählen: **Prismenfuß einfangen**
Basispunkt: **Punkt wählen**
Zweiter Punkt: **Punkt wählen, bis in der Befehlszeile Faktor:1.5**
                    angezeigt wird

◆ **Aufgabe 11-8: Bolzen**

Zeichnen des Bolzens
Bemaßen des Bolzens
[Ändern][Strecken]   {Strecken des rechten Zapfens}
Erste Ecke: Zweite Ecke: **Punkte so wählen, daß das zu streckende**
                    Bolzenende einschließlich der rechten
                    Maßhilfslinien im Fenster enthalten ist
Streckbasis: **Punkt am Bolzenende wählen**
Strecken bis: **r(20,0) <RETURN>**

◆ Aufgabe 11-9: Druckbehälter

Zeichnen des Druckbehälters
Schraffieren der Schnittflächen
Speichern der Zeichnung unter BEHAELT1
[Ändern][Varia]   {Vergrößern des Behälters}
Objekt(e) wählen: **Behälter einfangen**
Basispunkt: **Punkt wählen**
Zweiter Punkt: **Punkt wählen, bis in der Befehlszeile Faktor:1.2**
                    angezeigt wird
Speichern unter BEHAELT2

◆ Aufgabe 11-10: Schraffur ändern

Öffnen der Datei RINGE
[Setzen][Muster]   {Ändern des Schraffurmusters}
Drehwinkel **90 <RETURN>**
[OK]
[Setzen][Eigenschaft]   {Festlegen, das Muster angepaßt werden}
[✔] Muster
[OK]
[Ändern][Eigenschaft]   {Auswählen der anzupassenden Schraffur}
Auswählen der Ringe

◆ Aufgabe 12-1: Beispielzeichnung ELEKTRO in vergrößerter Darstellung ansehen

Öffnen der Datei ELEKTRO
[Ansicht][Zoom X]
Vergrößerungsfaktor **2.5 <RETURN>**
Verschieben der Bildausschnitte mit dem *Ansicht*-Befehl *Pan*, so daß
nichtsichtbare Zeichnungsteile sichtbar werden

◆ **Aufgabe 12-2: Erstellen eines festen Schriftfelds**

    [Hilfe][Makro aufzeichnen]   {Aufzeichnen des Makros}
    Zeichnen der Umrandung und des Schriftfelds
    Beschriften der entsprechenden Bereiche
    [Hilfe][Makro beenden]
    [Datei][Makro sichern]   {Speichern des Makros}
    Dateiname: **SCHRFELD <RETURN>**
    [OK]

◆ **Aufgabe 12-3: Gewinde nach DIN ISO 6410 mit Makro zeichnen**

    MENU "Zeichnen","Kreis"   {Erstellen des Makros mit}
    ASK USER STRING r(4,0)\013   {beliebigem Texteditor}
    MENU "Zeichnen","Bogen"
    STRING r(1,0)\013
    STRING r(-5,5)\013
    STRING r(0,-10)\013
    MENU "Ändern","Varia"
    STRING r(6,11)\013
    STRING r(-11,-11)\013
    STRING r(5,5)\013
    ASK USER
    Speichern unter GEWINDE1.MCR

    Zeichnen der Platte   {Erstellen der Zeichnung unter AutoSketch}
    [Datei][Makro öffnen]   {Laden und Starten des Makros}
    Dateiname **Gewinde1 <RETURN>**
    [OK]
    [Hilfe][Makro abspielen]
    Kreis Zentrum: **Position des Gewindes M10 anpicken**
    Varia Zweiter Punkt: **Punkt wählen, bis in Befehlszeile Faktor:1.0 erscheint**
    [Hilfe][Makro abspielen]
    Kreis Zentrum: **Position des ersten Gewindes M8 anpicken**
    Varia Zweiter Punkt: **Punkt wählen, bis in Befehlszeile Faktor:0.8 erscheint**
    [Hilfe][Makro abspielen]
    Kreis Zentrum: **Position des zweiten Gewindes M8 anpicken**
    Varia Zweiter Punkt: **Punkt wählen, bis in Befehlszeile Faktor:0.8 erscheint**
    Bemaßen und Beschriften der Datei

◆ Aufgabe 12-4: Drehkörper zeichnen

[Setzen][Layer]   {Zeichnen der Vollinien}
Layer 4 Aktuell [✔] Sichtbar [✔]
[OK]
Zeichnen der Vollinien
[Setzen][Layer]   {Zeichnen der Mittellinie}
Layer 5 Aktuell [✔] Sichtbar [✔]
[OK]
Zeichnen der Mittellinie mit geeignetem Linientyp
[Setzen][Layer]   {Ausführen der Schraffuren}
Layer 6 Aktuell [✔] Sichtbar [✔]
[OK]
Erstellen der schraffierten Schnittflächen
[Setzen][Layer]   {Ausführen der Bemaßung}
Layer 7 Aktuell [✔] Sichtbar [✔]
[OK]
Bemaßen des Drehkörpers

◆ Aufgabe 12-5: Gußform in verschiedenen Layern erstellen

Öffnen der Zeichnung GUSSFORM
[Setzen][Eigenschaft]   {Festlegen, daß Layer angepaßt wird}
[✔] Layer
[OK]
[Setzen][Layer]   {Anpassen der Layerzuordnung für Kontur}
Layer 6 Aktuell [✔] Sichtbar [✔]
[OK]
[Ändern][Eigenschaft]
Elemente der Kontur wählen
[Setzen][Layer]   {Anpassen der Layerzuordnung für Bemaßung}
Layer 7 Aktuell [✔] Sichtbar [✔]
[OK]
[Ändern][Eigenschaft]
Elemente Bemaßung wählen
[Setzen][Layer]   {Anpassen der Layerzuordnung für Schraffur}
Layer 8 Aktuell [✔] Sichtbar [✔]
[OK]
[Ändern][Eigenschaft]
Schraffur wählen

◆ **Aufgabe 12-6: Oberflächenzeichen in einer Teildatei ablegen**

[Datei][Teil ausschneiden]
Dateiname **O_Zeich <RETURN>**
[OK]
Einfügebasispunkt: **Untere Spitze des Oberflächenzeichens anpicken**
Objekt(e) wählen: **Teilefenster so wählen, daß der Text 3.2 nicht erfaßt wird**

◆ **Aufgabe 12-7: Oberflächenzeichen einfügen**

Zeichnen der Konturen
[Zeichnen][Teil]   {Einfügen des Oberflächenzeichens für Text 3.2}
Dateiname: **O_ZEICH <RETURN>**
[OK]
Nach Punkt: **Position für Zeichen mit Text 3.2 anpicken**
[Zeichnen][Teil]   {Einfügen des Oberflächenzeichens für Text 6.4}
[OK]
Nach Punkt: **Position für Zeichen mit Text 6.4 anpicken**
Texte 3.2 und 6.4 einfügen

◆ **Aufgabe 12-8: Verbindung zweier Platten zeichnen**

Zeichnen der Sechskantschraube M24x50
[Setzen][Einfügebasis]
Vorgabe für Einfügebasis [✔]
Teile-Einfügebasis: **Punkt wie in Beispiel 12-15 wählen**
Zeichnung unter SKS-M24 sichern
Zeichnen des oberen Werkstücks mit   {obere Ansicht erstellen}
Bemaßung und Schraffur
Kopieren des Werkstücks ohne Bemaßung   {untere Ansicht erstellen}
[Zeichnen][Teil]   {Einfügen der linken Schraube}
Dateiname **SKS-M24 <RETURN>**
[OK]
Nach Punkt: **Position für erste Schraube anpicken**
[Zeichnen][Teil]   {Einfügen der rechten Schraube}
[OK]
Nach Punkt: **Position für zweite Schraube anpicken**
Sichern der Zeichnung

B   Befehle

Menüpunkt Zeichnen: Erstellen von Zeichnungselementen

Befehl Tastenkombination	Wirkung	Seite
Bogen <Alt+F3>	Zeichnen eines Kreisbogens durch drei Punkte	74
Rechteck <CTRL+F7>	Zeichnen eines Rechtecks als Polylinie	39
Kreis <Alt+F4>	Zeichnen eines Kreises um Mittelpunkt und durch vorgegebenen Randpunkt	68
Kurve	Erstellen von Kurven als kubische B-Splines	
Ellipse <CTRL+F8>	Zeichnen einer Ellipse auf unterschiedliche Arten	
Linie <Alt+F1>	Zeichnen einer Linie von einem Anfangs- zu einem Endpunkt	32
Teil	Einfügen einer anderen Zeichnung als Teil in die aktuelle Zeichnung	215
Fläche füllen <CTRL+F9>	Ausfüllen von geschlossenen Flächen mit einem Muster	136
Punkt	Markieren eines Punktes als Zeichnungselement	
Polylinie <Alt+F2>	Zeichnen eines aus Linien und Kreisbögen zusammengesetzten Zeichnungselements	
Textzeile	Schreiben eines einzeiligen Textes in eine Zeichnung	101
Texteditor	Schreiben eines mehrzeiligen Textes in eine Zeichnung	109

AS-Menüpunkt Ändern: Manipulieren von Objekten einer Zeichnung

Befehl Tastenkombination	Wirkung	Seite
Zurück <F1>	Rückgängigmachen der letzten Tätigkeit	48
Zlösch <F2>	Rückgängigmachen der Wirkung des Befehls Zurück	49
Gruppe <Alt+F9>	Zusammenfassen von Objekten in einer Gruppe	
Glösch <Alt+F10>	Zerlegen einer Gruppe in ihre Einzelobjekte	
rechtw. Anordnung <Ctrl+F2>	Kopieren von Objekten in rechtwinkliger Anordnung	165
Bruch <F4>	Aufspalten bzw. teilweises Löschen von Objekten	
Fase	Abschrägen von Objekten	94
Kopieren <F6>	Erzeugen eines Duplikats eines Objekts	156
Löschen <F3>	Entfernen eines Objekts aus einer Zeichnung	44
Abrunden	Verbinden zweier Objekte durch einen Kreisbogen	89
Spiegeln <Ctrl+F3>	Erzeugen eines spiegelverkehrten Duplikats eines Objekts	158
Schieben <F5>	Verschieben eines Objekts an eine andere Stelle	149
Eigenschaft	Ändern der Eigenschaft von Objekten	180
kreisf. Anordnung <Ctrl+F4>	Kopieren von Objekten in kreisförmiger Anordnung	161
Drehen <Ctrl+F5>	Drehen von Objekten um einen Punkt	152
Varia <Ctrl+F6>	Ändern der Größe von Objekten	169
Strecken <F7>	Verformen von Objekten in eine beliebige Richtung	173
Texteditor	Ändern von Beschriftungen einer Zeichnung	112

Menüpunkt Ansicht: Arbeiten mit Bildausschnitten

Befehl Tastenkombination	Wirkung	Seite
Letztes Plotfenster	Wahl des letzten Plotfensters als Ausschnitt	
Letzter Ausschnitt <F9>	Zurücksetzen auf den voraufgegangenen Ausschnitt	186
Zoom Fenster <F10>	Festlegen eines Ausschnitts über ein Fenster	186
Zoom voll	Festlegen eines Ausschnitts, der sämtliche Elemente einer Zeichnung einschließt.	186
Zoom Limiten	Festlegen eines Ausschnitts innerhalb der Zeichnungsgrenzen	186
Zoom X	Vergrößern oder Verkleinern eines Ausschnitts über einen positiven Faktor	184
Pan <F8>	Verschieben eines Ausschnitts auf dem Bildschirm	188
Neuzeich	Neuaufbau einer Zeichnung	191

Menüpunkt Hilfe: Festlegen von Hilfen beim Zeichnen

Befehl Tastenkombination	Wirkung	Seite
Bogenmodus <Ctrl+F1>	Wechseln zwischen Bogen- und Linienmodus bei gefüllten Flächen und Polylinien	140
Bezug <Alt+F8>	Ein- bzw. Ausschalten aller gesetzten Bezugsmodi	61
Koordinaten	Anzeigen der Koordinaten der aktuellen Cursorposition	51
Füllen	Anzeigen des Inneren von gefüllten Flächen und Polylinien	148
Rahmen	Anzeigen des eine Kurve definierenden Linienzuges	
Raster <Alt+F6>	Ein- bzw. Ausschalten eines sichtbaren Punktrasters	54
Ortho <Alt+F5>	Ein- bzw. Ausschalten des Ortho-Modus	52
Fang <Alt+F7>	Ein- bzw. Ausschalten eines unsichtbaren Fangrasters	57
Zeig Bilder	Festlegen der Art der Auswahl von Zeichnungen, Schriften und Füllmustern	
Makro aufzeichnen	Zusammenfassen und Speichern einer Befehlsfolge als sogenanntes Makro	192
Makro beenden	Beenden der Aufzeichnung einer Befehlsfolge als Makro (nur nach Aufruf von *Makro aufzeichnen*)	192
Makro abspielen	Aufrufen und Starten einer zuvor als Makro gespeicherten Befehlsfolge	196
Bedienereingabe	Festlegen von Möglichkeiten für Benutzereingaben beim Ablauf eines Makros	199

Menüpunkt Setzen: Festlegen von Grundeinstellungen

Befehl Tastenkombination	Wirkung	Seite
Maßpfeil	Auswahl der Darstellung eines Maßpfeils	118
Bezug	Vereinbaren der Bezugsmodi	60
rechtw.Anordnung	Festlegen der rechwinkligen Anordnung beim Kopieren von Objekten	168
Fase	Festlegen der Fasenabstände	94
Farbe	Vereinbaren der aktuellen Farbe	
Kurve	Festlegen der Genauigkeit einer Kurvendarstellung	
Ellipse	Auswahl der Konstruktion einer Ellipse	
Abrunden	Festlegen eines Rundungsradius	88
Raster	Festsetzen von Rasterabständen	54
Layer	Auswahl des aktuellen Layers und Vereinbaren der Sichtbarkeit von Layern	204
Limiten	Festlegen der geplanten Zeichnungsgröße	22
Linientyp	Auswahl der Darstellung einer Linie	42
Einfügebasis	Vereinbaren der Einfügebasis	211
Muster	Bestimmen eines Musters zum Ausfüllen	147
Pick	Festlegen des Pickintervalls	61
Polylinie	Vereinbaren der Eigenschaften von Polylinien	
Eigenschaft	Auswahl der Eigenschaften, die mit dem *Ändern*-Befehl *Eigenschaft* geändert werden sollen.	180
kreisf. Anordnung	Festlegen der kreisförmigen Anordnung beim Kopieren von Objekten	164
Fang	Festsetzen des Fangintervalls	57
Text	Bestimmen der Eigenschaften für Textdarstellung	100
Einheiten	Vereinbaren des Einheitenformats und der Maßeinheit	22

Menüpunkt Messen: Anzeigen und Darstellen von Zeichnungsdaten

Befehl Tastenkombination	Wirkung	Seite
Winkel	Anzeigen eines durch drei Punkte definierten Winkels	130
Fläche	Anzeigen des Inhalts einer Fläche	130
Abstand	Anzeigen des Abstandes zwischen zwei Punkten	131
Richtung	Anzeigen der Richtung einer Linie	131
Punkt	Anzeigen der Koordinaten eines Punktes	131
Bem. ausrichten	Ausführen einer beliebigen Linearbemaßung	121
Winkelbemaßung	Ausführen der Bemaßung eines Winkels	123
Bem. horizontal	Ausführen einer horizontalen Linearbemaßung	116
Bem. vertikal	Ausführen einer vertikalen Linearbemaßung	116
Zeig Eigenschaften	Anzeigen aller Eigenschaften eines Objektes	

Menüpunkt Datei: Arbeiten mit Dateien

Befehl Tastenkombination	Wirkung	Seite
Neu	Erstellen einer neuen Zeichnung	19
Öffnen	Laden der Datei einer vorhandenen Zeichnung	14
Teil ausschneiden	Speichern eines Zeichnungsteils in einer Datei	212
Sichern	Speichern einer Zeichnung unter ihrem Namen in einer Datei	17
Sichern als	Speichern einer Zeichnung unter neuem Namen in einer Datei	14
Stiftinfo	Anzeigen von Informationen zu den Plotterstiften	
Druck/Plotbereich	Festlegen des auszugebenden Teils einer Zeichnung	27
Druck/Plotname	Festlegen des Namens der Drucker- bzw. Plotdatei	30
Druck/Plot	Ausgeben einer Zeichnung über Drucker bzw. Plotter	28
Mach DXF	Speichern einer Zeichnung im DXF-Format	
DXF lesen	Laden einer DXF-Datei und Einfügen in aktuelle Zeichnung	
Makro sichern	Speichern eines aufgezeichneten Makros in einer Makro-Datei	197
Makro öffnen	Laden einer Makro-Datei ohne Ausführen des Makros	198
Mach Dia	Speichern des aktuellen Bildschirminhalts in einer Dia-Datei	
Zeig Dia	Laden einer Dia-Datei und Anzeigen auf dem Bildschirm	
Information	Anzeigen von Informationen zu AutoSketch und zur Hardware-Konfiguration	12
Spiel	Starten eines einfachen Spiels am Rechner	
Ende	Beenden des Arbeitens mit AutoSketch	12

C Systemvariable

- **/langle**

  Wert für den zuletzt mit dem Befehl *Winkel* oder *Richtung* gemessenen Winkel

- **/larea**

  Inhalt für die zuletzt mit dem Befehl *Fläche* gemessene Flächen

- **/ldist**

  Wert für die zuletzt mit dem Befehl *Abstand* oder beim Bemaßen gemessene Strecke

- **/lpoint**

  X- und Y-Koordinate für den zuletzt benutzten oder mit dem Befehl *Punkt* zuletzt gemessenen Punkt

- **/lx**

  X-Koordinate eines Punktes entsprechend /lpoint

- **/ly**

  Y-Koordinate eines Punktes entsprechend /lpoint

D   Makrobefehle

- ASK USER   Unterbrechen eines Makroablaufs für eine Benutzereingabe
- BTEXT   Daten, die in einem Dialogfeld eingegeben sind.
- DELAY   Realisieren einer Pause in Millisekunden
- MENU   Aufruf eines AS-Menüpunktes und Wahl eines Befehls
- PICK   Auswahl einer Position in einem Dialogfenster
- POINT   Koordinaten eines durch Zeigen vereinbarten Punktes
- REM   Formulieren einer Bemerkung
- SCROLL   Bewegungen eines Schiebers
- STRING   Daten, die über die Tastatur eingegeben sind.
- \ASCII-Wert   Drücken der dem ASCII-Wert zugeordneten Sondertaste
- \008   Drücken der Backspace-Taste
- \013   Drücken der Return-Taste
- \211   Drücken der Del-Taste

E   Schraffurmuster

- BLANK   nicht gefüllte Fläche
- CRSSHTCH   waagerechte und senkrechte Linien
- SOLID   vollständig gefüllte Fläche
- ANGLE   Winkel Stahl
- ANSI31   ANSI Eisen, Ziegel, Mauerwerk
- ANSI32   ANSI Stahl
- ANSI33   ANSI Bronze, Messing, Kupfer
- ANSI34   ANSI Plastik, Gummi
- ANSI35   ANSI Feuerfester Ziegel, feuerfestes Material
- ANSI36   ANSI Marmor, Schiefer, Glas
- ANSI37   ANSI Blei, Zink, Magnesium, Lärm-/Wärme-/ Elektro-Isolation
- ANSI38   ANSI Aluminium
- BOX   Box Stahl
- BRASS   Messing
- BRICK   Ziegel- oder Mauerwerkartige Oberfläche
- CLAY   Ton
- CORK   Kork
- CROSS   Eine Reihe von Kreuzen
- DASH   Gestrichelte Linien
- DOLMIT   Geologische Gesteinsschichten
- DOTS   Eine Reihe von Punkten
- EARTH   Erde oder Grund (unterirdisch)
- ESCHER   Escher-Muster
- FLEX   Biegsames Material
- GRASS   Grasfläche
- GRATE   Gitterfläche

- HEX   Sechsecke
- HONEY   Wabenmuster
- HOUND   Hahnentrittmuster
- INSUL   Isolationsmaterial
- LINE   Parallele horizontale Linien
- MUDST   Schlamm und Sand
- NET   Gitter
- NET3   Netzmuster 0-60-120
- PLAST   Plastikmaterial
- PLASTI   Plastikmaterial
- SACNCR   Beton
- SQUARE   Kleine ausgerichtete Quadrate
- STARS   Davidssterne
- STEEL   Stahl
- SWAMP   Sumpffläche
- TRANS   Wärmeleitendes Material
- TRIANG   Gleichseitige Dreiecke
- ZIGZAG   Treppenmuster

F   Dialogfenster

Name	Wirkung	Seite
Abrunden	Bestimmen des Rundungsradius beim Abrunden von Ecken	88
Anzeigeformat der Einheiten	Festlegen des Maßsystems, der Anzahl der Dezimalstellen und der Maßeinheit	23
Art des Maßpfeils	Festlegen der Form der Maßpfeile	118
Basispunkt zum Einfügen von Teilen	Bestimmen des Einfügepunktes eines Teils	211
Bezugsmodi	Festlegen eines Bezugs-Modus	60
Druckdatei-Name	Festlegen des Namens der Ausgabedatei	30
Eigenschaften ändern	Festlegen der zu ändernden Eigenschaften	180
Fang	Bestimmen der Abstände für ein Fangraster	57
Fase	Festlegen der Fasenabstände beim Fasen von Ecken	94
Füllmodi	Bestimmen des Musters zum Füllen von Flächen	137
Information	Anzeigen von Informationen über AutoSketch	13
Layerstatus	Festlegen des aktuellen Layers	204
Makrodatei erzeugen	Bestimmen des Dateinamens eines Makros	197
Papierformat	Bestimmen der Seitenvorgaben zum Drucken	27
Pick-Intervall	Festlegen der Größe des Pick-Intervalls	61
Raster	Bestimmen der Raster-Abstände	54
Sicherungsabfrage	Abfrage, ob geänderte Zeichnung gesichert werden soll.	19
Texteditor	Eingabe und Ändern von Texten	110
Text- und Schriftmodi	Festlegen der äußeren Form eines Textes	100

Name	Wirkung	Seite
Werte der kreisförmigen Anordnung	Bestimmen der Werte bei kreisförmiger Anordnung von Objekten	161
Werte der rechtwinkligen Anordnung	Bestimmen der Werte bei rechtwinkliger Anordnung von Objekten	166
Zeichnungsdatei wählen	Auswahl der Zeichnungs-Dateien	15
Zeichnungslimiten	Festlegen der Zeichnungsgröße	22
Zeichnungslinientyp	Definieren der aktuellen Linienart	42
Zoom Faktor	Festlegen des Vergrößerungs-Faktors	184

G   Sachverzeichnis

B

Basispunkt 170
Basispunkt zum Einfügen von Teilen,
  Dialogfenster 211
Bedienereingabe, Hilfe-Befehl 199
Beenden einer Makro-Aufzeichnung 192
Beispielzeichnungen 4
Bem. ausrichten, Messen-Befehl 121
Bem. horizontal, Messen-Befehl 116
Bem. vertikal, Messen-Befehl 116
Bemaßen der Winkel eines Dreiecks 123
Bemaßen eines abgerundeten
    Rechtecks 128
Bemaßen eines Dreiecks 121
Bemaßen eines Rechtecks 116
Bemaßen eines Winkels 123, 124
Bemaßen eines Zylinders 126
Bemaßen von schrägen Kanten 125
Bemaßen von Zeichnungen 114 ff.
Bemaßung als ein Zeichnungobjekt 118
Bemaßung einer Strecke 114
Bemaßung, standardmäßige 116
Benutzer-Auswahlen 14
Benutzereingaben 4, 201
Beschriften eines Bauteils 105
Beschriften eines Maßpfeils 133
Beschriften von Zeichnungen 99 ff.
Betriebssystem 2
Bezug auf einen Text 64
Bezug auf Endpunkt 62
Bezug auf Lotpunkt 64
Bezug auf Mittelpunkt 63
Bezug auf Quadrantpunkt 65
Bezug auf Schnittpunkt 62
Bezug auf Tangentialpunkt 65
Bezug auf Zentrumpunkt 61
Bezug, Hilfe-Befehl 61
Bezug, Setzen-Befehl 60
Bezugs-Modus ein- und ausschalten 61
Bezugs-Modus festlegen 60
Bezugsbemaßung 120
Bezugsmodi, Dialogfenster 60

Bildausschnitt über Zoom-Faktor
    festlegen 184
Bilder-Feld 16
Bilderbibliotheken 4
Bildschirm-Neuaufbau 10
Blech beschriften 113
Blech mit Rundungen, Zeichnung 93
Blech, Zeichnung 53, 79, 122, 125, 129
Blech-Beschriftung 106
Bleche mit Bohrung, Zeichnung 72
Bogen durch drei Punkte 74
Bogen durch Mittel-, Start- und
    Endpunkt 75
Bogen durch Mittel-, Startpunkt und
    Sehne 78
Bogen durch Mittel-, Startpunkt und
    Winkel 77
Bogen, Zeichnen-Befehl 74
Bogenmodus, Hilfe-Befehl 140
Bohrplatte, Zeichnung 165
Bolzen, Zeichnung 177
Bügel, Zeichnung 92, 129
Bundbuchse, Zeichnung 139

D

Datei, Menüpunkt 11
Dateiauswahl 15
Dateinamen editieren 17
Datensicherung, Dialogfenster 19
Definitionspunkt 172
Dialogfenster 13, 15
Dialogzeile 10
DIN 15, Teil 2 41
DIN 201 135
DIN 406 Teil 1 und 2 114
DIN 6776 Teil 1 99
DIN 823 20
DIN ISO 5455 28
DIN ISO 6410 202
DIN-Normen 20
Drehen eines Objektes durch Zeigen 153
Drehen eines Objektes mit Winkelang. 154

P

Pan, Ansicht-Befehl 10, 188
Papierformat, Druckbereich-Option 27
Parameter für kreisförmige Anordnung festlegen 164
Parameter für rechtwinkliges Kopieren festlegen 168
Pick, Setzen-Befehl 61
Platte mit Durchbrüchen, 157, 169
Plot alles, Druckbereich-Option 28
Plotfenster 30
Plotfenster, Druckbereich-Option 27
Plotten einer Zeichnung 26
Plotter 26
Plus/Minus-Symbol 108
Polarkoordinaten eingeben 35
Prismenfuß, Zeichnung 172
Probleme beim Abspielen eines Makros 197
Programmdateien 4
Proportionalschrift 104
Prototypzeichnung 24, 59, 148
Prototypzeichnung anpassen 59
Prototypzeichnung anwenden 25
Prototypzeichnung erstellen 25
Prozentzeichen 108
Pull-Down-Menü 9, 14
Punkt auf Textgrundlinie einfangen 64
Punkt, Messen-Befehl 131
Punktraster ein- und ausschalten 54
Punktraster festlegen 54, 55

Q

Quadrant, Bezug-Option 65
Quadrantpunkt einfangen 65
Quadrat verschieben 152

R

Radienbemaßung 126, 127, 129
Raster, Dialogfenster 54
Raster, Hilfe-Befehl 54

Raster, Setzen-Befehl 54
Rasterabstände 55
Rechteck zeichnen 39
Rechteck, Zeichnen-Befehl 39
Rechteck, Zeichnung 38, 47, 66
Rechteckbehälter mit Versteifung, Zeichnung 147
rechtw. Anordnung, Ändern-Befehl 165
rechtw. Anordnung, Setzen-Befehl 168
relative Koordinaten eingeben 34
Richtung, Messen-Befehl 131
Ringe, Zeichnung 143
Rückgängigmachen eines Befehls 48
Rückgängigmachen von Änderungen 180
Rückgängigmachen von Zeichnungs- änderungen 151
Rundungsradien 88
Rundungsradius festlegen 88
Rundungsradius Null 91

S

Schieben, Ändern-Befehl 149
Schnittpunkt einfangen 63
Schnittpunkt, Bezug-Option 62
Schraffieren einer Fläche 135, 136
Schraffieren eines Rechtecks 138
Schraffieren eines Rechtecks mit Bohrung 145
Schraffieren eines Winkels 142
Schraffieren zweier Halbkreisflächen 141
Schraffur 135
Schraffur ändern 181
Schraffurmuster festlegen 137
Schreiben von Sonderzeichen 108
Schriftarten 103
Schriften 4
Setzen eines Ganzfensters 46
Setzen eines Teilfensters 46
Setzen, Menüpunkt 21
Sichern als, Datei-Befehl 14
Sichern einer Makrodatei unter beliebigem Namen 197